나스 데일리의 1분 세계여행

이 도서의 국립중앙도서관 출판예정도서목록(CIP)은 서지정보유통지원시스템 홈페이지(http://seoji.nl.go.kr)와
국가자료종합목록 구축시스템(http://kolis-net.nl.go.kr)에서 이용하실 수 있습니다. (CIP제어번호 : CIP2020031978)

AROUND THE WORLD IN 60 SECONDS

나스 데일리의
1분 세계여행

누세이르 야신 지음 | 이기동 옮김

도서 출판 프리뷰

함께 여행해 주신 1,200만 명의
나스 데일리 페이스북 팔로어 여러분께 바칩니다.

매일 밤 자신이 원하는 대로 무슨 꿈이든 꿀 수 있는 능력을 가졌다고 가정해 보자. 얼마 지나지 않아 꿈에서 자신이 원하는 소원을 모두 이룰 수 있게 될 것이다. 꿈에서 모든 종류의 즐거움을 골고루 맛볼 것이다. 그렇게 며칠 밤을 보내면 여러분은 이런 말을 할 것이다. '정말 좋아. 이제부터는 좀 색다른 꿈에 도전해 봐야겠어. 내 맘대로 되지 않는 꿈을 가져 보는 거야.' 그리하여 더 모험적인 꿈에 도전하고, 꿈을 이루기 위해 점점 더 큰 도박을 할 것이다. 결국 여러분은 도로 현재를 꿈꾸게 된다.

— 미국의 사상가 앨런 와츠*ALAN WATTS*, '인생의 꿈'*THE DREAM OF LIFE*

글 싣는 순서

PART 1
세상은 내가 생각했던 것과 전혀 다르다

PART 2
아픔을 이겨내는 힘

PART 3
즐거운 모험

PART 4
증오와 마주하기

PART 5
갈등과 편견

PART 6
인도주의에 대하여

PART 7
한발 앞서 가는 나라들

PART 8
아름다운 지구 행성

이스터 아일랜드, 칠레

내가 여행을 하는 이유

여행을 하다 보면 정신줄을 놓게 되는 때가 더러 있다.

2016년 10월 2일도 그런 날이었다. 세계여행 모험을 시작한 지 176일째 되는 날이었다. 그때까지 나스 데일리Nas Daily는 20여 개 나라와 63개의 도시를 찾아갔고, 이틀간 칠레 여행을 마친 직후였다. 첫날은 산티아고에서 보냈는데, 남미에서 가장 높은 타워인 그란 토레Gran Torre 꼭대기에서 정말 멋진 영상을 찍었다. 둘째 날은 항구도시 발파라이소로 가서 알록달록한 색으로 유명한 벽화거리를 촬영하고, 새로 만난 친구들과 해변 레스토랑에서 석양을 보며 즐거운 저녁식사를 했다.

칠레를 찾아간 진짜 이유는 바로 셋째 날에 있었다. "나는 지금 육지에서 제일 멀리 떨어진 곳에 있는 섬을 찾아 갑니다." 며칠 전 탁자 위에 지도를 펴놓고

지리 숙제를 발표하는 들뜬 초등학생처럼 손가락으로 내가 갈 곳을 가리키며 페이스북 친구들에게 이렇게 말했다. "바로 여기 있습니다! 내가 찾아갈 이스터 아일랜드가 바로 여기입니다! 끝도 없이 가야 하겠지만 고생할 만한 가치가 충분히 있을 것이라고 생각합니다."

그 주 일요일에 나는 그곳에 도착해 폴리네시안 트라이앵글에서 가장 동쪽으로 떨어진 163평방킬로미터에 달하는 외딴 섬의 해변에 서 있었다. 믿어지지 않을 정도로 아름다웠다. 놀라운 섬이니 꼭 가보라는 말을 많이 들었고, 그래서 오게 된 것이었다.

여행 안내책자를 아무리 꼼꼼하게 읽고 준비해도 오감을 강타하는 예기치 않은 감동에는 대비할 수 없다. 세찬 바닷바람과 파도, 아름다운 자연풍광을 보면 정신을 차리기 힘들게 된다. 삶의 모든 요소들이 하나로 합쳐져서 나를 적시에 이곳으로 인도해 준 게 아닌가 하는 생각밖에 들지 않는다.

"오, 마이 갓! 이건 말도 안 돼!" 오프닝 이미지 때 나는 캐논 디지털 렌즈에 대고 이렇게 소리쳤다. 바람이 티셔츠를 마구 흔들어대고, 얼굴은 금방 웃음이 터져나오기 직전처럼 상기돼 있다. "드디어 이스터 아일랜드에 왔어요! 기막힌 곳이에요!"

이틀 하고 반나절 동안 나는 고삐 풀린 망아지처럼 멋대로 섬을 가로지르며 엄청난 환희를 맛보았다. 놀라운 풍경을 영상에 담으면서 수시로 들뜬 소리를 마구 질러댔다. 북쪽 해안에 늘어선 암적색 절벽을 파도가 때리며 하얀 포말을 만들어냈다. 야생마들이 길게 자란 금잔디 밭에서 한가하게 풀을 뜯고 있다. 파노라마처럼 섬 전체에 늘어선 낮은 언덕 위로 푸른 채소밭이 카펫처럼 완만하게 펼쳐져 있다.

그리고 유명한 모아이 석상들이 서 있다. 거의 8세기 전 원주민 라파누이인들이 돌을 깎아 만든 거대한 사람 머리 형상의 석상들이다. 주민들을 수호하기 위해 섬 안쪽을 향해 섬의 가장자리에 늘어선 거대한 석상 무리는 그 수가 모두 887개에 이르는데, 큰 것은 높이 21미터에 무게가 150톤에 달한다. 수수하면서도 숨이 멎을 것처럼 아름다운 이 석상 무리를 바라보고 있노라면 시간 가는 것이 하나도 아까운 줄 모른다.

"디스 이즈 퍽킹 뷰티풀!"This is fucking beautiful! 나는 언덕에 서 있는 모아이 석상 하나를 한 손으로 가리키며 카메라에 대고 이렇게 소리쳤다. "섬 한가운데 이런 두상들만 있어요! 다른 건 아무 것도 없습니다. 둘러봐도 다른 것은 하나도 없어요. 제일 가까운 육지도 여섯 시간 거리에 떨어져 있어요!"

나는 분홍색 카와사키 브루트 포스 ATV 사륜 바이크를 한 대 빌려서 섬을 가

📍 이스터 아일랜드, 칠레

로질러 달렸다. 이 모험여행을 시작하고 난 뒤 지금까지 내 안에 남아 있던 감정의 찌꺼기를 한 조각도 남기지 않고 모두 털어내 버렸다. 새로운 장소로 옮겨가면서 나는 더 과감하고 더 자유로워졌다. 동영상 화면을 가로지르며 발레 도약을 해보이고, 코코넛나무 숲속을 미친 듯이 달리고, 잔디밭에 드러누웠다. 그리고 가장 내면에 있는 생각을 카메라에 대고 속삭였다.

"아무리 봐도 질리지가 않습니다." 나는 이렇게 말했다.

"그냥 너무 아름다워요!" 섬의 지형이 눈에 익숙해지고, 드물게 완벽한 날씨에 힘입어 나는 이스터 아일랜드 180미터 상공으로 드론을 날렸다. 항상 그렇듯이 드론은 완벽하게 임무를 완수해냈다. 매혹적인 풍경을 샅샅이 훑어서 아찔할 정도로 아름다운 공중촬영 사진을 한아름 안고 돌아왔다. 하느님만이 즐길 수 있는 풍경들이었다.

"천국을 보고 싶으세요? 그러면 이걸 보세요!" 용감한 소형 쿼드콥터가 아나케나 비치 상공에서 찍은 항공사진들을 보내오자 보이지 않는 시청자들을 향해 이렇게 말했다.

그날 저녁 페이스북에 포스팅하기 위해 클립을 정리하면서 나는 배경음악으로 영화 '그래비티'Gravity의 테마송을 골랐다. 절묘한 선곡이라는 생각이 들었다. 나는 이스터 아일랜드에서 보낸 매순간 무중력 상태에 놓여 있는 것 같은 경험을 했다.

눈 깜짝할 새 사흘이 지나고 마지막 날 아침이 되었다.

장비를 챙기며 떠날 준비를 했다. 나중에 알게 된 일이지만 한발이라도 더 늦었으면 곤란할 뻔했다. 칠레의 외딴 섬에서 내가 보인 과도한 열정이 당국의 눈길을 끌었던 것이다. 더 솔직히 말하면 다소 불법적인 드론 촬영이 문제가 되었다. 좋지 않은 일이었다.

'Ka ui riva tiva te kapi ne.' 파크 레인저들이 내 출구 티켓에 이렇게 썼는데, 라파누이어로 '이곳을 다시 방문하지 말기 바람.'이라는 뜻이었다.

그런 건 상관없었다. 쫓겨나듯이 그곳을 떠나게 되었지만 나는 이스터 아일랜드에 72시간 머무는 동안 마법 같은 일을 경험했다. 당초 60일 계획으로 시작했던 나스 데일리 모험이 260일로 늘어나는 동안 나는 그때 경험한 마법을 수시로 다시 맛보았다. 그러면서 계획은 1년으로, 2년으로, 그리고 더 늘어났다.

이 거창한 모험을 시작한 2016년 이래 거의 모든 여행 구간에서 나는 심장이 멎을 것 같은 경외감을 경험했다.

일본 혼슈섬에서 안개 낀 아침에 구름을 헤치고 모습을 드러낸 후지산을 바라보면서 그랬고, 나이지리아의 주마 록Zuma rock 바위산 아래 서서 그곳에 산다는 전설의 유령들 얼굴이 있다는 725미터 높이의 바위 면을 훑어보면서도 그런 경외감을 느꼈다.

600년에 걸쳐 지어진 독일의 쾰른 대성당 안으로 걸어 들어가면서도 그런 느낌을 맛보았고, 인도 리시케시에 있는 야생동물 보호구역에서도 그랬고, 태국 푸켓의 불교사원에서도 그런 기분에 휩싸였다.

모로코 사하라사막에 들어가 별을 보며 잠자리에 들어서, 이스라엘 사해에서 진흙목욕을 하면서도 그런 기분을 느꼈다. 예루살렘과 팔레스타인에서 고대

시대 골목길을 걸으면서도 마찬가지였다.

어느 나라에 가서든 나는 파괴되지 않고 이어지는 인간정신의 본모습과 인간의 감성이 발휘하는 막강한 힘을 생생하게 목격할 수 있었다. 아랍어로 '나스' Nas는 '사람들'을 뜻한다. 이 모험적인 여행을 통해 나의 가장 큰 관심사도 바로 사람이었다.

미얀마에서 만난 열한 살짜리 여학생은 여행 가이드가 되어서 8명이나 되는 식구를 먹여 살리겠다는 생각에 독학으로 7개 언어를 공부하고 있었다. 나스 데일리의 팔로어인 인도의 한 젊은이는 내가 자기 나라에 와 있는 동안 몸이 좋지 않다는 사실을 온라인을 통해 알게 되었다. 그러자 그는 내가 있는 곳을 찾아내 자기 집으로 데려가 온가족이 나서서 치료해 주었다.

그리스 난민촌에 사는 어느 시리아인 미망인은 전쟁으로 온 가족이 뿔뿔이 흩어졌다. 그 여인은 어떤 원망이나 분노도 나타내지 않고 자신이 겪은 이야기를 들려주고, 하루하루를 어떻게 살아가는지 설명해 주었다. 그녀는 자신이 받는 식량배급 일부를 조금씩 모아 십여 명의 아이들에게 먹을 것을 만들어 주었다. 그러면서 "이런 일을 할 수 있어서 영광입니다."라고 말했다.

이런 사람들 때문에 나는 다니던 직장을 그만두었다.

이런 사람들 때문에 나는 세계여행을 하고 있다.

이런 사람들 때문에 나는 나스 데일리를 시작했다.

2016년 4월 10일에 나는 케냐의 나이로비로 가는 편도 티켓을 구입하고 끝이 어디일지 모르는 오디세이를 떠났다. 계획은 비교적 간단했다. 60일 동안 가능한 한 많은 땅을 밟아 보고, 여행기록을 하루 한 편씩 비디오 동영상으로 만들어 페이스북에 올리는 것이었다.

바보 같은 생각이었다는 점은 나도 인정한다. 하지만 그렇다고 여행의 어려움을 몰라서 그랬던 것은 아니다. 낯선 나라에 가서 아침에 눈을 뜨고, 문화충격을 이겨내야 하고, 길도 찾아야 한다는 것은 나도 안다. 사실은 24년을 살며 제법 많은 나라를 다녀 보았다. 안전한 여행지만 골라서 다닌 것도 아니었다. 모스크바와 캄보디아, 스리랑카, 그리고 북한에도 가보았다. 게다가 나는 전쟁 분위기가 한 번도 멈춘 적이 없는 중동에서 자랐다.

내가 본 것을 카메라로 기록하는 일도 생소하지 않다. 그보다 2년 전 루빅스 큐브를 맞추는 한 가지 목표를 가지고 3개월 동안 11개 나라를 돌아다니며 스턴트 비디오를 제작했다. 새로운 도시에 도착하면 현지 주민이든 관광객이든 만나는 사람 아무에게나 큐브를 주면서 한번 돌려 보라고 부탁했다. 딱 한 번만 돌려 보라고 했다. 심지어 동물에게 부탁한 적도 있었다. 정신 나간 짓이지만 결국에는 맞추기에 성공했다. 90일 동안 84명, 나중에는 태국 원숭이에게까지 부탁하고 나서 큐브가 맞추어진 것이다.

하지만 이번 여행은 큐브 맞추기와 다르다는 것을 나는 알고 있었다. 이전 여행과 가장 큰 차이점은 이 여행을 왜 떠나는지, 이 여행을 통해 내가 얻고자 하는 것이 무엇인지 제대로 모른다는 점이었다. 정해진 것이 하나도 없는 게 여행의 가장 큰 목적이었다. 무각본, 무계획으로 시작해 앞으로 어떤 과정이 전개

될지, 어떤 결말이 기다리고 있을지 전혀 예측불가인 여행이었다.

하지만 나는 알고 있었다. 모험여행을 떠나기 전 나는 자신의 삶이 판에 박힌 틀 속에 갇히고 있다는 사실을 깨닫고 있었다. 내가 제일 싫어하는 게 바로 판에 박힌 삶을 사는 것이다. 내 링크드인LinkedIn 프로필에는 총명하고 진취적인 젊은이가 머리를 수그린 채 일에 몰두하고 있는 사진이 올라 있었다. 하지만 거울을 들여다보니 거울 속의 나는 그런 사람이 아니었다. 그저 스물네 살의 평

📍 루빅스 큐브 맞추기

범한 털복숭이 팔레스타인계 이스라엘 청년이었다. 아이비리그 대학을 나온 그 젊은이는 모험을 찾아 안락한 고액 연봉 일자리를 때려치우고 나갈 생각을 하고 있었다.

설명이 너무 앞서나간 감이 있다. 왜 그렇게 되었는지 배경 설명을 잠시 해 보겠다. 나는 이스라엘의 아라바라는 작은 도시에서 태어나 그곳에서 자랐다. 갈릴리 남부에 있는 사흐닌 밸리의 경사면이 마을을 둘러싸고 있고, 그 안쪽에 하얀 석조 가옥이 빼곡히 들어차 있다. 여행안내 앱 트래블로시티Travelocity에서 우선적으로 추천하는 여행지는 아니지만 아라바는 2만 5,000명의 주민과 관광객 제로, 도로에 파인 약 50만 개의 포트홀을 자랑한다.

도시 주위는 올리브와 수박, 양파를 재배하는 드넓은 농장지대가 둘러싸고 있고, 대표적인 건축물인 대★ 모스크가 도시 전체를 압도하고 있다. 모스크의 12층짜리 미나렛이 주위의 이슬람 건축물들을 제치고 높이 솟아 있다.

하지만 아라바의 가장 큰 특징은 바로 유대 국가 안에 자리한 아랍 도시라는 존재 자체이다. 나는 어린 시절부터 관광객이 몰려오고 인기 테마파크가 있어야 내가 사는 마을이 특별한 곳이 되는 건 아니라는 사실을 알았다. 제일 중요한 것은 바로 사람이다. 사람은 물건처럼 공장에서 만들어낼 수 없다. 그리고 아라바 주민은 좋은 사람들이었다.

나는 따뜻하고 화목한 가정에서 자랐다. 특별히 가난하거나 부유하지는 않지만 큰 문제없이 잘 사는 편이었다. 가족 모두 관심을 갖고 서로를 지켜봐 주었다. 아버지는 정신과의사, 어머니는 교사였고, 나는 네 아이 중 둘째였다. 크게 풍족하지 않았지만 물질이나 돈 때문에 아이들 버릇이 망쳐지지는 않았다. 대신 애정과 자유분방함을 마음껏 누리며 자랐다.

돌이켜봐도 자라면서 특별히 부정적인 일을 겪은 기억은 없다. 대신 나는 다른 아이들과 전혀 어울리지 않는 아주 수줍음이 많은 아이였다. 거의 매일 혼자 컴퓨터 앞에 앉아서 인터넷을 뒤지며 보냈다. 거기서 배우고, 배우고, 또 배웠다. 웹의 효용에 대해 말하자면, 나는 호기심 많은 어린이의 정신세계와 기술세계를 확장하는 데 구글 만한 게 없다고 생각한다.

피아노 치는 법도 인터넷에서 배웠다. 어려운 악보는 아직 읽을 줄 모르지

📍 아라바, 이스라엘

23

만. 손가락으로 연필 돌리는 법을 배운 곳도 인터넷이다. 연필 돌리기는 친구를 사귀는 데 아주 유용한 기술이다. 루빅스 큐브를 16초 만에 맞춘 것도 인터넷에서 배운 덕분이다. 내 개인기록으로는 최단 시간 기록이었다. 그날 운이 좋았던 것 같다.

비행기 티켓을 구입할 형편이 되기 오래 전 지구상에 여러 나라와 다양한 문화가 있다는 사실을 알게 된 것도 인터넷에서였다.

제일 중요한 것은 영어도 인터넷에서 배웠다는 사실이다. 나는 아랍어 자막이 붙은 미국 영화를 보거나 온라인 게임 커뮤니티에 들어가 얼쩡거리면서 영어를 배웠다. 기본적인 영어표현 외에 유용하게 써먹을 욕설도 왕창 배웠다. 오프라인에서도 기를 쓰고 영어를 배우기 위해 노력했다. 하굣길에는 혼자 영어표현을 중얼거리며 익혔다. 특별한 억양이 들어가지 않는 정확한 영어발음을 구사하고 말겠다는 목표를 세워놓고 있었다. 연어를 뜻하는 '새면'salmon 발음을 제대로 하기가 정말 어려웠다.

19살이 되자 편하다는 생각이 들기 시작했다. 너무 편했다. 그게 바로 문제였다. 당시에는 그게 문제인지 몰랐다. 몇 년 지난 뒤에야 편하다는 생각이 들면 무언가 잘못되고 있다는 첫 번째 사인이라는 사실을 깨닫게 되었다. 기숙사 포스터와 티셔츠에 '안전지대가 끝나는 지점에서 인생이 시작된다'Life begins at the end of your comfort zone라는 문구가 인기가 많은 데는 이유가 있다. 그게 사실이기 때문이다. 편안하면 성장이 멈춘다. 생산도 멎는다. 남은 일은 그저 안정상태를 유지하는 것뿐이다. 2011년에 나의 삶이 바로 그랬다.

그러던 차에 예상치 않은 일이 일어났다. 미국 오하이오주 출신의 마사 무디Martha Moody라는 여류작가가 아랍계 이스라엘 마을에 자원봉사를 하기 위해 이스라엘로 왔다. 그녀는 내가 다니는 고교의 영어교사인 자말 아사디 선생님을 도와 우리에게 영어작문을 가르쳤다. 마사 선생님은 아들 잭을 데리고 왔는데, 나는 잭에게 연필 돌리는 기술을 가르쳐 주면서 그와 급속히 가까워졌다. 마사 선생님이 오하이오주로 돌아간 뒤에도 나는 두 사람과 연락을 주고받았다. 몇 달 뒤에 마사 선생님으로부터 다음과 같은 이메일 편지가 왔다.

안녕, 꼬마 코쟁이Little Big Nose. 오하이오로 한번 오지 않을래? 오기만 하면 먹고 자는 것은 우리가 책임질 거야. 우리 모두 네가 보고 싶어.

나는 마사 선생님의 제안을 받아들였다. 오하이오에 머무는 동안 그녀는 하버드대에 다니는 큰아들 엘리한테 찾아가 보자고 했다. 사실은 나를 그냥 데리고 간 게 아니라, 나에 대해 이미 어떤 계획을 갖고 있었다. 그녀는 나의 가만있지 못하는 성격을 눈여겨보고, 하버드대 진학이라는 기상천외한 당근을 내 눈앞에 흔들어대며 내 반응을 떠보려고 했다. 그녀가 내 학습 잠재력을 눈여겨보았을 수도 있고, 아라바 시절의 나를 보고 측은하다는 생각을 했을 수도 있다. 당시 나는 온라인 앞에서 시간을 보내며 영어 욕설이나 배우고 있었다.

그게 사실이라면 마사 선생님이 나를 아주 잘못 본 것은 아니다. 나는 사랑을 듬뿍 받으며 유년시절을 보냈지만, 당시 아라바의 문화는 많이 돌아다니는 것을 장려하는 분위기가 아니었다. 인근 마을과 내가 사는 동네에서는 새 집을 사거나, 배우자와 이혼, 이사를 가는 일이 드물었다. 사람들은 사는 곳에 대한 애착이 매우 강해서 그곳을 떠나는 걸 죽기보다 더 싫어했다. 그래서 누가 짐을 챙겨 멀리, 특히 미국으로 떠나는 걸 보면 대단히 놀라워했다.

그럼에도 불구하고 나는 하버드라는 미끼를 물었다. 하버드 캠퍼스에 발을 들여놓는 순간부터 나는 진홍색 색안경을 끼고 세상을 바라보기 시작했다. 그곳이 다음에 내가 오를 언덕이 될 것이라고 결심했다. 내가 가진 모든 것을 쏟아부을 각오를 했다.

이스라엘로 돌아와서 하버드 입학 지원절차에 대해 알아보기 시작했다. 사정은 그렇게 호의적이지 않았다. 입학률은 3퍼센트에 불과했고, 운이 좋아 입학이 된다 하더라도 등록금이 연간 6만 달러에 달했다. 그리고 시골 촌뜨기 아랍 아이가 미국 아이비리그 대학생이 된다고? 그래도 나는 하겠다고 덤벼들었다. 세상에는 이보다 더 말이 안 되는 일도 많이 일어나지 않는가. 나는 지원서류를 작성한 다음 고교성적 증명서와 장학금 신청서를 함께 넣어서 보냈다. 결과는 하늘에 맡겼다.

사실은 하늘에 맡기지도 않았다. 합격이 될 것이라는 기대는 추호도 하지 않았기 때문이다. 그런데 합격이 되었다. 입학 허가가 떨어진 것이다. 이런 제기랄. 내가 하버드로 가게 되다니.

시간이 가면 사람은 지혜로워진다고 한다. 뒤돌아보면 매사추세츠주 케임브리지에서 보낸 4년간의 대학생활을 통해 내가 얻은 가장 큰 소득은 인간은 모두 스스로의 삶을 더 높은 곳으로 끌어올릴 능력을 가지고 있다는 사실을 확인한 것이다. 그 더 나은 삶은 좋은 학교, 좋은 집일 수도 있고, 더 나은 삶을 영위하는 것일 수도 있다.

사람들은 하버드에 들어가려면 학교성적이 좋아야 하고, 주위의 연줄도 좋아야 한다고 생각한다. 모두 맞는 말이다. 하지만 그것 외에 갈증, 무엇인가에 대한 갈증이 있어야 한다. 사진에 대한 갈증도 좋고, 수학, 스포츠에 대한 갈증도 좋다. 여러분의 내면에 잠재해 있는 비밀의 불씨에 불을 붙여줄 그 무엇에 대한 갈증이 필요하다는 말이다.

하버드에 지원서를 낼 당시 나는 갈증이 있는 정도가 아니라 허기 때문에 숨이 넘어가기 직전이었다. 더 웃기는 것은 내가 무엇에 목마르고 허기져 있는지에 대해 스스로 아무런 확신도 없었다는 사실이다. 그래서 나는 하버드를 졸업하기 전에 벌써 여러 가지 다른 길을 모색하기 시작했다. 어느 쪽이 나에게 더 나은 길인지 알지 못했기 때문이다.

어느 쪽이 되었건 자신이 기술 분야에 재능이 있다는 것은 알았다. 그래서 대학 2학년 때부터 나는 뉴욕에서 여름방학을 보내면서 나처럼 꿈을 좇는 친구들과 팀을 만들어 그 멋진 꿈을 추구하는 일에 나섰다. 우리는 할렘의 계단을 걸어 오르내리는 싸구려 숙소에 묵으며 비좁은 스타트업 인큐베이터 사무실에서 일했다. 식사는 길거리 푸드 트럭에서 해결했다. 안전지대를 벗어나는 게 성공의 비결이라면 나는 나이 스물에 이미 재벌이 되었을 것이다.

하지만 그렇지 못했다. 그 2년 동안 내가 한 일이라고는 자신을 실패로 안내

📍 하버드대 캠퍼스

한 것이 전부였다. 반복해서 그렇게 했다. 2012년에 킨디파이Kindify를 창업했다. 소셜미디어에서 친절을 베푼 사람들의 이야기를 찾아내 상을 주고, 사람들에게 알리는 온라인 플랫폼이었다. 착한 행동은 반드시 벌을 받는다는 말이 정말 맞았다. 킨디파이도 폭망했다.

그 다음에는 소셜미디어의 연결성과 네트워킹 기능을 향상시켜 주는 검색엔진 브랜츨리Branchly를 창업했는데 그것도 망했다. 그 다음 1분짜리 기사만 올리는 뉴스 애그리게이터news aggregator인 다운타임Downtime을 시작했는데, 그것도 꽝! 여행객들에게 옷을 빌려주는 오이스터Oyster를 시작했고, 이번에는 대박을 칠 것이라고 확신했다. 하지만 그것도 바이 바이.

그러다 레스토랑 등에서 내보내는 백그라운드 음악 추천 엔진인 뮤자크 Muzak를 출범시켰다. 그게 어떻게 되었는지는 더 이상 말하지 않아도 알 것이다. 하지만 나는 지금도 당시 내가 시작한 모든 프로젝트가 성공할 요소를 갖고 있었다고 믿는다. 단지 그걸 실행에 옮길 능력이 없었던 것뿐이다.

중요한 것은 2014년 하버드를 졸업하던 당시 나는 대학에서는 가르쳐주지 않는 과목을 미리 수강한 상태였다. 그 과목은 바로 '현실'이라는 과목으로, 나는 그 과목을 수강함으로써 자신감을 얻은 상태였다. 자신감이 있으면 자신을 팔아먹을 능력도 생긴다. 그리고 자신을 잘 팔 능력이 있으면 일자리도 따라온다.

그렇게 해서 나는 하버드 졸업장의 잉크가 채 마르기도 전인 2014년 9월 거대 모바일 결재 서비스 기업인 벤모Venmo에 소프트웨어 엔지니어로 정식 채용되었다. 나는 엔지니어로서 앱 개발에는 관여하지 않고, 백 인프라back infrastructure 관리와 벤모에서 수집하는 어마한 양의 결재 데이터를 관리해서 이를 페이팔PayPal로 보내는 업무를 맡았다. 그 액수가 수백 억 달러에 달하는 경우가 많았다.

솔직히 말해 벤모에서의 생활은 정말 괜찮았다. 맨해튼에 있는 사무실로 출근해서 공짜 커피에 공짜로 멋진 아침식사를 먹고, 앉고 싶은 자리 아무 데나 앉아서 일했다. 앉아서 하든 서서 하든 맘대로였다. 그리고 또 공짜 점심을 먹고, 전 세계에 퍼져 있는 유저들의 삶을 향상시켜 주는 앱을 관리했다. 그리고 이 모든 일을 정말 좋은 사람들 사이에서 했다. 보수도 연봉 12만 달러이니 나쁘지 않았다.

멋진 일을 하고, 멋진 근무 환경에 끝내주는 대우까지 받은 것이다. 한마디로 최고의 직장이었다. 하지만 바로 그런 사실 때문에 나는 사표를 내지 않을 수 없었다.

"다시 한 번 정리해 보자." 친구는 내 말을 듣고 이렇게 말했다. "너무 좋은 직장이라서 벤모를 그만두겠다고?"

내가 생각해도 그건 미친 짓이었다. 나는 대학 졸업하자마자 내 또래 젊은이라면 기를 쓰고 달려들 좋은 직장에서 연봉 12만 달러를 긁어모으고 있었다. 제정신이라면 그런 직장은 조금 더 다니면서 장래를 신중하게 생각해 보는 게 정상일 것이다. 그런데 나는 고작 20개월 다니고서 그만두겠다는 생각을 했다. 회사가 워낙 발전하고 있기 때문에 야심을 가지고 진득이 회사생활을 하며 승진해 올라간다면 10년 뒤에는 나도 백만장자가 될 가능성이 많았다.

하지만 다시 내가 안전지대에 머무르고 있다는 게 맘에 걸렸다. 그리고 갈증이 문제였다. 게다가 새로운 문제가 한 가지 더 생겼다. 나중에 나는 그것을 분노라고 불렀다.

벤모에 대한 분노는 아니었다. 그곳은 정말 꿈같은 직장이었다. 함께 일하는 사람들 모두 더 이상 좋을 수 없을 만큼 좋았다. 내가 분노를 느낀 것은 벤모와 같은 안정적인 직장들이 우리가 가장 깊은 곳에 간직하고 있는 소망, 내면에 자리한 고귀한 희망을 담장으로 둘러 가둬두라고 우리에게 요구한다는 사실이었다. 나는 벤모의 그러한 발상 자체에 분노를 느꼈다. 벤모는 우리에게 내면의 그 고귀한 소망을 추구하지 말라고 요구한 것이다.

앞으로 멋진 삶을 살기 위해 우리의 20대, 30대, 그리고 40대를 희생해야만 한다고 요구하는 그 준칙에 분노했다. 그 준칙은 나중에 멋진 삶을 즐기기 위해 서라면 형편없는 일이라도 참고 계속하라고 강요하고 있었다.

하루의 가장 소중한 8시간을 사무실에 틀어박혀 컴퓨터 화면을 들여다보며 보내야 한다는 사실에 나는 분노했다. 내가 하고 싶은 일을 내 맘대로 할 수 있는 자유가 내게 없었다.

그리고 시시각각 나이가 들어간다는 사실에 화가 났다.

책상머리에 앉아 데이터에 파묻혀 지내기에 스무 달은 긴 시간이었다. 무엇인가 할 말이 있을 때는 특히 더 그랬는데, 당시 나는 하고 싶은 말이 너무 많았다. 가족, 사람들, 그리고 세상에 대해 할 말이 무지 많았다.

나에게 중요한 일을 사람들에게 보여주고 싶었다. 그리고 내가 아직 모르는 일을 새롭게 알고 싶었다. 너무나도 내 목소리를 내고 싶었다. 끝도 없이 숫자를 모으고 쪼개고 하는 의미 없는 일을 하느라 정작 내가 하고 싶은 일을 못해 미쳐 버릴 지경이었다.

하지만 나는 자신의 삶에 분노하는 것은 바람직한 일이라는 사실을 깨닫게 되었다. 그것은 내가 다른 어떤 무엇을 훨씬 더 사랑한다는 것을 의미하기 때문이다. 그 다른 무엇이 어떤 것인지 아직 모른다고 해도 상관없다. 그래서 나는 생각해 보았다. 심호흡을 한 번 한 다음 미친 도박에 주사위를 던져서 그 '다른 무엇'을 잡는다고 치자. 만약 지금 벤모를 그만두고 세계일주 여행을 떠난다면 그 분노가 조금은 가라앉을까.

벤모 사무실, 뉴욕시티

나는 이크람 마그돈 이스마일Iqram Magdon-Ismail씨에게 내 생각을 이야기해 보았다. 그는 벤모의 창업자이고 나를 채용한 장본인이기도 하다. 그 사람에게 는 먼저 이야기하는 게 도리라고 생각했다. 그는 이미 벤모를 떠나 있었지만 나와는 서로 연락을 주고받고 있었다. 그는 내 말을 듣더니 엄청 좋아했다. 그리고는 내 꿈을 좇아가라고 격려했다.

"세상에는 자네가 원치 않는 일을 계속하는 것보다 훨씬 더 의미 있고 가치 있는 일들이 얼마든지 있네." 그는 내게 이렇게 말해주었다. 그런 말을 해주는 사람보다 더 나은 친구는 없다. 그래서 나는 책상을 비우고 출입증을 반납한 다음 사무실을 걸어 나왔다.

나스 데일리Nas Daily를 시작하겠다는 생각을 제일 처음 하게 된 게 언제인지는 정확히 기억나지 않는다. 무슨 계시를 받은 것처럼, 먹구름을 뚫고 밝은 해가 나타난 것처럼 어떤 생각이 갑자기 머릿속에 떠오른 것은 아니다. 아하! 하고 어떤 아이디어가 갑자기 떠오른 것은 아니라는 말이다. 그것은 마치 서서히 타오르는 불길처럼, 서서히 밝아오는 여명처럼 내가 그동안 노력해서 얻은 지식과 경험의 조각들이 한데 짜맞추어지며 나온 생각이었다.

루빅스 큐브 프로젝트를 하면서 나는 이 나라에서 저 나라로 신속히 이동하고, 새로운 문화에 재빠르게 적응해서 그것을 동영상으로 만들어 사람들에게 보여주는 방법을 터득했다. 다운타임Downtime을 이용해 선명하고 아름다운 영상을 찾아서 60초짜리 콘텐츠로 압축해 만들어 올리는 법도 배웠다. 하버드에서 배운 경제학 덕분에 무한한 상상력을 녹록치 않은 현실인 돈 문제와 타협시킬 줄도 알게 되었다.

그리고 무엇보다도 중요한 점은 이스라엘에서 자란 덕분에 어떤 영상을 만들어 올리든 결국은 사람에 관한 이야기라는 것을 나는 알고 있었다.

2016년 4월에 올린 첫 번째 나스 데일리 동영상을 보면 착잡한 생각이 든다. 순진하기 짝이 없는 낙관주의와 천진난만한 열정에 들떠 있어 놀라울 정도이다. 그저 두 달 동안 놀러 나가서 예쁜 경치를 찍은 비디오 영상을 매일 하나씩 올리면 되는 정도로 생각했던 것이다.

나는 그날 카메라에 대고 이렇게 말했다. "내가 왜 이 일을 시작하는지는 모르겠어요. 하지만 재미있을 것 같아요! 매일 1분짜리 비디오를 한 편씩 만들 생각입니다. 드론 한 대와 헤비 카메라heavy camera 한 대, 고프로GoPro 액션캠 한 대, 그리고 벤모 티셔츠 몇 장과 영양바를 챙겨갑니다. 자 출발합시다!"

하지만 한편으로 나는 당시 나의 솔직한 모습을 칭찬해 주고 싶다. 왜냐하면 당시 나는 내 앞에 어떤 일이 전개될지 전혀 몰랐다. 그래서 그런 식으로 기대치를 낮춤으로써 경영대학원에서 가르치는 '시장적합성'product-market fit을 갖춘 제품을 만들기까지 몇 번이고 실패할 수 있는 여지를 스스로 만든 것이었다.

다시 말해 나는 내가 만들 제품에 귀를 기울여 줄 청중이 어딘가에 있다는 사실은 알고 있었다. 그들을 찾아내기만 하면 되었다.

이처럼 천하태평인 가운데서도 꼭 지켜야 할 몇 가지 규칙을 정했다. 첫 번

📍 DAY 1

째 규칙은 바로 영상의 길이가 60초를 넘기지 않는다는 것이었다. 온라인 콘텐츠의 크리에이터 겸 소비자로서 나는 어떤 비디오건 너무 길면 사형선고나 마찬가지라는 것을 알고 있었다. 보리밭을 휘젓는 토네이도 영상도 10분을 넘기면 지루해진다. 그래서 나는 1분 안에 끝나지 않는 비디오는 아예 만들지 않겠다는 규칙을 만들었다. 예외는 두지 않겠다고 했다. '댓츠 원 미닛. 씨유 투모로!'That's one minute, see you tomorrow라는 마감인사도 그렇게 해서 만들어졌다.

이것 못지않게 중요한 규칙은 하루 한 편씩 영상을 포스팅한다는 것이었다. 어떤 물건이든 양질의 제품을 만들기 위해서는 그런 꾸준한 성실함이 필요하다고 생각했다. 이런 엄격한 일과표를 지키다 보면 내가 하는 일의 수준이 더 향상될 것이라고 믿었다.

이런 규칙을 만든 것은 어떤 대학교수가 생산성에 대해 강의하면서 학생을 두 그룹으로 나누어 꽃병을 만드는 과제를 내준 오래된 일화에 근거를 두고 있다. 교수는 그룹 A 학생들에게는 주어진 수업시간 45분 동안 가능한 한 많은 꽃병을 만들라는 과제를 내주었다. 그리고 그룹 B 학생들에게는 최대한 완벽한 형태의 꽃병 한 개만 만들라고 했다.

어느 그룹이 더 나은 꽃병을 만들었을까? 보나마나 답은 그룹 A이다. 왜냐하면 이 그룹 학생들은 연습을 실컷 했기 때문이다.

내가 매일 동영상을 만들기로 한 것도 마찬가지 근거에서였다. 카메라를 손에 들기조차 싫은 날도 있었고, 순식간에 작품을 완성했지만 60초짜리 쓰레기 뭉치로 끝난 날도 있었다. 무슨 일이나 제일 중요한 것은 과정이다. 더 나은 비디오 제작자, 더 나은 스토리텔러가 되는 유일한 방법은 하루도 빠짐없이 '하루 한 편'이라는 원칙을 고수하는 것이었다.

이 동영상 시리즈를 '나스 데일리'Nas Daily로 부르기로 한 것도 나에게는 매우 큰 의미가 있었다. 내가 나스Nas라는 별명을 얻게 된 것은 6년 전 대학 신입생 때 어떤 룸메이트가 내 이름 '누세이르'Nuseir를 발음하기가 너무 어렵다며 "지금부터 유명 래퍼 이름을 따서 그냥 '나스'Nas로 부르겠다."고 선언하면서부터였다. 물론 그 친구는 아랍어로 알 나스al-nas가 '사람'을 뜻한다는 사실은 알지 못했지만, 나스라는 별명은 그때부터 내게 붙어 다니게 되었다.

그러니 이 시리즈에 나스라는 이름을 붙인 것은 단순히 마케팅을 위해서가 아니라 아주 잘 어울리는 이름을 지은 것이다. 깊은 뜻을 지닌 이름이다. 첫날부터 나는 시청자들이 나의 눈을 통해 자신의 진짜 모습, 다시 말해 자신의 알 나스al-nas를 보기 바랐다. 이 여행 비디오의 해설을 내가 맡기 때문에 비디오에는 어쩔 수 없이 나의 관심사, 나의 견해, 내 호기심, 나의 열정이 반영될 수밖에 없다.

나는 동영상을 제작하면서 다음과 같은 원칙을 세웠다. 매일 한 편씩 동영상을 만들고, 가능한 한 최상의 삶을 살도록 하고, 그렇게 해서 만든 동영상을 페이스북에 올려 사람들과 공유하겠다는 원칙이다. 하지만 이러한 원칙을 고수하기 위해서는 카메라 저편에 있는 사람들에게 어떻게 하면 최상의 삶을 살 수 있을까에 대해 영감 또한 불어넣어 줄 필요가 있었다. 그렇게 되기까지는 어느 정도 시간이 걸렸다. 초기에는 비디오의 소재가 장소에 너무 몰려 있었다. 예를 들면 에티오피아의 어떤 레스토랑, 인도에 있는 어떤 별 볼 일 없는 폭포 같은 것이었다. 하지만 그런 것으로는 부족했다. 비디오가 특별한 의미를 갖기 위해 서는 멋진 해변에서 커피 마시는 클립만으로는 모자란다. 그런 것은 비디오 블 로깅vlogging인데, 나는 블로거가 아니다. 보다 친숙한 방법으로 시청자들과 소 통할 필요가 있었다.

52일째 되던 날 어떻게 하면 그런 식의 소통이 가능할지에 대해 어렴풋이 감 이 잡히기 시작했다. 7일간 히말라야 여행을 마치고 네팔로 돌아온 직후였다. 수도 카트만두에 들러 지진으로 황폐화된 현장을 비디오에 담았다. 불과 13개 월 전 2015년에 진도 7.8의 지진이 국토 중심부를 강타해 마을들을 완전히 파 괴했다. 9,000명 가까운 사망자와 2만 2,000여 명의 부상자를 내고, 수십만 명 의 이재민이 생겨났다. 유네스코세계문화유산으로 지정된 카트만두의 더르바 르 광장에 있는 사원 여러 채가 참혹하게 파괴됐다. 나는 해설을 최소한으로 줄 이고 파괴의 현장인 광장 곳곳을 영상에 담았다. 파괴된 현장 영상이 피해의 참 상을 직접 말하도록 한 것이다.

그날 저녁 영상을 페이스북에 올리자 첫 번째 뷰어들 가운데 네팔에 사는 노 파코른 라자라는 사람이 이렇게 코멘트를 달았다. "너무 가슴이 아파요. 네팔, 어서 회복되기를 바랄게요." 그리고 포스트 옆에 천사 이모지를 달아놓았다.

특별히 눈길을 끄는 코멘트는 아니고, 긴 글도 아니었다. 하지만 나는 그 코 멘트를 보고 지구상 어딘가에 내가 올린 포스트를 보고 감동하는 사람이 있다

📍 카트만두 더르바르 광장, 2016

는 사실을 실감했다. 어떤 사람이 내가 올린 이야기 때문에 감동을 받아 고통받는 사람들과 연결된 것이었다. 감동을 받은 그는 자신의 감정을 고통 받는 사람들과 나누어야겠다는 생각을 하게 되었다.

그것은 나에게 많은 의미를 안겨주었다. 이제는 매일 이 일을 할 수 있으면 좋겠다는 생각이 절실하게 다가왔다.

나스 데일리 이야기를 단행본으로 엮는 데 있어서 한 가지 걱정되는 점이 있다면 가장 긴밀한 협력자인 내 드론의 뛰어난 활약상을 글로는 제대로 나타내 보여주기 어렵다는 사실이었다.

나스 데일리 시작 나흘째 되던 날 DJI 팬텀 2쿼드콥터2quadcopter 드론을 처음으로 공중에 띄웠다. 케냐 나이로비 교외에 있는 축구장에서였다. 처녀비행에서 드론은 지극히 평범한 수준의 사진들을 보내왔다. 하지만 적응기간은 길지 않았고, 이후 1,000일 동안 6개 대륙에서 50개 가까운 나라의 하늘을 날아올랐다. 그리고 훈련받은 전문가의 눈으로 지구의 갖가지 단편을 담은 놀라운 영상들을 보내왔다. 이탈리아 아말피 해안의 밝은 금속성 청색 바다에서부터 위풍당당한 싱가포르 다운타운의 휘황찬란한 빌딩군에 이르기까지 아름다운 영상들이 드론의 눈에 포착되어 날아왔다.

대부분의 전자기기들이 그렇듯이 기계에 적응해 나가면서 나는 드론과 함께 점점 더 멋진 작품을 만들어내게 되었다. 타이페이의 유명 상업지구인 신이 지구 상공에서도 드론을 날렸더니 고층빌딩 숲으로 이어진 장엄한 마천루 지평선을 보내왔다.

알카트라스섬을 둘러싸고 파도가 출렁이는 샌프란시스코만 상공으로도 드론을 날렸다. 드론은 그때까지 최장거리인 2.4킬로미터 비행을 무사히 마치고 숨을 헐떡이며 의기양양한 자태로 돌아왔다. 드론의 기술능력을 믿은 나는 153일째 되는 날 스위스의 한 교외에서 드론을 아우디Audi R8 스포츠카와 경주를 시켰는데 보기 좋게 이겼다.

나스 데일리를 시작하고 2년 동안 드론을 12번 교체했다. 쓰고 있는 드론이 망가지거나 더 나은 모델이 새로 출시되면 새 것으로 바꾸었다. 드론이 망가지는 경우는 자주 있었다. 한 대는 루마니아에서 캠핑 여행을 가는 동안 나무에

아말피 해안, 이탈리아

부딪쳐 부서졌고, 또 한 대는 맨해튼에서 종말을 맞았다. 연에 매다는 것처럼 드론 꼬리에 피자 박스를 매달아 날렸다가 그렇게 된 것이다. 그리스에서도 실수로 배터리를 강력접착제로 부착했다가 한 대가 최후를 맞았다. 네 번째로 망가진 드론은 투견인 핏불테리어의 공격을 받아 끝장이 나고 말았다.

드론의 가장 무서운 적은 날씨나 고약한 지형, 날리는 사람의 잘못이 아니라 드론 비행을 막는 정부의 조치들이다. 나스 데일리 여행을 계속하면서 이런 비행금지 조치를 너무도 자주 당했다. 모로코와 인도, 터키, 일본은 작은 비행물체를 싫어했다. 히말라야 산맥 주위의 당국들도 드론을 날리는 것에 대해 적대적인 반응을 보였다.

"당신은 두 가지 선택을 할 수 있습니다." 안나푸르나 베이스캠프로 출발하는 나를 보고 군복차림의 보안요원은 이렇게 말했다. "카메라를 여기 맡겨놓고 올라가는 방법이 있고, 또 하나는 카메라를 갖고 이 나라를 떠나는 것이오." 실랑이해 봐야 소용이 없었다.

여행을 계속하면서 촬영을 위해 법을 어긴 경우가 몇 차례 있었다는 점을 실토하지 않을 수 없겠다. 드론을 허가구역 바깥까지 날린 적도 있었다. 인도에서 드론 불법운항죄로 3시간 억류당한 적이 있지만 운좋게 감방신세는 면했다. 자진해서 드론 촬영을 자제한 곳이 딱 한 곳 있었는데, 바로 시리아 국경에서였다. 법을 어긴 적은 많지만, 나도 그런 무모한 짓을 할 정도로 바보는 아니다.

비용은 말할 것도 없고, 드론을 사용함으로써 일으킬 이런 여러 문제들에도 불구하고 내가 거의 3년 동안 여행을 계속하면서 굳이 드론을 고집한 이유가 무엇일까? 그것은 바로 높은 곳에서 내려다보면 세상이 한층 더 의미심장하게 다가온다는 이유 때문이다.

필리핀의 발리카삭 아일랜드는 지상에서 보면 아름답지만 평범한 섬이다. 하지만 390미터 상공에서 내려다보면 너무도 매혹적인 완벽한 타원형을 이루고 있다. 코스타리카의 어느 해변도 지상에서는 특별할 게 없어 보였다. 하지만 드론이 촬영한 영상을 보니 정확히 고래꼬리 모양을 하고 있었다.

뉴질랜드에서 7,400만 마리의 양떼를 지상에서 찍은 사진을 보면 사방이 온통 양떼 천지이다. 하지만 드론으로 찍은 항공사진을 보면 양떼가 마치 목자이신 하느님의 인도하심을 받아 어디론가 몰려가는 것처럼 보인다.

하지만 무엇보다 중요한 점은 항공사진을 통해 보면 우리 인간의 본성, 그리고 때로는 비인간적인 현실이 적나라하게 드러난다는 사실이다. 방콕 시내의 호화 리조트에서 골목 하나를 사이에 두고 자리하고 있는 빈민촌을 찍은 드론 사진은 소득불평등의 부끄러운 현실을 말해준다. 현대적인 도시 히로시마의 지금의 모습을 찍은 항공사진은 1945년 이 도시에 떨어진 원자폭탄의 피해가 얼마나 심각했는지를 역설적으로 보여준다.

얼마나 많은 시리아 난민이 전쟁의 공포를 피해 유럽으로 탈출하기 위해 매일 목숨을 걸고 거친 바다를 건너는지 우리는 알고 있다. 그리스의 외딴 산속에 높이 쌓아놓은 이들이 입고 온 구명조끼를 드론이 찍었다. 이 사진을 통해 우리는 이들의 수가 얼마나 되는지, 이들이 느꼈을 공포감과 안도감을 느낄 수 있다.

이 책에 대해 몇 마디 덧붙이고자 한다. 2018년 1월 나스 데일리를 단행본으로 만들자는 제안을 받고 내가 보인 첫 반응은 '좋아요. 하지만 어떻게요?'라는 세 마디였다. 내가 만든 것은 60초짜리 비디오이다. 작은 비디오 영상물을 페이지마다 촘촘히 앉히는 게 아니라면, 어떤 마법을 부려서 나스 데일리 내용을 한 권의 책 안에 모두 담겠다는 것인지 이해가 되지 않았다.

그런 다음 나는 동영상 시리즈로 무엇을 이야기하려고 했던가에 대해 생각해 보았다. 그것은 바로 사람, 문화, 삶, 인간에 관한 이야기였다. 그 어떤 멋진 카메라 작업도 그보다 더 중요하지는 않았다. 매일 나스 데일리를 보는 사람들의 가슴에 전해진 것도 그런 이야기였다. 내가 할 수 있는 건 바로 그런 이야기들이었다.

이제 남은 일은 이야기를 어떻게 구성할 것이냐였다. 랩탑 컴퓨터 앞에 앉아서 비디오 영상을 만지작거리는 일과 크게 다르지 않을 것 같았다. 책을 다큐멘터리 여행 이야기로 만들 것인가? 아니면 개인 일기로? 여행 가이드북? 가이드북으로 만들 생각은 추호도 없었지만. 더 어려운 일은 어떤 이야기를 소개할 것인지 선별하는 작업이었다. 1,000일 넘는 시간을 길에서 보냈기 때문에 내용을 선별하는 작업이 간단치 않을 것이라는 생각이 당연히 들었다.

우선 내가 전 세계를 여행하면서 배운 것 중에서 가장 의미 있는 일들을 뽑아서 모으기로 했다. 사실 나는 햇살이 작렬하는 몰디브 해변에서부터 달빛이 내려쬐는 파푸아뉴기니의 숲에 이르기까지 어디를 가든 새로운 교훈, 기대하지 않은 새로운 깨달음을 얻어 여행가방에 담아왔다. 이스라엘 북부의 고향집 방

드론으로 찍은 지구 행성

📍 발리카삭섬, 필리핀 / 오클랜드의 양떼, 뉴질랜드 / 길 하나를 사이에 두고
엇갈린 빈부격차의 현장, 방콕 / 고래꼬리 해변, 코스타리카(위에서 시계방향으로)

시리아 난민이 입고 온 구명조끼, 그리스. 가운데 저자가 누워 있다.(위)
히로시마, 일본(아래)

안에 틀어박혀 인터넷을 뒤지며 놀던 수줍음 많은 소년시절에 비하면 열 몇 살을 더 먹었다. 그래도 나는 여전히 무언가 새로운 것을 배우고 싶은 열망에 싸여 있었고, 나스 데일리는 나에게 배움의 기회를 주었다. 그렇게 새로 배운 일들을 많은 사람과 나누는 일이 너무 영광스러웠다.

나스 데일리 300일째 보너스로 소개한 화보특집도 책에 포함시키기로 했다. '나스 스토리'Nas Stories라고 이름 붙인 이 화보에는 특별히 소개할 만하다고 생각되는 사람이나 장소를 모았다. 베스트 중의 베스트를 골랐다. 여행하는 동안 잠시 멈추어 사색하고 싶은 순간들도 있었다. 카메라 영상으로는 잡히지 않고 직접 말로 설명해야 하는 경험들도 있었다. 잠시 동안 모든 것을 내려놓고 골똘히 생각에 잠기게 하는 순간들이었다. 이런 순간들은 '나스 모먼트'Nas Moment라는 이름으로 모았다.

책의 내용을 어떤 순서로 읽으라든가, 어떤 시간 순으로 읽어야 한다는 정해진 공식은 없다. 정해진 순서에 따라 읽는다면 더 재미없을 것이다. 나는 미리 계획한 일정에 따라 여행한 적이 한 번도 없다. 나에게 여행이란 어떤 일이 일어날지 모른 채 부딪쳐 나아가면서 느끼는 흥분의 연속 같은 것이다.

독자 여러분에게도 이런 미지의 흥분을 계속 느끼도록 해주고 싶다. 우리 인생도 모르는 일을 계속 부딪쳐 나갈 때 훨씬 더 재미있다. 몰디브에서 이스라엘로 날아가는 비행기 안에서 이 글을 쓰고 있다. 몇 주 전 나스 데일리의 마지막편 촬영을 마쳤고, 앞으로 며칠 동안의 일정 가운데 정해진 것이라고는 묵을 장소밖에 없다. 앞으로 내게 무슨 일이 일어날지는 달콤한 미스터리로 남아 있는 것이다.

내가 확실히 아는 게 한 가지 더 있는데, 그것은 바로 도착하면 한 번도 만난 적이 없는 새 친구들이 나를 맞아줄 것이라는 사실이다. 어쩌면 이런 사실이야 말로 나스 데일리가 내게 안겨준 최고의 선물이다. 이제는 어디를 가든 여행하는 모든 도시에서 새 친구들이 나를 맞이해 준다. 단순히 나와 인사를 나누기 위해 찾아오는 사람이 500명에서 많게는 1,000명에 달한다.

길거리에서 나를 보면 달려와 셀피 사진을 찍자고 하는 사람들도 많다. 그들과 사진 찍는 것을 나는 항상 영광으로 생각한다. 낯선 도시에 허겁지겁 도착했는데 친근한 곳 같은 느낌이 든다면 정말 근사한 일이다. 가는 도시마다 내가 아는 곳이라는 생각이 든다면, 그것은 마치 세상 어떤 곳에 가든 소속감을 갖는 것과 마찬가지일 것이다.

나는 편도 비행기 티켓 한 장을 들고 시작한 외로운 여행자였다. 그런데 1,200만 명의 축하를 받으며 그 여행을 마쳤다. 지금부터 나의 이 여행 이야기를 시작한다.

사람들이 가장
궁금해 한 질문들

1,000일을 여행하는 동안 많은 사람들로부터 내 여행에 관해 여러 가지 질문을 들었다. 사람들이 가장 궁금해 한 내용을 다음과 같이 간추려 보았다. 나와 여행을 시작하기 위한 탑승 전 수속쯤으로 생각하면 좋겠다.

1 왜 유투브가 아니라 페이스북에 동영상을 포스팅하는지?

동영상을 포스팅하기에 페이스북Facebook이 유투브보다 더 효과적인 플랫폼이기 때문이다. 페이스북은 유투브와 달리 실재 인물들이 모인 곳이다. 유투브를 시청하는 사람들은 실재 인물이 아니다. 내 말을 못 믿겠으면 유투브에 사담 후세인Saddam Hussein이라는 이름을 쓰는 사람이 있는데, 그 사람에게 진짜 사담 후세인인지 한번 물어보라.

페이스북에서는 진짜 친구를 만들 수 있고, 현지인을 직접 만나고, 멋진 비디오를 제작하고, 일거리를 구하고, 연인도 만날 수 있다. 하지만 유튜브에는 메시지를 서로 주고받는 기능이 없다. 대부분 일방통행식 메시지만 전달된다. 크리에이터가 콘텐츠를 만들면 시청자는 그것을 이용하는 소비자일 뿐이다.

반면에 페이스북은 메시지를 주고받는 기능을 갖추고 있다. 덕분에 상호협업이 이루어진다. 나스 데일리를 하면서 여행할 때 모델 수십 명을 동행하지도 않고, 촬영팀과 함께 가지도 않았다. 그래서 현지에서 나를 도와줄 사람들이 필요했다. 낯선 도시에 도착하면 페이스북에 사진을 한 장 올리고 이렇게 인사말을 붙이기만 하면 되었다. "방금 도착했어요. 내일 정오에 우리 만나요!" 이튿날 현장에 가면 100명은 거뜬히 모였다. 정말 멋진 일이었다.

2 여행을 그렇게 많이 다니는데 여행경비는 어떻게 조달하는가?

뉴욕에서 2년간 직장생활을 하면서 모은 돈이 좀 있기는 했지만, 나는 기본적으로 생활하는 데 돈이 별로 들지 않는 사람이고, 그런 검소한 습관은 여행할 때도 마찬가지이다. 나는 하룻밤 10달러면 편히 잘 수 있는 호텔을 놔두고 굳이 200달러짜리 고급호텔에 가지 않는다. 그리고 값비싼 음식이나 옷에 절대로 돈을 펑펑 쓰지 않는다. 그래서 말도 안 되게 물가가 비싼 파리는 가급적 피하고,

대신 에티오피아, 인도, 네팔, 나이지리아로 갔다. 이런 나라들은 파리 못지않게 아름다우면서도 사람 등골을 휘게 만들지 않는다.

1년쯤 여행하고 나면서 나스 데일리 구독자 수가 백만 명 단위가 되자 항공사, 호텔, 여행사 등으로부터 공짜티켓이 들어오기 시작했다. 그들은 내가 광고를 해주기 바랐고, 나는 기꺼이 페이스북 코멘트 난에 감사인사와 함께 그들의 이름을 언급해 주었다. 하지만 공짜티켓을 주는 대가로 내가 만드는 비디오의 콘텐츠를 이래라 저래라 하는 경우는 없었다. 그것은 나의 고유영역이다. 내 마음대로 가고 싶은 나라를 골라서 가고, 새로운 도시를 찾아가 새로운 친구를 만나는 자유는 돈으로 매길 수 없는 신성한 자유이다. 이런 원칙은 절대로 변하지 않을 것이다. 이런 자유는 절대로 돈으로 살 수 없다.

3 입고 다니는 티셔츠는 무슨 특별한 의미가 있는지?

200일째를 맞아 나는 앞으로 나스 데일리의 핵심 철학을 새긴 티셔츠를 입고 다니겠다는 자신과의 약속으로 그날을 자축했다. 좀 더 재미있게 만들기 위해 숫자를 넣었다. 당시 내 나이는 스물네 살 8개월이었다. 미국인 남성의 평균 기대수명이 76.3세이니, 나는 그때까지 내 수명의 32.4퍼센트를 산 셈이었다. 벌써 내 삶의 3분의 1을 살았다는 생각이 들자 정신이 번쩍 들었다.

그래서 티셔츠 가슴에 그 숫자를 새겨서 스스로에게 삶의 소중함을 계속 일깨우고, 남은 시간을 소중하게 쓰고 싶었다. 남은 시간 가운데 10년(13퍼센트)을 좋아하지 않는 일을 하며 보내거나, 단 2년(3퍼센트)이라도 사랑하지 않는 사람과 함께 시간을 허비할 생각은 추호도 없었다. 우리 생의 남은 시간 1퍼센트, 1퍼센트가 모두 소중하다. 친구 대니얼 프로스키와 캔디스 로가티가 티셔츠 디자인을 해서 보여주었는데, 그걸 보고 첫눈에 반했다. 내 머릿속에 맴돌던 어떤 생각을 진정한 예술가들이 나서서 세탁해서 계속 입을 수 있는 완벽한 티셔츠 그림으로 표현해 낸 것을 보니 너무 기분이 짜릿했다.

4 왜 우리나라에는 안 오세요?

아랍국가에 사는 사람이 이런 질문을 하면, 입국이 허용되지 않기 때문에 못 간다고 답해 준다. 나는 이스라엘 국적자이기 때문에 전 세계의 10퍼센트 쯤 되는 아랍국 대부분이 입국을 허용하지 않는다. 나는 아랍인인데도 그렇다. 순전히 정치적인 문제 때문에 그렇게 하는데, 정말 어처구니없는 짓이다.

비자발급 과정 역시 터무니없기는 마찬가지다. 호주를 가려고 했는데 호주 정부에서 내게 비자발급을 거부했다. 일정한 직업이 없기 때문이라는 것이었다. 그 나라를 방문하는 것이 바로 내가 하는 일인데도 그런 이유를 댔다. 1년 동안 네 번의 시도 끝에 겨우 내가 얌전한 방문객임을 믿게 만들 수 있었다.

한번은 쿠웨이트항공편을 이용해 뉴욕에서 인도까지 가는 비행기표를 예약하려고 하는데, 내 국적이 이스라엘이라는 이유로 항공사에서 전 노선 탑승 금지라고 했다. 목적지가 쿠웨이트가 아닌데도 그런 조치를 내리는 것이었다. 그 일 때문에 화가 나 몇 주 동안 씩씩댔다.

이스라엘 국적자는 받아들이지 않는 나라임에도 불구하고 방문했다고 할 수 있는 나라가 딱 한 곳 있다. 머리를 조금 쓰기는 했지만 어쨌든 방문 비슷한 효과를 낼 수 있었다. 자세한 이야기는 이 책에서 소개할 것이다. 여러분이 어느 나라 국민이든 나는 여러분이 있는 그 나라에 가고 싶다. 못 가는 것은 우리 어머니가 나를 낳은 장소 때문이다. 대부분의 경우 그렇다고 보면 된다.

5 지금까지 여행하는 동안 제일 맘에 든 나라는 어디인가?

그건 어느 시점을 기준으로 판단하느냐에 따라 달라진다. 157일째는 에티오피아였다. 그 나라의 풍부한 문화 자산과 신나는 자연 때문이다. 680일째는 모로코였다. 너무도 섬세한 건축물에서부터 다양하게 보존되고 있는 놀라운 음식 문화에 이르기까지 한마디로 모든 게 아름다운 나라였다. 진짜 정답은 없다. 내가 좋아하는 나라는 따로 있지 않다.

나는 팔레스타인 사람으로 태어나 이스라엘에서 자랐다. 그러다 보니 어떤 특정한 국가에 강한 소속감을 가져 본 적이 없다. 미국으로 옮겨간 것은 그곳이 내가 하고 싶은 일을 하기에, 다시 말해 첨단기술 분야의 일을 하기에 최적의 나라이기 때문이다. 그래서 나는 조국을 최상의 가치로 두는 사람들을 보면 좀 경계심이 든다. 역사적으로 보면 그 때문에 차별과 전쟁이 일어나는 경우가 많았다. 우리가 태어나기 여러 세기 전에 이름도 모르는 어떤 왕이나 정치인이 멋대로 그어놓은 지리적인 경계선에 특별한 의미를 부여할 생각은 없다.

6 나스 데일리를 하루라도 쉰 적이 있는지?

단 한 번도 건너뛴 적이 없다. 2년 반을 계속하는 동안 몸이 아프다거나 주말 핑계를 대고 하루쯤 쉬고 싶은 적이 없지는 않았을 것이다. 하지만 스스로에게 한 약속을 지켰다. 그래서 감기가 들어 아플 때도 쉬지 않았다. 와이파이가 되지 않는 아마존 열대우림에서도 쉬지 않았고, 24시간 내내 이동하는 중에도 나스 데일리는 쉬지 않았다. 나는 이 성취감을 명예훈장처럼 내세운다.

7 동영상 여러 곳에서 등장하는 총명하고 재미있고, 아름다운 여성은 누구인가?

나는 항상 무슨 일이든 혼자서 하는 것을 좋아했다. 이 괴짜 여행을 시작할 때도 혼자 돌아다닐 생각이었다. 하지만 생각처럼 되지 않았다. 58일째 되던 날 예루살렘에서 비디오를 올렸는데, 올리자마자 뷰어들이 코멘트를 포스팅하기 시작했다. 그 중에 이런 글이 있었다. "헤이! 나도 예루살렘을 엄청 좋아해요. 언제 나와 같이 한번 돌아다녀 봐요!"

이 낯선 사람의 페이스북 프로필을 클릭해 봤더니…글쎄 너무도 매력적인 여성이었다. 몇 차례 더 메시지를 주고받은 다음 나는 그녀의 제안을 받아들여 친구가 되었다. 사흘 뒤 그녀는 우리 가족이 있는 아라바로 와서 함께 만났다. 우리는 라마단 기간이 끝나고 축제를 함께 즐겼고, 그 모습을 동영상에 담았다. 그녀는 이후 내리 사흘 연속으로 비디오에 등장했다. 7주 뒤 나는 그녀를 따라 그리스로 가서 그녀의 사촌들과 함께 섬을 여행했다.

그때부터 이탈리아와 터키, 요르단, 포르투갈과 아조레스 제도, 브라질, 몰타를 비롯해 세계 여러 곳을 함께 다녔다. 그렇게 해서 알린 타미르Alyne Tamir라는 이름의 이 여인은 나스 데일리의 중요한 한 부분이 되었고, 그것은 사전에 전혀 예상치 않은 일이었다. 예상치 않은 일이라고 해서 카메라에서나 현실 생활에서 우리 관계를 쉬쉬하거나 숨길 생각은 추호도 없었다.

445일째 되는 날 우리는 연인이라는 사실을 정식으로 밝혔다. 그로부터 11개월 뒤 시청자들에게 그녀와 결혼해도 되겠느냐는 질문을 던졌다. 사람들은 '예스'라고 했고, 그녀는 '노'라고 대답했다. 앞으로도 알린에 관한 이야기가 많이 등장할 것이다. 그녀는 자신과 우리 이야기를 나스 데일리의 스토리 안에 녹여 넣는다. 그녀에 대한 나의 감정을 다음과 같이 표현하고자 하니 너무 흉보지 말았으면 좋겠다.

📍 바오밥나무, 마다가스카르

　2017년 5월 알린과 나는 마다가스카르를 함께 여행했다. 자동차로 15시간을 달려 모론다바 교외의 외딴 곳으로 갔다. 그곳을 찾아간 이유는 딱 하나, 전설의 바오밥나무들을 보기 위해서였다. 슬픈 일이지만 바오밥은 지구상에서 서서히 사라지고 있는 신성하고 희귀한 나무이다. 그날 우리가 본 바오밥나무들은 하나같이 건조한 땅 위에 외로운 자태로 높이 솟아 있었다.

　사라져가는 숲 한가운데 서로 뒤엉켜 껴안은 채 수세기를 버텨온 두 그루의 바오밥나무만 예외였다. 이 바오밥나무 비디오를 볼 때마다 나는 내가 처음에 왜 이 놀라운 여행을 시작했는지 그 이유를 되새긴다. 그리고 세상 그 누구와도 대체할 수 없는 이 사람과의 동행을 내가 얼마나 소중하게 생각하는지를 다시 떠올리게 된다.

매우 조심스러운 주제들

조심스러운 자리에서 절대로 꺼내지 말아야 할 세 가지 주제가 있는데, 그것은 바로 돈, 종교, 정치라는 말이 있다. 그런데 나는 솔직히 말해 사람들이 왜 이 세 가지를 금기사항이라고 생각하는지 잘 이해되지 않는다. 나는 이런 문제를 솔직하게 터놓고 이야기하는 걸 좋아한다. 돈, 종교, 그리고 정치적인 문제에 대해 솔직하게 이야기하면 할수록 세상은 그만큼 더 좋아질 것이라고 생각한다.

돈

'가진 돈이 얼마나 되십니까?' 많은 이들이 이런 질문은 대단히 민감하게 받아들인다. 하지만 개인적으로 나는 사람들이 왜 이런 질문을 받으면 불편함을 느끼는지 이해되지 않는다. 평생 돈을 벌기 위해 애쓰면서 돈에 대해 남에게 숨길 이유가 없지 않은가? 그래서 먼저 지금 내 수중에 있는 돈을 한 푼도 남김없이 모두 털어놓겠다.

책을 쓰는 지금을 기준으로 내 전 재산은 95만 달러이다. 그 가운데 60만 달러는 현금이고, 35만 달러는 아마존*Amazon*, 테슬라*Tesla*, 애플*Apple* 같은 기업에 투자해 놓은 투자금과 팔레스타인, 스리랑카, 미국에 갖고 있는 부동산 자산을 합한 금액이다. 그리고 지갑에 100달러 지폐 한 장이 들어 있다.

그리고 나는 여러분이 만나는 사람들 가운데서 제일 돈을 적게 쓰는 축에 들어갈 것이다.

이런 말을 하는 게 쉬운 일은 아니지만 내가 말하고자 하는 취지를 밝히기 위해서는 어쩔 수 없다. 내가 진짜 어떤 사람인지와 내가 가진 돈은 별 상관이 없다. 하지만 그럼에도 불구하고, 나는 수백만 명 앞에 내가 가진 돈을 모두 털어놓았다. 만약 수백만 명이 나처럼 자신의 재산을 솔직히 털어놓는다면, 세상이 지금보다 더 평등하고, 더 공정하고, 더 투명한 곳이 될 가능성이 훨씬 더 커질 것이다.

내 자산을 공개하는 문제를 놓고 장단점을 모두 깊이 생각해 봤는데, 장점이 더 많은 쪽으로 결론이 났다. 자산을 투명하게 함으로써 얻을 혜택은 수없이 많다. 대표적인 장점 세 가지만 들어본다.

1. 상대가 봉급을 얼마나 받는지 서로 다 알면 남녀의 봉급 차이가 지금처럼 크지는 않을 것이다. 여성의 봉급이 남성보다 적은 이유 중 하나는 남성 동료들이 받는 돈이 자기보다 더 많다는 사실을 잘 모르기 때문이기도 하다.

2. 자산을 관리할 때 친구, 가족, 그리고 전문가의 도움을 받는 것이 좋다. 이런 경우 우리의 자산 실태를 정확히 모르면 그 사람들이 우리를 제대로 도와줄 수가 없다. 나도 그런 경험이 있다.

3. 모든 사람이 돈 걱정을 한다. 그런데 대부분은 그 걱정을 남에게 알리지 않고 혼자서 끙끙댄다. 돈 걱정을 혼자서 끌어안고 있지 말고 남에게 털어놓으면 걱정이 빠져나갈 숨구멍을 터주는 게 된다.

종교

종교도 매우 민감한 대화 소재이다. 종교 역시 투명성의 원칙을 적용시켜서 흉금을 터놓고 이야기하는 게 좋다. 나는 태어날 때부터 무슬림이고, 무슬림 교육을 받으며 자랐다. 어릴 때부터 하루 다섯 번 기도를 올렸다. 10년 동안 줄곧 라마단 기간에는 금식을 지켰다. 이슬람이 천국으로 가는 유일한 길이라고 배우며 자랐고, 실제로 그렇다고 믿었다.

그러다가 무슬림 아닌 친구들과 어울리기 시작했다. 기독교도 친구들은 "예수님은 하느님의 아들이고, 예수님이 바로 천국으로 가는 유일한 길이다."고 했다. 유대인 친구들은 이렇게 말했다. "우리는 선택받은 민족이다." 힌두교도들은 이렇게 말했다. "하나의 신만 있는 게 아니다. 수백만의 신이 있다."

종교가 없는 친구들은 아무 말도 하지 않았다. 그들은 종교 이야기가 나오면 "그래, 그래" 하며 우리를 보고 웃기만 했다.

모든 이들이 자기가 믿는 종교가 옳다고 생각한다. 이런 사실은 사람을 많이 만나면서 점차 분명히 알게 되었다. 각자 자신이 믿는 종교가 옳다고 생각한다면, 다른 사람이 믿는 종교는 자연스레 틀린 것으로 간주된다. 내가 믿는 종교도 다른 사람의 눈에는 틀린 게 되고 만다.

나는 이런 상황이 견디기 힘들었다. 그래서 종교적인 믿음을 더 이상 갖지 않기로 했다. 신의 존재는 계속 믿지만, 그 믿음은 사람들이 드나드는 교회와는 상관이 없다. 오해는 하지 말았으면 좋겠다. 지금도 나는 종교가 어떤 사람들에게는 아주 좋은 것이라고 생각한다. 그리고 나 역시 언젠가 다시 신앙인으로 돌아갈지도 모를 일이다. 언젠가는 손으로 달을 가리킬 때 모든 손가락이 함께 달을 가리키고 있다는 확신을 갖게 되고 싶다.

그런 확신의 시간이 오기 전에는 내면으로 눈을 돌려 스스로 더 나은 사람이 되기 위해 노력하기로 했다. 매일 기도하는 대신 자신을 사랑하고, 진심으로 온 마음을 다해 남을 사랑하려고 노력할 것이다. 그리고 실제로 절대적인 존재가 저 높은 곳에 계신다면, 그분도 이 책을 읽어 주셨으면 좋겠다.

정치

정치는 내가 말한 세 가지 주제 중에서도 제일 민감한 분야이다. 나는 정치가 어떤 것인지 힘들게 고생하면서 배웠다. 이 책을 정치 세미나장으로 만들 생각은 없지만 내가 생각하는 바를 감출 생각 역시 추호도 없다.

나는 팔레스타인 사람이지만 이스라엘에서 자랐다. 그래서 어느 나라 사람이라는 소속감을 가져 본 적이 없다. 세상은 정치적 소란으로 가득하지만 그 중에서도 중동은 특히 더 소란스럽다. 이스라엘은 소란이 아니라 비명이 들리는 곳이다. 그래서 2008년 이스라엘 시간으로 새벽 6시, 9,600킬로미터 떨어진 곳에서 버락 오바마가 미국 대통령에 당선되는 것을 지켜보면서 나는 흥분에 겨워 눈물을 흘렸다.

내 비디오를 몇 편이라도 본 사람은 나의 정치적 성향이 자유주의자, 진보주의자라는 사실을 쉽게 알 수 있을 것이다. 나는 글로벌리즘globalism을 지지한다. 국경개방을 지지하고, 총기규제를 지지한다. 그리고 성소수자LGBTQ의 권리를 존중하고, 보편적 의료보장제를 지지한다.

나는 도널드 트럼프가 미국 대통령이 된 것을 재앙이라고 생각한다. 그런데 중부 내륙의 네브레스카주를 다녀온 뒤부터는 트럼프 지지자들을 달리 보기 시작했다. 그들의 정치적 성향, 특히 트럼프를 자유세계의 지도자로 선출한 그들의 선택에 대해 나는 여전히 공감하지 않는다. 그러면서도 가족을 사랑하고, 자유를 사랑하고, 민주주의를 사랑하는 마음에 존경심이 자라기 시작했다. 사실 사는 곳이 어디든 불문하고 사람들은 매일 정치의 신세를 지고 있다. 지구상에서 가장 뜨거운 분쟁지역에서 어린 시절을 보낸 나는 이런 사실을 지극히 개인적인 방식으로 체득했다.

나는 사람들이 정치와 종교, 돈에 대한 논의를 금기시하는 태도가 문제를 더 복잡하게 만든다고 생각한다. 이런 문제에 대한 자신의 생각을 예의를 갖춰 표현할 수만 있다면 그걸 막을 이유는 없지 않겠는가? 이런 시도를 통해서 일어날 수 있는 최악의 일이라고 해봤자 누군가가 나의 생각을 바꾸어놓는 것뿐일 테니까. 최악의 일처럼 보이지만 사실은 생각만 해도 짜릿한 일 아닌가?

PART 1

세상은
내가 생각했던 것과
전혀 다르다

인도에서
마음을 빼앗기다

인도, DAY 19*

어린 시절 나는 우물 안 개구리처럼 살았다. 내가 사는 마을, 우리나라, 가족 등 주위에 있는 세상이 전부인 줄 알았다. 가끔 이런 생각이 들었다. '이 세상에 내가 모르는 일들이 숨겨져 있을까?' 3년에 걸쳐 1,000일 동안 쉬지 않고 세계여행을 하고 나서 그 의문에 대한 답을 얻게 되었다.

세상에는 아름다운 산이 엄청나게 많다.

세상에는 화려하고 멋진 도시가 많다.

세상에는 재미있고 친절한 사람이 몇 백만 명도 넘게 있다.

세상에는 가난하게 사는 사람이 엄청나게 많다. 놀랄 정도로 많다.

---

* 나는 1,000일 동안 모두 64개국을 찾아갔다. 여러 번 방문한 나라들도 있다. DAY 다음에 숫자를 써놓은 것은 나스 데일리가 그 나라를 처음 방문한 날이거나 그곳을 찍은 비디오를 포스팅한 날을 나타낸다.

📍 타지마할, 아그라, 인도

빈곤이란 단어는 정확하게 규정짓기가 매우 어렵다. 하지만 빈곤이 어떤 모습인지 마음속으로 그려볼 수는 있다. 지저분한 거리, 다 쓰러져가는 집, 걸인들. 하지만 정확하게 어떤 사람을 가난하다고 규정지을 수 있을까? 어떤 사람이 가난하고 어떤 사람이 가난하지 않다고 말할 수 있을까?

세계은행World Bank에 따르면 하루 1.90달러 이하로 생활하면 기술적으로 극빈층으로 분류한다. 이런 글을 보고 정말 놀랐다. 1.90달러는 사람이 하루를 살아내기에는 너무 적은 금액이다. 그런데 전 세계 인구의 10퍼센트가 그보다 더 적은 금액으로 하루를 살아가고 있다고 하면 믿겠는가? 30년 전에는 그런 사람이 차지하는 비율이 36퍼센트였다. 나아지고는 있는 것이다. 하지만 아직 갈 길이 멀다.

나 자신이 혹시라도 극빈층에 가까웠던 것처럼 말하면 그것은 거짓말이다. 극빈층은 아니었다. 나는 문명국의 중산층 가정에서 자랐다. 글로벌 기준으로 보면 부유한 편에 속했다. 여러분도 마찬가지이다. 글로벌 기준으로 보면 대부분 부유한 편에 속할 것이다. 이 책을 사서 읽을 형편이면 빈곤선 이상의 삶을 사는 것이다. 직접 그렇게 살아보지 않은 사람은 극빈층의 삶을 상상도 못한다.

빈곤은 우리가 상상할 수 있는 범위를 훨씬 넘어서는 곳에 있기 때문에 사람들은 고정관념을 갖고 그것을 바라보려고 한다. 가난한 사람은 게으르고, 위험하며, 우리처럼 열심히 일하지 않고, 우리처럼 진취적인 기질도 갖고 있지 않다는 식의 고정관념이다. 전혀 사실과 다르고, 바람직하지도 않은 고정관념이다. 하지만 이런 고정관념은 끈질기게 자리를 지키고 있다. 어떤 강력한 계기가 없이는 이런 고정관념이 바뀌지 않는다.

인도에 가서 난생 처음으로 빈곤을 목격했다. 진짜 빈곤을 말하는 것이다. 진짜 빈민가를 보았다. 장소가 사람을 바꾼다는 말은 상투적인 문구라고 생각했다. 하지만 인도는 나를 바꾸어놓았다. 인도를 본 사람은 누구라도 바뀔 것이다. 세계의 문명권 가운데서 인도는 항상 주요 역할자였다. 우선 엄청나게 오래된 나라이다. 고고학자들에 의하면 3만 년 전 이곳에 가장 오래된 현생인류가 살았다. 지금은 그때와 같은 곳을 숲과 계곡, 숨이 멎을 것처럼 아름다운 산들이 둘러싸고 있다. 340만 평방킬로미터에 달하는 영토에 10억이 넘는 인구가 살고 있다. 인도인들은 종교, 철학에서부터 건축, 문학에 이르기까지 인류 문명사 전체에 영원히 지워지지 않을 자취를 새겨놓았다.

오늘날 인도는 우리 모두의 일상생활 속에 조금씩 남아 있다. 요가교실에 다니는 사람이 있다면 그곳이 바로 인도이고, 헤나 문신을 좋아한다면 그것 또한 인도이다. 단추 달린 셔츠를 입을 때마다 여러분은 인도에 가볍게 인사를 하는 것이다. 인류가 최초로 단추를 쓰기 시작한 게 기원전 2,000년 인더스 계곡에서였기 때문이다. 정말 재미있지 않은가?

그런데 바로 그 나라에 2019년 기준으로 전체 인구의 21퍼센트가 빈곤선 이하의 삶을 살고 있다. 대도시와 소도시를 가리지 않고 전국 곳곳에 빈민가가 자리하고 있다. 이전에 이런 지독한 빈민가를 본 것은 할리우드 영화에서뿐이었다. 대부분이 그렇겠지만 나 역시 인도에 직접 가보고 싶은 생각은 별로 없었다. 하지만 직접 가보지 않고는 그곳 사정이 어떤지 제대로 알 수 없다.

나스 데일리를 진행하는 동안 인도를 두 번 찾아갔다. 첫 번째 방문은 19일째였다. 공항을 빠져나오고 불과 몇 분이 채 안 되어서 나는 이전에 한 번도 본 적이 없는 빈곤을 목격했다. 이 나라의 어려운 사정에 대해서는 읽은 적이 있지만, 그걸 내 눈으로 직접 보는 것은 차원이 다른 일이었다.

어떤 나라에 가면 예쁜 사진이나 찍는 게 아니라 그 나라의 속살을 들어가서 보기로 했다. 빈곤층 사람들의 어려운 삶을 제대로 알기 위해서는 세계은행이 정한 하루 1.90달러 미만 극빈층의 삶을 하루 24시간 온전히 살아볼 필요가 있었다. 1.90달러는 인도 돈으로 125루피이다. 쉽지 않은 일이었다. 힘든 결정을 얼마나 많이 내려야 하는지를 보고 나는 기겁을 했다.

아침은 건너뛰고 찾아갈 곳이 있으면 어디든 걸어가야 했다. 20루피짜리 생수를 사는 대신 공공 식수대를 찾아야 했다. 버스를 타기 전에 최소 두 번은 망설이고, 먹을 것을 사기 전에는 세 번 이상 망설여야 한다. 그렇게 적은 돈으로 살려면 정신적으로 녹초가 되고 만다. 저녁에는 어느 교회의 딱딱한 타일 바닥에 누워서 잠을 청했다. 그날 밤 나는 뷰어들에게 농담 반 진담 반으로 종교단체가 있어 정말 감사하다는 인사를 했다.

뭄바이로 갔다. 이 나라의 수도이고 인구가 가장 많은 이곳은 세계 10대 상업금융 중심지에 들어가는 도시이다. 나는 이곳의 황홀한 아름다움에 곧바로 매료되고 말았다. 휘황찬란한 스카이라인이 도시의 야경을 이루고, 길거리 노점에서는 얼음을 갈아 만든 스위트 팝, 구운 옥수수, 그리고 양고기와 닭고기

📍 뭄바이, 인도

를 잘라 관광객들이 좋아하는 샤와르마 샌드위치를 만들어 준다.

투어 관광버스에 올라 툴툴거리며 사람들로 북적이는 시내를 지나 다라비로 갔다. 다라비는 번잡한 수도의 중앙에 위치한 작은 슬럼 지역이다. 별천지가 펼쳐졌다. 1백만에 가까운 사람들이 2.6평방킬로미터 남짓한 좁은 지역에 빼곡하게 들어차 있다. 쓰레기 천지인 길거리에 훤히 바깥으로 드러난 하수시설, 다 쓰러져가는 작고 낡은 집들이 다닥다닥 들어차 있다.

다라비는 바로 빈곤의 얼굴이고, 아시아 최대 빈민촌임을 한눈에 알아볼 수 있는 곳이다. 이곳의 위생문제에 관해 쓴 글을 읽은 적이 있는데, 인구 500명당 화장실이 1개뿐이라는 통계가 있었다. 주민들은 각종 질병에 시달리는데, 질병의 80퍼센트 이상이 물로 전파되는 수인성이라고 했다.

도시의 빈곤을 직접 살펴보았다. 내가 만약 다른 부류의 비디오그래퍼였더라면 한 시간 남짓 만에 희망이 없는 곳임을 보여주기에 충분한 영상을 만들어 그곳을 떠났을 것이다.

하지만 나는 그렇게 떠나는 대신 다라비 속으로 더 깊이 파고들어갔다. 작은 가게에 들어가 보고, 현관문을 노크하고, 잠깐 들어가도 되느냐고 물어도 보았다. 그렇게 몇 시간을 헤집고 다닌 결과 정말 깜짝 놀랄만한 사실들을 알게 되었다.

빈곤과 고통의 암울한 모습만 남은 것 같아 보이는 이 빈민가에서 실제로는 연간 10억 달러의 부를 창출해내고 있었다! '비공식 경제영역'이라고 부르는 가죽제품과 수를 놓은 의상, 도기, 플라스틱 제품을 생산하는 소규모 공장에서 노동자들이 하루 종일 일에 몰두하고 있다.

지저분한 골목길과 달리 사람들이 사는 집안으로 들어가 보면 놀라울 정도로 깨끗하게 정돈되어 있었다. 끊임없이 마루를 훔치고 유리창을 닦았다. 어느 도시나 마찬가지로 이곳에도 실직자들은 있었다. 하지만 이곳에서는 수천 명에 달하는 남녀노소가 나란히 모여앉아서 활기차게 작업에 몰두하는 인상적인

다라비, 인도

모습도 볼 수 있었다.

  그동안 갖고 있던 빈민가에 대한 선입견이 하나씩 바뀌었다. 다라비는 듣던 것처럼 폭력과 범죄의 온상이 아니었다. 주민들끼리 서로 돌봐주는 작은 마을에 온 것 같았다. 그곳에 머무는 내내 나는 안전하다는 느낌을 받았다.

  다라비는 소외받고 교육받지 않은 사람들이 모여 사는 곳이 아니었다. 그곳에서 만난 사람들은 하나같이 똑똑하고 친절했다. 실제로 다라비는 인도에서 가장 교육수준이 높은 빈민가라는 명성에 걸맞는 곳이다. 글을 아는 주민의 비율이 69퍼센트에 달했다.

  구역 곳곳을 가까이서 지켜보았는데, 열심히 일하지 않는 사람을 찾아보기 어려웠다. 비좁은 재활용 공장에 걸어 들어가 봤는데, 작업자들이 산더미처럼 쌓인 플라스틱 병을 뒤지며 일에 열중하고 있었다. 도기 공장과 가죽 스튜디오 작업장에서 일하는 사람들은 조립공장 작업인부들이라기보다는 예술가들처럼 보였다.

빈민가에 대한 나의 선입견은 불과 하루 만에 완전히 무너져 버렸다. 고정관념이란 것이 대개 그렇지 않은가? 그렇기 때문에 어떤 곳을 여행하든 이러한 고정관념에 사로잡히지 않는 게 대단히 중요하다. 자칫하면 어떤 장소나 사람들에 대해 여행 가이드북에 적혀 있는 대로 보기 쉽다. 하지만 그 단계를 극복하고, 그 문화 속으로 직접 들어가서 호흡하며 진짜 여행을 하면 뒤따라오는 놀라운 깨달음과 보상은 이루 말할 수 없이 크다.

저녁 무렵 릭샤에 올라타고 다라비를 떠나 호텔로 향했다. 북적이는 작은 구역을 뒤로 하며 그날 하루를 되짚어보았다. 내가 보고 들은 그날 일에 대해 이런 결론을 내렸다. 가난한 다라비 주민들이 나보다 더 열심히 일한다. 그 사람들이 나보다 더 창의적이고, 나보다 더 기업가정신이 충만하다. 내가 미국에서 중요하게 생각하던 것과 똑같은 직업윤리와 성실한 자세를 그들도 유지하고 있었다. 어쩌다 그들이 '빈민가'라고 불리는 곳에 살고 있는 것뿐이다.

아메리칸 드림과
캐나다 드림

캐나다, DAY 906

어렸을 적 나의 제일 큰 꿈은 아메리칸 드림을 이루는 것이었다. 무조건 미국으로 건너가서 살겠다는 생각을 했다. 왜냐하면 미국은 지구상에서 내가 가서 살고 싶은 유일한 나라였기 때문이다. 이렇게 생각했다.

'미국은 모든 사람에게 평등한 기회를 주는 나라이다.'

'미국은 크게 성공할 수 있는 유일한 나라이다.'

'미국은 이민자들을 받아주는 유일한 나라이다.'

물론 조금 나이를 먹고, 조금 더 현명해지고 나서 보니 그때의 내 생각이 틀릴 수 있다는 사실도 알게 되었다.

내 말을 오해하지는 마시라. 객관적으로 봐서 아메리칸 드림은 위대한 것이다. 나는 지금 이 정신에 따라 살고 있고, 미국 비자를 갖고 있으며, 미국 회사

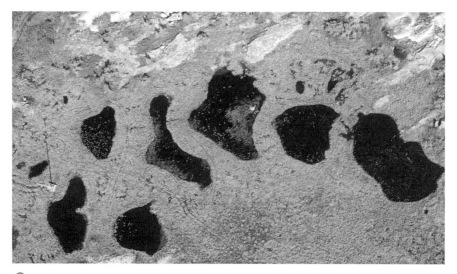

📍 3만 1,752개로 세계에서 호수가 제일 많은 나라, 캐나다

를 만들고 있고, 로스앤젤레스에서 태어나 유타주에서 공부한 여인과 삶을 함께 하고 있다. 이 여인은 이스라엘 피가 섞여 있지만 여러 모로 완전히 미국 여성이다. 하지만 내가 꿈을 꿀 만한 나라로 미국이 지구상에서 유일하다는 어릴 적 생각은 틀린 게 분명하다.

캐나다에 대해 생각해 보자. 이 나라가 보유하고 있는 최고기록들을 보면 상당히 인상적이다. 국토면적이 거의 1,000만 평방킬로미터로 러시아에 이어 세계 2위를 차지한다. 24만 킬로미터라는 세계 최장의 해안선을 보유하고 있고, 두 나라가 맞닿은 국경으로는 세계에서 가장 긴 국경선을 미국과의 사이에 두고 있다. 지구상에서 가장 많은 호수를 가진 나라로 일정 규모의 호수 수가 3만

1,752개에 달한다. 그리고 아주 혹독한 기후조건을 가지고 있다. 1937년 서부 서스캐처원주 옐로 그래스의 기온이 섭씨 45도까지 치솟았고, 그로부터 10년 뒤 유콘에서는 기온이 섭씨 영하 62도까지 내려갔다. 혹독한 기후이다.

이런 캐나다 소개글에 좀처럼 등장하지 않는 내용이 하나 있는데, 그것은 바로 캐나다 드림Canadian Dream이라는 게 있다는 사실이다. 캐나다를 찾아간 것은 나스 데일리 여행이 끝나가는 무렵이었다. 며칠 들렀다가 유럽으로 날아갈 생각이었다. 그랬던 것이 거의 2주 가까이 머무르게 되었다. 캐나다의 파란만장한 역사를 따라 돌아다니다 보니 이 나라야말로 어릴 적 내가 건너가서 살고 싶어 한 바로 그 꿈의 나라라는 생각이 들었기 때문이다. 이민자를 사랑하는 나라, 기회의 나라, 지역사회가 발달한 나라가 바로 캐나다이다.

주요 사례 몇 가지만 소개해 보자. 2017년 아흐메드 후센Ahmed Hussen 신임 이민 및 난민부 장관은 앞으로 3년 동안 1백만 명에 가까운 이민자를 추가로 받아들이겠다고 당당하게 발표했다. 그것은 이 나라가 전 세계인을 향해 오픈 암즈open arms 정책으로 문호를 활짝 여는 진정한 제스처였다.

후센 장관 본인이 바로 이민자이다. 소말리아 모가디슈에서 태어나고 자란 그는 1980년대 소말리아 내전에서 살아남은 가족을 따라 케냐의 난민촌으로 탈출했다. 부모들은 그가 17살 때 형들이 먼저 가 있는 캐나다로 그를 보냈다. 그는 이민 간 지 7년 만에 정치인으로 당당하게 공적인 생활을 시작했다. 그리고 마침내 캐나다 역사상 최초의 소말리아 출신 장관이 되었다. 후센 장관의 인생여정 자체가 기회의 중요성을 웅변으로 보여준다.

토론토 공립도서관, 책만 있는 게 아니라 다양한 취미강좌가 열린다.

노바스코샤주 핼리팩스의 관공서에서 열린 시민권 선서식에서 후센 장관을 만났다. 춥고 흐린 날씨였지만 식장 안은 인류애의 온기가 생생하게 느껴졌다. 인도, 파키스탄, 필리핀, 소말리아, 미국을 비롯해 전 세계에서 온 사람들이 모여 있었다. 모두들 얼굴에는 이곳에서 태어나지 않았지만 자신들이 선택한 나라의 시민이 된다는 자부심이 넘쳐났다.

그리고 이런 소중한 영예를 난민 출신 장관의 손으로 직접 부여하는 장면은 내가 지금까지 목격한 포용과 다양성의 가치를 보여주는 가장 아름다운 순간들 가운데 하나였다.

행사장에 모인 사람들이 캐나다 국가를 부를 때 내 눈에서도 눈물이 글썽거렸다. 시민권 수여식이 끝나고 후센 장관은 우리 카메라 앞에 서서 캐나다가 추구하는 가치를 이렇게 상기시켜 주었다. "다양성은 우리의 힘이고, 포용은 우리가 선택한 가치입니다."

토론토에 머무는 동안 짐 에스틸Jim Estill씨와도 만나는 영광을 누렸다. 첨단 기술 기업가로 자선사업가인 그는 2015년 시리아 난민 87가족이 9,000킬로미터가 넘게 떨어진 캐나다로 올 수 있도록 도와준 사람으로 유명하다. 난민들의 운명을 걱정하던 그는 개인이 난민을 후원할 수 있도록 허용하고 있는 캐나다 법을 이용해 300명이 넘는 시리아 난민이 캐나다에 들어와 정착할 수 있도록 혼자 힘으로 도와주었다. 그는 "내가 그동안 한 일 중에서 이 일이 가장 보람 있었다."고 했다. 이 일을 하느라 자기 호주머니에서 몇 백만 달러를 썼지만 전혀 망설이지 않고 실행에 옮겼다고 했다. "옳은 일을 하는데 어려울 게 무엇이 있겠습니까."

이런 박애정신을 인정받아 그는 캐나다훈장Order of Canada을 비롯해 여러 국가훈장을 받았다. 그는 백만장자만이 그런 일을 할 수 있는 것은 아니라고 말한다. 4~5인 가족을 1년 간 후원하는 데 3만 달러가 든다고 한다. 10명이 모여서 각자 연간 3,000달러씩 내면 한 가족을 도와줄 수 있다는 말이다. 당시 캐나다는 영국, 아르헨티나와 함께 전 세계에서 개인의 난민 후원을 허용한 세 나라 가운데 하나였고, 개인후원이 사람들에게 알려지기 시작한 초기 단계였다.

그는 자신을 '그냥 보통사람'이라고 하지만 나는 그를 슈퍼맨이라고 불렀다. 짐 에스틸과 후센 장관을 만나고 나서 캐나다가 너무도 살기 좋은 곳이라는 생각이 확고해졌다. 거기에다 도서관을 보고 나서는 캐나다의 매력에 더 흠뻑 빠져들게 되었다.

캐나다 도서관들은 멋진 건축물뿐만 아니라 엄청난 장서를 자랑한다. 도서관 건물은 보자르beaux arts 고전주의 건축양식에서부터 현대건축에 이르기까지 다양한 양식을 자랑한다. 퀘벡 국립도서관은 17세기까지 거슬러 올라가는 고문서들을 소장하고 있다. 하지만 이곳의 도서관들은 이용객에게 책만 보도록 하는 게 아니라 다양한 분야의 교육 기회를 제공해 주는 것으로 유명하다.

토론토 공립도서관에 가서 하루를 보냈는데 나오고 싶지가 않았다. 내부 디자인이 눈이 휘둥그레질 정도로 호화로웠는데, 마치 고급 백화점과 국제 우주 정거장을 합쳐놓은 것 같은 분위기였다. 엄청난 시설에 입이 다물어지지 않았다. 끝없이 늘어선 컴퓨터와 3-D 프린터, 회의실, 인형극 무대, 전시룸, 친환경 그린 스크린을 갖춘 비디오 제작 스튜디오, 그리고 장서를 포함해 완벽하게 재현해 놓은 셜록 홈즈의 서재까지 있었다.

이게 전부가 아니다. 자랑할 거리는 아직 절반도 이야기하지 않았다. 정말 놀란 것은 도서관에서 진행하는 현장교육 교실들이었다. 잠깐 방문하는 동안에도 뜨개질과 신발 만들기, 그림 그리기, 대중 앞에서 말하기, 스시 만들기 등의 수업이 진행되고 있었다. 이러한 현장 서비스는 도서관에 직접 가지 않고서도 이용할 수 있다. 밤에 어린아이를 재울 때 도서관 '다이얼 어 스토리'Dial-a-Story 핫라인에 전화하면 잠 안 자는 아이들을 위한 동화 서비스를 16개 언어로 제공해 준다.

그리고 이 모든 서비스는 무료로 이용할 수 있다. 캐나다에서는 아이 돌봐주는 보육을 매우 중요한 과제로 삼는데, 퀘벡의 유아원에 들렀을 때 그런 사실을 실감할 수 있었다. 그 유아원에서는 네 살 이하의 어린이들에게 최고 수준의 보편적인 돌봄 서비스를 제공하고 있었다. 퀘벡의 보육시설은 정부의 지원을 받아 전국 최고의 서비스를 자랑하는데, 부모가 내는 돈은 하루 7.30달러에서 20달러 내외이다. 엄청나게 비싼 미국과 비교하면 거저나 마찬가지이다. 비용 지원뿐만 아니라 출산 후 부모들이 육아 걱정 없이 직장으로 복귀할 수 있도록 도와주는데, 저소득 가정은 안정된 직장을 유지할 수 있도록 대폭적인 지원을 해준다.

보육시설을 정부에서 지원하는 문제를 놓고 캐나다 안팎에서 찬반논쟁이 벌어진 것도 사실이다. 잘한다는 사람도 있고, 잘못된 정책이라고 하는 사람들도 있다. 주목할 점은 정부가 육아 가정들이 보다 수월하게 아이를 키울 수 있도록 과감한 조치를 취한다는 사실이다. 그렇게 함으로써 국가는 질이 좋은 노동력을 계속 유지할 수 있도록 돕는 것이다.

캐나다를 떠나기 전 매우 특별한 장소를 한 군데 더 들렀다. 캐나다인들의 정신을 정확히 보여주는 곳이었다. 뉴스를 통해 알고 있었지만 가서 내 눈으로 직접 보고 싶었다. 한적한 공항이었다. 2001년 9월 11일 테러범들이 뉴욕, 워싱턴DC, 펜실베이니아 교외를 공격하는 장면을 전 세계가 공포에 질린 채 지켜보았다. 미국은 보안을 이유로 영공을 즉각 폐쇄했다. 미국 영토에 착륙하지 못한 여객기들은 캐나다 뉴펀들랜드주 북동 연안에 있는 소도시 갠더Gander국제공항으로 방향을 돌려야 했다.

갠더국제공항이 대체 공항으로 정해진 데는 다음의 두 가지 점이 고려됐다. 첫째, 대형 항공기가 착륙할 수 있는 공항이다. 둘째, 토론토나 몬트리올 같은 대규모 메트로폴리탄은 테러범들의 추가 공격목표가 될 가능성이 있는 반면 갠더는 소도시라서 그럴 위험이 낮다.

당시 모두 38대의 여객기가 갠더공항으로 방향을 돌려 95개국에서 온 승객 6,122명과 승무원 473명이 그곳에 내렸다. 작은 공항은 갑자기 몰려온 손님들을 맞이하느라 정신을 차리기 힘들 지경이 되었다. 녹초가 된 채 안절부절 못하는 손님들에게 먹을 것과 안전하게 쉴 곳을 제공하는 게 급선무였다. 인구 1만 명의 소도시와 주변의 어촌 마을들이 즉각 비상동원 체제에 돌입했다. 이들은 민간 주택과 교회, 학교, 커뮤니티센터를 '비행기 손님들'을 위한 임시숙소로 바꾸고, 이들에게 먹을 것과 입을 옷, 화장실 용품, 컴퓨터 등을 제공했다.

병원과 빵공장 직원들은 연장근무에 들어가고, 현지 아이스 하키 링크를 초대형 냉장고로 활용했다. 파업 중이던 스쿨버스 운전기사들도 파업 피켓을 내

📍 뉴펀들랜드의 갠더국제공항, 캐나다

려놓고 비상근무에 동참했다. 당시 갠더 시민들의 비상동원 캠페인은 '옐로 리본 작전'Operation Yellow Ribbon으로 불렸다. 비행기에 실려 온 동물들까지 갠더 수호천사들의 날개 밑에서 보호를 받았다. 개와 고양이 17마리와 콜럼버스 동물원으로 향하던 침팬지 두 마리였다.

'비행기 손님들'은 나흘 뒤 각자 집으로 돌아갈 수 있었는데, 이들 모두 갠더 시민들의 친절에 큰 감동을 받았다. 승객들 가운데는 그 일을 계기로 서로 사랑에 빠져 결혼한 커플까지 탄생했다. 바쁘게 보낸 그 나흘은 갠더 시민들의 삶도 바꾸어놓았다. 주민 누구도 자신들이 베푼 친절에 대해 아무런 금전적인 대가를 바라지 않았다. 짐 에스틸씨와 마찬가지로 그들 모두 마땅히 해야 할 옳은 일을 했을 뿐이라고 생각한다.

"9월 11일은 공포와 슬픔의 날로 오래 기억될 것입니다. 하지만 이곳 갠더로 온 손님들에게 주민들이 베풀어 준 친절과 연민의 마음은 그들의 기억 속에 위안과 치유로 가득 찬 하루로 영원히 기억될 것입니다." 테러 공격 1주년 추모식 때 장 크래티앵 캐나다 총리는 이렇게 말했다.

주민과, 공항, 정부 당국에서부터 이민법에 이르기까지 여러 요소를 통해 캐나다는 모든 사람을 환영하는 나라임을 증명해 보였다. 짧은 기간 동안 이 나라에 와 보고 나는 캐나다 드림도 아메리칸 드림과 나란히 자리를 함께 해야 된다는 생각을 하게 되었다.

어디 있는지도
몰랐던 나라

아르메니아, DAY 828

지구상에는 모두 195개의 독립국가가 있다. 여러분은 195개 독립국 가운데서 몇 나라나 지도에서 위치를 찾을 수 있을까?

솔직히 말해 나는 몇 개 되지 않는다. 큰 나라, 유명한 나라, 선진국, 혹은 나의 삶에 큰 영향을 미친 몇 나라만 제대로 가리킬 수 있다. 예를 들어 미국은 내가 살고 있고, 또한 선거에 관심이 있기 때문에 어디 있는지 알고, 영국은 브렉시트 때문에 관심이 있어 알고, 독일은 축구 때문에 알고, 호주는 이 책 저술 때문에라도 어디 있는지 알아야 한다. 대부분의 사람들이 나와 크게 다르지 않을 것이다. 물론 중동은 이쪽 바다에서 저쪽 바다까지 속속들이 안다. 나머지 나라들은? 솔직히 말해 제대로 관심을 갖고 위치를 따져본 적이 없었다.

2018년 7월까지는 그랬다. 그때 나는 나의 레이더망에 걸리지 않은 한 나라를 찾아가 보기로 했다. 자주 들어본 적이 없는 나라였고, 내 친구들도 그런 나라가 있는지 잘 몰랐다. 바로 아르메니아였다. 그 나라를 찾아가기로 한 이유는 그동안 전혀 관심을 가진 적이 없는 어떤 장소를 보기 위해서였다.

아르메니아로 향하는 비행기 안에서 나는 자료를 펴놓고 그 나라 역사에 대해 공부했다. 별 볼일 없는 나라들이 대부분 그렇지만 이곳은 전 역사가 남의 손에 의해 좌지우지된 것 같았다. 12세기에는 몽골에 정복당했고, 300년 뒤에는 오스만제국에 의해 영토가 양분되었다. 그 다음 세기는 강대국들의 손에 좌지우지되었다. 현대에 들어와서도 아르메니아의 운명은 자신이 아니라 강대국의 손에 들어가 있었다. 그러다 1991년 소련연방이 해체되면서 비로소 독립국가가 되었다. 와! 정말 기구한 운명을 가진 나라가 아닌가.

지도에서 아르메니아를 쉽게 찾지 못한다고 해서 크게 부끄러워할 필요는 없다. 이 나라는 사방이 터키, 조지아, 아제르바이잔, 그리고 이란에게 둘러싸여 있어서 마치 카프카스산맥 남쪽에 숨어 있는 것 같다. 눈 덮인 산봉우리와 세차게 흐르는 강, 그리고 도시의 역동적인 삶이 뒤섞인 이 나라에 12일간 머물렀는데, 이곳에 있는 동안 나는 아름다운 자연 풍광보다는 매혹적인 품성을 가진 이곳 사람들에게 더 관심이 갔다. 마치 나라 전체가 '우리는 특별해. 우리는 다른 사람들과 달라. 우리는 우리 식으로 살아.'라고 소리치는 것 같은 느낌을 받았다.

그런 모습을 관찰하고, 배우고, 기록으로 남겼다. 먼저 물을 살펴보았다. 수도 예레반에 도착하니 제일 먼저 대로변에 있는 공공 식수대가 눈에 들어왔다. 1미터 높이의 석조 조각인데 꼭지 쪽이 상당히 우아하게 장식되어 있었다. 제법

📍 아르메니아의 공공 식수대 풀푸라크

인데? 하고 그냥 지나쳤다. 그런데 옆에 똑같이 생긴 식수대가 또 있는 것이었다. 길을 따라 걸어오다 보니 비슷하게 생긴 식수대가 계속 보였다. 그리고 한 블록 더 걸어가니 식수대가 한군데 무더기로 모여 있었다. 이런 식으로 식수대는 끝없이 나타났다.

이거 재밌는데? 식수대에 관해 사람들에게 물어보고 이런 사실들을 알게 되었다. 예레반은 이곳에 예레부니 성채가 세워지면서 도시가 시작되었다. 1968년에 시 당국은 도시 탄생 2,750주년 기념으로 2,750개의 식수대를 도시 전역에 만들었다. 그 식수대들이 반세기가 지난 지금까지 목마르고 더위에 지친 행인들에게 종일 시원한 물을 제공해 주고 있는 것이다. 식수대에 모이는 사람들의 행렬을 지켜보고 있으면 재미 있다. 남녀노소, 현지인이건 관광객이건 모두들 판에 박은 것처럼 똑같은 행동을 반복한다. 식수대에 다가가서 발걸음을 멈추고, 몸을 구부려 물을 마신 다음 가던 길을 계속 가는 것이다. 단순한 행동이 똑같이 반복되는 장면은 거의 시적인 운율을 연상시킨다.

이곳 사람들은 식수대를 '풀푸라크'pulpulak라고 부르는데, '식수원'이라는 뜻이다. 나는 이 식수대를 '천재적인 시스템'이라고 불렀다. 리사이클링을 통해 버려지는 물을 줄이고, 환경을 해치는 플라스틱 물병 사용을 줄이고, 도시에 사는 사람은 물론이고 새들까지 갈증을 해소시켜 주기 때문이다. 그것도 완전 공짜로!

식수대를 뒤로하고 예레반 시내 중심부의 공화국 광장으로 가면 춤추는 분수가 있다. 정부청사와 박물관이 모여 있는 이곳은 소박한 기질을 가진 이곳 시민들이 모여 휴식을 즐기는 명소로 거대한 레크리에이션 룸 같은 역할을 한다. 밤마다 사람들이 모여서 웃고, 담소 나누고 춤도 춘다. 나도 이곳에 머무는 동안 광장에 자주 나갔다.

열흘 넘게 있는 동안 아르메니아가 주변 경쟁국들과 맞서려는 생각보다는 내부로 눈을 돌려 국민들의 교육과 복지, 행복에 더 관심이 많은 나라라는 사실을 거듭 확인할 수 있었다. 예를 들어 학교에서 아이들에게 수학, 과학 같은 정규과목 외에 체스도 가르친다. 체스는 중세부터 아르메니아인들의 인기 놀이였고, 소련연방에 편입돼 있던 시절에는 제도화된 종목이었다.

체스에 대한 열기는 최근 들어 더 뜨거워졌는데, 세계체스챔피언대회가 여러 번 개최되는 것 외에 레본 아로니안 같은 자국 출신 그랜드 마스터가 여러 명 배출된 것이 영향을 미쳤다. 아로니안은 아르메니아 어린이들에게 체스의 마이클 조던 같은 인물이다. 어린아이들에게 체스는 단순한 게임 이상의 역할을 한다. 이곳 사람들은 아이들의 집중력을 키우고 인내심과 절제력, 인지능력을 키우는 데 체스가 큰 도움이 된다고 믿는다.

다른 나라와 마찬가지로 아르메니아도 문제가 없지 않다. 엿새째 되는 날 군인, 전문가들을 따라 나고르노-카라바흐의 고산지대를 찾았다. 1990년대 초 아르메니아-아제르바이잔 전쟁 때 매설해 놓은 수천 개의 미폭발 지뢰를 찾아내 터트리는 작업을 하는 사람들이었다. 연한 청색 방탄조끼와 플라스틱 얼굴 마스크 등 보호장구를 갖추었지만 주위에 널린 위험한 폭발물을 생각하면 큰 위안은 되지 않았다. 전쟁의 숨은 상처를 다시 상기시켜 준 경험이었다. 전쟁은 곳곳에서 인프라를 무너뜨리고 학교를 파괴했으며, 곳곳에 미폭발 지뢰들을 남겨 놓았다. 평화가 왔어도 전쟁은 여전히 끝나지 않았다.

아르메니아를 떠나는 비행기에 앉아 있으니 갖은 상념으로 머리가 복잡하다. 불과 2주일 전만 해도 이 놀랍도록 처절하게 독립을 쟁취한 나라에 대해 아무 것도 아는 게 없었다는 사실이 부끄러웠다. 그리고 이토록 다양하고 소중한 역사를 가진 나라에서 나를 따뜻이 맞이해 준 데 대해 감사한 마음이 들었다. 세계 최초로 기독교를 국교로 채택한 나라이고, 303년에 지어진 세계 최초의 대성당이 있는 나라이다. 그리고 고대로마보다 더 오래 되고, 지구상에서 가장 오래된 문명 가운데 하나가 자리한 나라가 바로 아르메니아이다.

나는 이 나라에서 무엇보다도 희망을 보았다. 미래를 향해 나아가면서도 과거를 소중하게 간직하고 있었다. 이곳 사람들은 자녀들이 정규 교육과정을 마치면 엔지니어링과 디자인, 음악을 가르치는 현대식 교육기관에 보내 원하는 분야의 전문가가 될 수 있도록 해준다. 모든 교육은 무상이다. 국가는 글로벌 과학과 창의력 분야에서 앞서 갈 수 있도록 최첨단 기술 기업에 집중적인 투자를 한다.

무엇보다도 이곳 사람들은 조국에 대해 강한 자부심을 갖고 있었다. 아르멘 사키시안 대통령은 우리를 대통령 관저로 초대해 건배를 제안했다. 그는 커다란 브랜드 잔을 한 손에 들고 우리와 잔을 부딪치며 이렇게 외쳤다.

"아르메니아 브랜디로 건배합시다!"

"세계 최고 브랜디로 건배!"

NAS MOMENT

⫶ 세계지도에 숨은 비밀 ⫶

세계지도는 정확하지 않다.

정말 그렇다. 이런 불편한 진실을 처음 알고 나는 충격을 받았다. 우리가 학교에서 공부하는 지도는 16세기 독일–플랑드르의 지리학자 헤라르뒤스 메르카토르가 제작한 것이다. 그 지도는 온라인에서 볼 수 있고, 지금도 도처에 돌아다닌다.

메르카토르 도법*Mercator projection*으로 아프리카를 보면 제법 크다. 그런데 눈을 서쪽으로 돌려 캐나다를 보라. 와우! 얼마나 큰지 마치 아프리카의 엉덩이를 발로 걷어찰 기세이다. 러시아와 미국 영토도 상당히 크다. 그린란드는 크기가 거의 아프리카 만하게 그려져 있고, 남극대륙은 모든 대륙을 압도하고도 남을 만큼 거대 괴물 같은 존재이다.

이제 갈 피터스 도법*Gall-Peters projection*으로 불리는 지도를 보자. 1855년에 처음 제작된 이 지도는 세계를 좀 더 정확하게 그리고 있지만 이 지도가 학교수업에 사용되기 시작한 것은 125년이 지난 뒤부터였다. 이 지도에 보면 아프리카가 엄청나게 크게 그려진 반면 그린란드는 형편없이 쪼그라들었다.

오늘은 이런 문제를 제대로 실감했다. 알린과 나는 오늘 지도에서 신발 한 짝 크기의 마다가스카르를 가로질렀는데 버스로 15시간을 달렸는데도 끝이 보이지 않았다.

왜 이런 차이가 생겨났을까? 기술적인 면에서 보면 제대로 몰라서 범한 실책이다. 메르카토르 지도는 원래 지구본으로 만들었는데 이것을 평면 종이에 옮기니 남극과 북극이 보기 흉하게 나왔다. 그래서 보기 좋도록 종이 사이즈에 맞춰 펴서 그렸다. 그랬더니 보기에는 한결 좋아졌지만 그 과정에서 북미대륙과 유럽의 크기가 확 커져 버렸다. 하지만 16세기 당시 유럽인들은 이를 개의치 않았다.

메르카토르 지도가 안고 있는 진짜 문제는 이 지도가 정치적인 편견, 다시 말해 인종문제를 부각시킨다는 사실이다. 북반구를 더 크게 나타냄으로써 메르카토르 이후 지도 제작자들은 세계를 좌지우지하는 실질적인 힘이 앵글로-유로-아메리칸 국가들의 손에 있다는 인식을 퍼트렸다. 그러한 인식은 식민주의와 패권주의로 연결되었다.

우리는 지금도 이런 인식틀을 갖고 있을까? 아마도 그럴 것이다. 나스 데일리와 함께 60개 넘는 나라를 여행해 보니 미국과 유럽의 영향력이 전 세계에 퍼져 있다는 사실이 실감 났다. 어디를 가든 비행기에서 내리면 곧바로 스타벅스 매장을 찾아가면 되었다. 공항에 스타벅스 매장 하나는 있는 게 보통이다. 하지만 진짜 문제는 커피 매장이 아니라 국가관계이다.

오늘날 학교 교실에서는 갈 피터스 지도가 점점 더 많이 사용되고 있다. 바람직한 일이다. 사실 나는 이런 문제들을 오늘 아침에야 비로소 알게 되었다. 버스 뒷자리에 앉아 15시간을 시달리고 나서야 비로소 이런 흥미로운 사실을 찾아서 읽은 것이다.

멕시코

인형의 섬

멕시코에 간 것은 그곳 사람들의 삶을 알아보기 위해서였다. 하지만 532일째에 멕시코시티 바로 남쪽에 자리한 호반도시 소치밀코에 간 나는 죽음의 그림자 속으로 끌려들어갔다. 패들 보트를 타고 얽히고설킨 운하를 따라 올라가면 '인형의 섬'*Isla de las Munecas*에 도착한다. 나는 이곳을 보자마자 '멕시코에서 가장 기괴한 곳'이라고 불렀다.

이곳과 관련해 전해져 내려오는 으스스한 전설이 있다. 50여 년 전 이 섬을 지키는 줄리앙 산타나 배레라라는 사람이 물 위에 뜬 소녀의 시신을 발견했다고 한다. 물놀이를 하다 수초에 감겨 익사한 것이었다. 줄리앙은 소녀의 시신을 수습하고 나서 소녀의 인형을 발견했고, 소녀의 넋을 위로하기 위해 시신이 발견된 장소에 있는 나무에 인형을 걸어놓았다. 이후 오두막에 홀로 사는 줄리앙의 귀에 소녀의 흐느낌과 발자국 소리가 들리기 시작했고, 그는 이것이 소녀의 원혼이 편히 쉬지 못해 내는 소리라고 생각했다.

그는 소녀의 원혼을 달래기 위해 주위의 나무에 더 많은 인형을 매달기 시작했다. 사람들이 내다버린 인형 수백 개를 섬에서 주워왔는데, 대부분 팔다리가 떨어져 나가고 눈과 머리칼이 없는 인형들이었다. 밤이 되면 이 인형들이 서로 이야기를 나누며 돌아다닌다고 했다. 줄리앙은 2001년에 사망했는데, 그의 시신은 소녀가 익사한 바로 그 지점에서 발견되었다고 한다. 오늘날 인형의 섬은 세계적으로 유명한 관광명소가 되었고, 인형을 가져와서 걸어놓고 가는 사람들도 있다. 이곳에서 찍은 비디오에 내가 겁먹은 것처럼 보인다고? 그건 실제로 내가 겁에 질려 있었기 때문이다.

일본
휴대용 음성 번역기를 개발한 사람

요시다 다쿠로는 십대 때 처음으로 자기 사업을 시작했다. 말린 장미꽃에 금 페인트를 입혀서 금빛으로 반짝이는 꽃을 온라인에서 판매했다. '걸프렌드', '선물', '값비싼' 같은 검색어를 등록시켜서, 남성 고객을 주요 타깃으로 삼았다. 이 사업으로 번 돈 20만 달러를 밑천으로 미국에서 새로운 생활을 시작했다. 미국에서 그는 아주 우연한 계기로 정말 혁신적인 사업과 마주하게 되었다.

타코 벨*Taco Bell* 카운터 앞에 음료를 주문하려고 서 있던 어느 날이었다. 그런데 영어단어 '워터'*water*를 제대로 발음하지 못해서 크게 무안을 당했다. 창피해서 꽁무니를 빼는 대신 그

는 그 부끄러운 경험을 사업적인 성공을 일구는 발판으로 바꾸었다. 이전의 위대한 발명가들도 그랬다. 집으로 돌아온 그는 책상머리에 앉아서 음성 번역기 일리*ili* 개발 작업을 시작했다.

날렵하게 생긴 이 오프라인 휴대용 음성 번역기는 사용자가 쓰는 언어를 상대방 언어로 바꿔서 들려준다. 사용하기도 아주 간편하다. 사용자가 쓰는 언어를 단어나 문장으로 말하면 매력적인 여성의 음성으로 그것을 곧바로 영어, 일본어, 스페인어, 표준 중국어 만다린으로 통역해 준다. 인터넷을 이용하지 않기 때문에 타코 벨은 물론이고 세계 어디서나 어떤 언어로나 편리하게 사용할 수 있다. 정말 혁신적인 발명품이다!

미국
인정 많은 중서부 미국인들

네브레스카주에 관해 내가 아는 것이라고는 워런 버핏과 옥수수밖에 없었다. 나는 미국으로 이주해 온 뒤 보스턴과 뉴욕에서만 살았기 때문에 '플라이오버 스테이츠'*flyover states*로 불리는 중서부 지방에 대해 어떤 편견을 갖고 있었다. 그리고 진보주의 성향을 가진 나는 그 지방 사람들과 공통점이 많지 않을 것이라고 생각했다. 그런 선입견을 날려 버리기 위해

93

아는 사람이라고는 단 한 명도 없는 오마하행 비행기 티켓을 끊었다. 그렇게 하기를 잘했다. 네브레스카주에서는 자동차로 몇 시간을 달려도 주위에 산 하나 보이지 않는다. 그런데 아무 것도 없는 게 아니었다.

데렉이라는 친구는 비포장도로를 달리는 더트 바이킹dirt-biking 하는 곳으로 나를 데려갔다. O.J.라는 친구는 나를 타깃 슈팅target-shooting 사격장으로 안내했다. 페이튼이라는 친구는 야간비행을 시켜주었다. 그리고 고속도로 순찰경관인 마크도 만났는데, 그가 나를 본 게 더 정확한 표현일 것이다. 그는 250달러짜리 과속딱지를 끊으면서 다른 네브레스카 주민들과 마찬가지로 내게 환한 미소를 건넸다. 솔직히 말해 첫째 날 아침 고속도로변 싸구려 호텔방에서 눈을 떴을 때는 다소 회의적인 생각이 들었다.

하지만 미국의 심장부에서 나흘을 지내며 나를 반갑게 맞아주는 사람을 많이 만났다. 중부 지방에 사는 주민 6,500만 명이 다 그렇겠지만 이들은 자기가 사는 집을 나에게 내주었고, 자기들에게는 종교나 다름없는 콘허스커스 풋볼팀 이야기도 나와 나누었다. 자기들이 생각하는 정치와 삶의 방식도 나와 나누었다.

뉴욕시티에는 사람을 빼면 아무 것도 없다. 하지만 네브레스카에는 사람이 있기 때문에 모든 게 다 있다.

페루
끓는 강

나는 '포처'*poacher*다. '밀렵꾼'이냐고 기분 나빠 책을 집어던지지 말고 내 설명을 들어보기 바란다. 986일째 되는 날 알린과 나는 페루 아마존 열대우림 안으로 깊숙이 들어갔다. 네 시간 에 걸쳐 자동차 운전과 카누, 하이킹을 해야 하는 길이었다. 행선지는 마얀투야쿠라는 이름의 무성한 숲 지대였다. 그곳에서 수천 년에 걸쳐 인간을 두려움에 떨게 만든 놀라운 자연현상을 목격했는데 바로 '끓는 강'이다. 길이 6.4킬로미터, 수심이 5미터인 강은 온도가 섭씨 93도로 여러분이 들어가 본 어떤 목욕탕 물보다 더 뜨겁다. 이곳 사람들은 이 강을 '태양의 열로 끓는

물'이라는 뜻의 샤네이 팀피시카*Shanay-Timpishka*라고 부른다. 발을 헛디뎠다가는 3도 화상을 입을 정도로 뜨거운 물이고, 작은 동물이 빠지면 실제로 삶겨져 나온다. 일반적으로 이 정도의 온수는 화산활동의 결과물인데, 여기서는 가장 가까운 화산이 650킬로미터나 떨어져 있다. 그렇다면 무엇 때문인가? 몇 가지 이론이 있다.

　페루 전설에는 '물의 어머니'라는 뜻의 야쿠마마라는 거대한 뱀신이 물의 온도를 마음대로 조절한다고 믿는다. 과학자들은 보다 실질적인 가설을 제시한다. 강물이 원래는 빙하수인데 지구의 중심부로 흘러들어갔다가 균열을 타고 도로 겉으로 흘러나와 자연 욕탕을 만든다는 것이다. 앞에서 밀렵꾼이라는 뜻의 '포처'*poacher*라고 한 것과 관련해서 한 마디 덧붙인다. '수란'*poach* 반숙이 만들어지는지 보기 위해 계란을 깨서 넣어 보았더니 실제로 수란이 되었다. 수란 만드는 사람이라는 뜻으로 '포처'*poacher*라고 한 것이다.

세네갈
흑인이 되고 싶은 남자

세네갈 수도 다카르에 있는 자그맣고 멋진 조인트 레스토랑 룰루 홈 인테리어 앤 카페에서 샐러드를 먹고 난 직후였다. 매니저 겸 수석셰프인 클레멘트 술레이만씨가 정말 기이한 이야기를 해주었다. "나는 늘 흑인이 되고 싶었답니다." 그는 자신의 이야기를 이렇게 시작했다. 어릴 적 벨기에에서 살 때 그는 자신이 분명히 흑인인 줄 알았다고 했다. 그래서 피부를 까맣게 칠하고 다녔다.

이상하게 생각한 엄마는 아이를 정신병원에 데리고 갔다. 그런데 그 정신과의사는 아이에게 흑인이 아니라고 타이르는 대신 아이 엄마에게 방학 때 아프리카로 한번 데려가 보라고 권했다. 그래서 그는 세네갈 여행을 갔고, 그 길로 그곳에 주저앉아 버렸다. 세네갈 국적을 얻고,

그곳 방언 5가지를 모두 배웠다. 그리고 사업체를 시작하고 세네갈 여성과 결혼해 아이 둘을 낳았다. "지금 나는 행복합니다." 클레멘트씨는 내게 이렇게 말했다.

그의 이야기를 나스 데일리에 소개할 것인가를 놓고 며칠을 고민했다. 나는 아랍인으로 태어났지만 자라면서 미국인이라는 기분이 들었고, 이제는 미국에 뿌리를 내리고 산다. 그의 이야기는 분명히 나와도 관련이 있었다. 하지만 인종과 국적은 서로 다른 문제이다. 흑인이 되고 싶은 것과 실제로 검은 피부로 사는 것은 다르다. 나는 용기를 내어 비디오를 포스팅하기로 했다. 논의를 시작해 보자는 뜻이었는데 실제로 활발한 논의가 오갔다.

"경찰관이 나타나기 전까지는 모두들 흑인이 되고 싶어 하지요." 어떤 팔로어가 이렇게 올렸다. "인간의 영혼에는 색깔이 없습니다." 다른 팔로어가 반박했다. 내 생각은 약간 달랐다. 클레멘트씨가 진짜 흑인이 되지는 못할 것이다. 하지만 그의 이야기는 조국이라는 것이 우리가 태어난 장소, 태어난 방식과 반드시 일치할 필요는 없다는 것을 보여주는 좋은 사례이다. 우리를 편안하게 만들어 주는 곳이 진짜 조국이다. 중요한 것은 소속감이다.

PART 2

아픔을
이겨내는 힘

나를
사로잡은 미소

필리핀, DAY 272

카메라 앞이건 키보드 앞에 앉아 글을 쓰건 다른 사람과 소통할 수 있는 제일 쉬운 길은 철저히 정직한 태도를 갖는 것이다. 나는 이런 사실을 뒤늦게 알게 되었고, 그래서 지금부터라도 철저히 정직해지려고 한다. 나스 데일리 여행을 처음 시작할 때, 솔직히 말해 별로 관심이 가지 않는 나라들이 더러 있었다. 의도적으로 그런 것은 아니고 어쩌다 보니 저절로 그렇게 된 것이었다. 매일 수많은 세계 뉴스를 접하다 보니 내 호기심에도 한계가 있었던 것이다.

필리핀도 관심이 없던 나라 가운데 하나였다. 전혀 없었다. 2016년 12월 그곳으로 가는 비행기에 오르기 불과 한 달 전까지만 해도 나는 지도에 필리핀이 어디 있는지도 몰랐다. 그런데 그곳 사람들이 제발 한 번 오라고 계속 다그치는 것이었다. 나스 데일리를 시작하고 9개월째 들어서면서부터 이런 메시지가 내

메일함에 날아들기 시작했다.

> 필리핀으로 오세요!
> 와보면 정말 놀랄 거예요!
> 이곳은 정말 흠잡을 데 없는 곳이에요!

메일은 계속 날아들었다. 설마 전부 빈말은 아니겠지 하는 생각이 들기 시작했다. 애절한 초대장을 100통 가까이 무시하다 마침내 못 이기는 척 비행기 티켓을 샀다. 그리고 272일째 마닐라의 니노이 아키노 국제공항에 도착하는 바로 그 순간부터 나는 이 나라에 빠져들고 말았다. 더 솔직히 말하면 이 마법 같은 남태평양 국가에 하도 순식간에, 너무 깊숙이 코가 꿰어서 단일 국가로는 가장 오랜 시간을 머무르게 되었다. 정확히 말해 5주 4일을 필리핀에 있었다.

그렇게 된 데는 이유가 몇 가지 있다. 볼거리가 너무 많다고 오래 머문 것만은 아니다. 필리핀은 7,107개의 섬으로 이루어져 있는데, 섬 개수는 답하는 사람마다 다르다. 필리핀공화국은 북으로 중국 본토와 남으로 인도네시아 사이 2,400킬로미터에 걸친 대양에 자리하고 있다. 화산과 열대우림을 비롯해 아름다운 해변과 마을들로 이루어져 있다. 필리핀에서는 눈길을 어디로 두든 예상치 못한 일을 목격하게 된다. 무지개 빛깔로 장식한 세부시의 건물 지붕들에서부터 보홀섬 초콜릿힐스의 나무 위에 뛰어다니는 원숭이들에 이르기까지 볼거리들은 사방에 널려 있다.

 필리핀의 섬

하지만 진짜 매력, 정말 나를 반하게 만든 것은 필리핀 사람들의 미소이다. 그 어디서도 본 적이 없는 미소를 이곳 사람들은 짓는다. 그런 미소를 받아본 적이 없는 사람에게 설명하기는 어렵지만, 필리핀 사람들의 미소는 친절과 유쾌함, 솔직함이 모두 담긴 강렬한 결합체이다. 비행기에서 내린 직후 공항 보안요원으로부터 그런 미소를 선사받았다. 그리고 심SIM 카드를 파는 가게의 남자 직원, 내가 묵은 호텔 데스크 직원이 그런 미소를 지었다. 심지어 우버 택시 기사도 나에게 그런 미소를 지어 주었다.

유럽을 떠난 지 얼마 되지 않은 나는 행복을 전파하는 그런 미소에 익숙하지 않았다. 그래서 처음에는 이 사람들이 나를 좋아한다고 생각해 기분이 좋았다.

📍 마닐라에서 무일푼으로 하루 살기

하지만 그들의 미소는 나와는 상관이 없었다. 천성이 지구상에서 제일 상냥하고 붙임성 있는 사람들이라서 그런 것이었다. 필리핀에 와서 제일 먼저 새롭게 알게 된 사실이었다.

이들의 미소가 얼마나 몸에 밴 것인지 알아보기 위해 간단한 사회적 실험을 해보기로 했다. 도착한 지 5일째 되는 날, 나는 내 페이스북 뷰어들에게 그날 하루 돈을 한 푼도 쓰지 않고 마닐라에서 지내 볼 것이라고 밝혔다. 인도에서도 비슷한 실험을 해보았는데, 인도에서는 1.90달러로 하루를 살았다. 인도 실험의 변형인 셈이다. 인도에서는 현지인들의 삶 속에 들어가 빈곤을 체험해 보고 싶었고, 필리핀에서는 생판 모르는 이방인에게 현지인들이 얼마나 친절을 베풀어 주는지를 체험해 보고 싶었다.

어떤 결과가 나올지 알 수 없지만, 어쨌든 한번 부딪쳐 보기로 했다. 지갑을 숙소에 두고 무일푼으로 거리로 나섰다. 만만치가 않았다. 아침나절이 되자 벌써 목이 말랐다. 혹시 마실 것이라도 있을까 해서 거리를 어슬렁거렸다. 어느 관공서 건물 바깥에 세워둔 트럭에서 경비원이 생수병을 내리고 있는 것이 보였다. 그에게 다가가 생수병을 손으로 가리키며 물었다.

"이거 물입니까?" 나는 일부러 이런 표현을 골라서 썼는데, 그것은 구걸하는 것으로 보일 경우 실험이 의도한 대로 흘러가지 않을 것을 우려했기 때문이다. 그 경비원은 나를 한번 훑어보고는 내가 자기와 마찬가지로 중동사람이라는 것을 알았다. 그리고 내가 목이 마르다는 것을 알아챈 것 같았다.

"예, 물 맞습니다." 그는 이렇게 대답하고는 작은 생수병 하나를 내밀었다.

"당신도 무슬림이고 나도 무슬림입니다. 목마른 사람을 보면 마실 물을 주는 게
도리죠."

엄청나게 기분이 좋았다. 실험이 제대로 먹혀드는 것이었다. 허기도 같은 식
으로 해결되었다. 길모퉁이에 있는 푸드 카트를 보고 다가가서 주인에게 지갑
을 잃어버렸다고 했더니 아무런 대꾸도 하지 않았다. 돌아서 나오는데 내 옆에
서 있던 어떤 청년이 뒤따라와서는 그곳으로 도로 데려가는 것이었다. 그리고
는 1.30달러짜리 국수 한 접시를 사주었다. 그 청년은 자기도 직업이 없는데,
그날 아침 일당 8달러 받는 일자리를 구했다고 했다. 그는 "내가 얻은 행운을
나누어 드리고 싶었습니다."라고 했고, 나는 아무 말도 할 수 없었다. 카메라를
끈 다음, 나중에 돈을 갚겠다고 했더니 그는 돈은 받지 않겠다고 했다. 자신에
게 생긴 행운을 나와 나누고 싶었던 것뿐이었다.

하루 종일 그런 식으로 친절한 만남이 계속 이어졌다. 해가 지면서 정말 해
결해야 할 큰 과제를 남겨놓고 있었다. 공짜 음식과 공짜 물은 그렇다 치고, 밤
을 지낼 잠자리를 구하는 것은 진짜 심각한 문제였다. 길거리에서 지나가는 사
람들에게 직접 부딪쳐보기로 했다. "지갑을 잃어버려 호텔에서 잘 수가 없게 되
었어요! 오갈 데가 없습니다." 목소리에 절박함을 담아 이렇게 호소했다. 일고
여덟 명이 그냥 지나쳤다. 그때 한 젊은이가 가던 길을 멈추고 이렇게 물었다.
"무슨 일을 당했어요?"

나는 "이야기가 깁니다."라고 대답하고 어려운 사정을 이야기했다. 그는 잠
시 생각해 보더니 자기 집으로 가자고 유쾌하게 제안했다. 내 귀를 의심했다.

그는 먼저 길거리 음식점으로 나를 데리고 가서 저녁을 사주었다. 그리고는 누추해 보이는 자기 집으로 데려갔다. 자기 침대를 나에게 내주고 자신은 바닥에서 잤다. 아무런 대가도 바라지 않았고, 내가 비디오 촬영을 하려고 하자 그것마저 사양했다. 대신 자기 친구가 운영하는 필리핀 교사들을 후원하는 자선단체를 도와달라고 했고, 나는 비디오를 포스팅하면서 그 단체를 링크해서 홍보해 주었다.

그날 밤 낯선 젊은이의 침대에 누워 잠을 뒤척이면서 하루 동안 경험한 친절과 관대함을 생각하니 눈물이 났다. 세상이 아직은 살만한 곳이라는 확신이 생겼다. 그러면서 스스로를 돌아보게 되었다. 솔직히 말해 나 자신은 남에게 아낌없이 베푸는 그런 마음자세를 갖고 있지 못하다. 갖고 있다고 해도 아주 미약한 정도에 불과하다. 내가 아는 대부분의 사람들처럼 나도 하루에 8달러보다는 더 번다. 하지만 '나의 행운을 나누어주려고' 길거리에서 누군가를 뒤따라간 적이 한 번이라도 있었던가? 없다. 단 한 번도 그런 적이 없었다.

그날 실험을 통해 정말 많은 것을 깨달았다. 다른 사람의 친절한 인간미를 이끌어내는 법도 알게 되었다. 대부분 그런 인간미는 알아채지 못하는 경우가 많다. 그리고 나 스스로 어떻게 하면 그런 류의 동정심을 가질 수 있을까 하는 생각도 하게 되었다. 스스로를 겸허하게 만드는 경험이었다.

그리고 한 가지 더 주목할 만한 일은 많은 필리핀 사람들의 경우에도 이런 호의를 베푸는 일은 쉽지 않다는 사실이다. 그 이유는 그럴 마음이 쉽게 내키지 않아서가 아니라 누구를 돕는 데는 돈이 들어가기 때문이다. 필리핀의 빈곤율은 20퍼센트를 넘나든다. 이 나라에 그처럼 오래 머물게 된 것도 이런 사정과 무관하지 않다. 나도 처음에는 열대기후와 아름다운 경관도 즐길 생각을 하고 갔다. 게다가 물가도 싼 곳이었다. 하지만 이 나라가 앓고 있는 빈곤을 목격하고부터는 마음이 아팠다. 더 많은 빈곤과 마주하면서 나의 체류기간도 함께 늘어났다.

스모키 마운틴에 간 것이 하나의 전환점이 되었다. 마닐라 북서쪽 해안 톤도의 인구 밀집지역에 있는 스모키 마운틴은 16층 빌딩 높이로 쌓아놓은 거대한 쓰레기더미를 가리킨다. 빈병과 폐타이어, 폐목재, 폐금속 등 200만 톤이 넘는 도시 쓰레기가 산처럼 쌓여 있다. 한때는 둘레가 5.6킬로미터에 달하는 이 오염

📍 톤도의 스모키 마운틴, 마닐라

된 쓰레기 매립장 주변을 에워싸고 2만 5,000명이 넘는 주민이 쓰레기를 골라 내다팔며 살았다. 스모키 마운틴이라는 이름도 폐타이어를 태우면서 나오는 만성적인 연기 때문에 붙여진 것이다. 흔히들 이곳을 지구상에서 가장 절박하고, 가장 혹독한 빈민촌 가운데 하나라고 부른다.

스모키 마운틴을 다녀간 여행작가들은 이곳 주민들이 쓰레기더미를 뒤져 생계를 이어간다고 말한다. 이곳을 보여주는 관광 투어도 있다. 주민들은 이른 아침부터 마닐라 전역에서 모은 여러 톤의 쓰레기를 싣고 줄지어 들어오는 트럭을 맞이한다. 이들은 트럭이 정차하기도 전에 짐칸에 뛰어올라 쓰레기더미를 뒤진다. 플라스틱 생수병, 폐타이어, 쇠지렛대, 쓸 만한 옷가지가 나오면 재활용 회사에 넘겨주고 하루 2달러씩 일당을 받는다.

이곳에서는 남녀 가리지 않고 모두 쓰레기더미 위로 올라간다. 여행작가 사브리나 이오비노는 2014년에 스모키 마운틴을 보고 이렇게 썼다. "내가 놀란 것 가운데 하나는 나이 많은 사람이 보이지 않는다는 사실이다. 그 이유는 명확했다. 이곳에서 일하는 사람들의 평균나이는 40세에서 45세 사이였다. 그 나이만 되면 신체적인 수명이 다해 버렸고, 많은 이들이 병으로 일찍 죽었다."

한 가지 이해하기 어려운 점은 스모키 마운틴에서 만난 사람들이 힘든 삶을 살면서도 행복해 보인다는 사실이었다. 모두 마음이 후하고 내게 친절하게 대해주었다. 그들의 여유 있는 태도는 삶에 대한 만족과 행복이 반드시 같이 가는 것은 아니라는 생각을 갖게 해주었다.

어째서 이런 문제가 해결되지 않는 것일까? 1990년대에 국가주택관리국은 스모키 마운틴을 철거하기 위한 프로젝트를 시작했다. 그 자리에 저렴한 공공주택을 건설하고, 다른 빈민촌에 사는 2,000여만 명에게도 이주해서 살 정착지를 제공해 준다는 계획이었다. 하지만 지금도 쓰레기더미를 뒤지는 아이들을 내 눈으로 똑똑히 보았다. 무언가 계획대로 일이 진행되지 않는 것이다.

나는 필리핀에 몇 주 더 머물면서 편하게 볼 수 있는 비디오를 몇 편 만들었다. 지독한 교통체증을 다룬 게 한 편 있고, 2차세계대전 때 미군과 함께 싸운 필리핀 전사들 이야기도 한 편 만들었다. 그리고 이 나라에 많이 남아 있는 스페인의 유산도 한 편 다루었다. 그런데 나의 내면에서 어떤 변화가 일어나고 있었다. 그 실체가 무엇인지 콕 집어서 말할 수는 없지만 나 자신이 변했다는 사실을 느낄 수가 있었다.

310일째 되던 날 필리핀을 떠나면서 이상하게 기분이 좋았다. 스모키 마운틴을 비롯해 곳곳에서 목격한 여러 문제점들에도 불구하고, 이 나라의 미래에 대해 낙관적인 생각이 들었다. 선하고 친절한 사람들이 인구의 다수를 차지한다면 그 나라의 앞날에는 좋은 일이 일어나지 않겠는가. 이 나라의 유명한 관광 홍보 문구가 '필리핀에 오면 더 많은 재미를 맛보게 됩니다.'It's More Fun in the Philippines!였다. 5주 4일이 지나고 나서 보니 이 문구를 약간 바꾸고 싶은 생각이 들었다. 이렇게 바꾸는 게 더 정확할 것 같았다. '필리핀에 오면 더 많은 사랑을 느낄 수 있습니다.'There's More Love in the Philippines.

미국령 여권의
힘은?

푸에르토리코, DAY 704

어렸을 적에 나는 만약 내가 부유하고 힘 있는 나라의 국민이면 상당한 권리와 특혜와 영향력을 누릴 것이라고 생각했다. 그리고 그런 권리는 모두 법률로 보장되고 국가에서 지켜줄 것이라고 믿었다.

예를 들어, 당신이 스위스 국민인데 에베레스트산 정상에서 조난을 당해 긴급히 후송되어야 한다면 스위스 정부, 영사관, 대사관이 나서서 네팔 당국과 협의해 아무리 어려운 상황이라도 당신을 안전하게 산에서 데리고 내려올 것이다. 고국에서 아무리 떨어진 곳에 가 있더라도 당신은 스위스 국민이기 때문에 모든 보호를 받고, 당신이 소지하고 있는 여권이 그것을 보장해 준다.

마찬가지로 세계 최강대국인 미국 정부는 자국민에게 이와 같은 도움을 줄 것이라고 생각했다. 자국민이 어디에 가 있건, 어떤 위험에 처해 있건 상관없이 그

푸에르토리코

렇게 할 것이라고 100퍼센트 믿었다. 푸에르토리코를 방문하기 전까지는 나도 그렇게 생각했다.

수요일인 2017년 9월 20일 정확히 오전 6시 15분에 허리케인 마리아가 푸에르토리코를 강타했다. 시속 100킬로미터의 강력한 바람과 그보다 두 배의 위력을 가진 돌풍을 동반했다. 4등급 허리케인 마리아는 푸에르토리코 동남부에 자리한 야부코아항에 상륙했다. 200평방킬로미터에 달하는 완만한 계곡으로 둘러싸인 이곳은 바나나 재배와 성실하게 일하는 주민들로 유명하다. 오랜 사탕수수 재배 역사 때문에 이곳 주민들은 '슈가 피플'sugar people이란 애칭으로 불린다.

허리케인 마리아는 상륙 8시간 만에 푸에르토리코 중심부를 통과해 북서부 해안 일대를 초토화시키다시피 했다. 이 지역 역사상 최악의 자연재해로 기록된 허리케인은 주택과 상업기반을 파괴해 900억 달러 가까운 피해를 입히고 3,000명에 이르는 사망자가 나오게 했다. 이러한 인적, 물적 피해 못지않게 심각한 것은 허리케인이 남긴 인도주의적인 위기상태였다. 먹을 것이 부족해 벌어지는 소동, 느려터진 구호작업, 끔찍한 식수 부족, 구조요청 전화까지 불통시킨 통신망 붕괴, 그리고 미국 역사상 최악의 정전사태가 벌어졌다.

극한상황에 처한 푸에르토리코 주민들은 끊임없이 도움을 요청했다. 미국의 자치령인 이 섬나라 주민 모두가 한목소리로 이렇게 외치는 것 같았다. '우리도 미국 국민인데, 왜 도와주지 않는가요?'

나스 데일리가 푸에르토리코를 찾아가기로 한 데는 바로 이런 배경이 있었다.

📍 허리케인 마리아, 2017년 9월

허리케인이 할퀴고 간 지 6개월이 지났지만 주민들은 여전히 힘든 시간을 보내고 있었다. 주민 15만 명이 아직 전기공급을 못 받고 있었고, 20만 명이 보험금 지급 문제가 해결되지 않고 있었다.

하지만 나는 유쾌한 기분으로 시작하기로 했다.

"푸에르토리코에 도착한 첫날밤입니다!" 나는 704일째 비디오 오프닝 프레임에서 신나는 목소리로 이렇게 외쳤다. "우리는 새벽 4시에 도착했습니다. 지쳐서 기진맥진하고, 공항에서 우리를 맞아준 것은 음악밖에 없었습니다. 호텔에 수속을 마치고 짐을 풀고 보니 궁궐 같은 곳이었습니다. 요기를 하러 나왔는데 음식이 그림처럼 예뻤습니다. 섬 상공으로 드론을 띄우고 영상을 찍어서 보니 푸에르토리코 전체가 그림 같았습니다."

조금 과장된 시작 멘트에 이어서 나는 촬영한 화면을 통해 내가 의도한 바를 한층 더 선명하게 보여주었다. 산후안의 엘 모로 요새를 담은 숨이 멎을 것 같은 항공사진, 알린과 함께 묵은 멋진 호텔 스위트룸 내부를 찍은 퀵컷quick-cut, 점심 때 주문한 형형색색의 과일과 야채, 팬케이크를 클로즈업해서 보여주었다. 공항 터미널, 해변을 비롯해 이 전설의 섬 거리 곳곳에서 팀원들과 함께 칼립쇼 음악의 쿵쿵거리는 비트에 맞춰 신나게 몸을 흔드는 장면을 보여주었다. 곳곳에서 나는 푸에르토리코 국기가 선명하게 새겨진 챙 넓은 사파리 모자를 쓰고 나왔다.

언뜻 보기에, 나스 데일리 시청자들은 두 가지 생각이 들었을 것이다. 내가 불과 6개월 전 뉴스를 보지 않았거나, 아니면 그림엽서에나 등장할 이 아름다운 미국령 섬이 그때 완전히 폐허가 되다시피 한 비극에 우리가 너무 둔감한 게 아니냐는 것이다. 두 경우 다 사실이 아니다. 나는 다음과 같은 목적을 가지고 푸에르토리코에 갔다. 우선 허리케인 마리아 같은 아무리 끔찍한 재앙도 이런 문화를 파괴하지 못한다는 사실을 보여주고 싶었다.

"푸에르토리코는 카리브해에 있는 미국령 섬입니다. 미국령이지만 이곳 사람들은 미국 선거에 투표권이 없고, 미국의 주도 아닙니다." 나는 이렇게 계속했다. "불과 6개월 전 푸에르토리코는 사상 최악의 자연재해로 고통을 받았습니다. 많은 사람이 목숨을 잃고 수많은 주택이 파괴되었습니다. 그럼에도 불구하고 이들의 정신은 파괴당하지 않았고, 계속 앞으로 나아가고 있습니다. 여러분도 이곳을 찾아 이들에게 사랑을 나누어주십시오. 내 말을 믿으세요. 작은 도움도 힘이 됩니다."

나는 이곳으로 오는 비행기 안에서 이런 내용으로 비디오를 만들겠다는 생각을 했다. 그리고 허리케인 마리아가 남긴 피해에 대한 기사를 모두 찾아서 읽었다. 구호작업이 어떻게 진행되었는지, 도움의 손길을 기다리는 사람들의 이야기도 모두 찾아서 읽었다. 그리고 이후 6일 동안 나는 이 아름다운 섬의 쉽게 파괴되지 않는 정신과 이곳 사람들이 가지고 있는 놀라운 의지를 소개하면서 내 방식으로 이들을 돕기 위해 노력했다.

일레인이라는 이름을 가진 레스토랑 주인과 인터뷰를 가졌는데 그녀는 최악의 허리케인이 지나간 뒤이지만 사업을 꾸려가기 위해 맹렬히 뛰고 있었다. 그녀가 자랑하는 주메뉴는 초콜릿인데 스페인 셰프의 도움을 받아 40가지가 넘는 초콜릿 메뉴를 내놓고 있었다. 언어 타타르 초콜릿에서부터 퀴아 초콜릿, 초콜릿을 곁들인 치킨과 프렌치프라이 등이었다. 그녀는 먹을 게 없던 옛날에는 푸에르토리코 사람들이 초콜릿을 주식으로 삼았다는 이야기도 들려주었다.

얀이라는 이름의 홀로 사는 83세 할머니도 만났는데, 남편감을 찾는다고 했다. 아무리 고약한 허리케인도 자신의 남편감 찾기를 멈추지 못한다고 했다. 피아니스트, 화가, 조각가에 승마도 하는 그녀는 관광산업이 호황을 맞은 이 섬에서 호텔을 운영하고 있다. 그녀는 기어이 특별한 사람을 만나 여생을 함께 하겠다는 꿈을 포기하지 않고 있었다.

푸에르토리코 주지사와 서둘러 인터뷰도 했는데, 주지사는 4퍼센트에 불과한 엄청 낮은 세율에 대해 소개하고, 이러한 정책이 사업하는 사람이나 이 지상낙원 같은 섬으로 이주할 생각이 있는 사람들에게 큰 매력 포인트가 될 것이라고 했다. 나는 세금 전문가도 아니고 경제 전문가도 아니지만, 의욕에 넘치는 새로운 주민들이 계속 오고 싶어 하고, 이곳에서 살고 싶어 하는 사람들에게 세금우대 조치는 좋은 인센티브가 될 것 같았다.

그리고 섬과 이곳 주민들의 꺾이지 않는 의지에 박수를 보내면서도, 허리케인이 남긴 상처를 외면하지 않고 카메라 프레임 안에 담으려고 항상 신경을 썼다. 허리케인 마리아로 큰 피해를 입은 외진 산골마을 사람들을 찾아가 보기도 했다. 여러 가구가 전기도 아직 들어오지 않고, 지붕은 날아가고, 휴대폰은 터지지 않고, 마실 물도 없이 살아가고 있었다. 미국 시민인 그들이 이렇게 지내고 있는 어처구니없는 현실에 대해 이야기를 나누었다.

📍 산속에 고립되다

이들이 가진 여권은 세계 사람들이 부러워한다. 이 여권 덕분에 자유를 보장받고 아메리칸 드림을 이룬 사람처럼 대접받기도 한다. 그런데 어째서 허리케인이 강타한 지 반년이 지났는데도 아직 자동차 배터리로 불을 밝히고, 싸구려 정수기 필터로 마실 물을 걸러내고, 냉장고 대신 아이스박스를 쓰고 있어야 한단 말인가? 이들의 인내심도 거의 바닥이 드러나고 있었다.

"이것은 보수냐 진보냐, 공화당이냐 민주당이냐의 문제가 아닙니다." 나는 나스 데일리 시청자들에게 이렇게 말했다. "이것은 바로 미국의 문제입니다. 국가의 가장 취약한 구성원들이 겪는 현실을 국력의 수준이라고 한다면, 미국 국민이 느끼는 국력은 어느 정도라고 할 수 있겠습니까?"

이 산골마을을 방문하는 동안 나는 동료 아곤, 카람과 함께 이 용감한 푸에르토리코 주민들이 지내는 것을 똑같이 체험해 보기로 했다. 우리는 전기, 깨끗한 물, 그리고 인터넷 없이 하루를 꼬박 그들처럼 지냈다. 한마디로 끔찍했다. 전화를 걸려면 신호를 잡기 위해 산꼭대기로 올라가야 했다. 나처럼 인터넷 접속에 중독이 된 사람은 특히 더 견디기 힘들었다. 식수는 강물을 떠와서 필터로 천천히 걸러놓았다가 마셨다. 밤에는 자동차 배터리 신세를 지고, 요란한 제너레이터 소음을 견뎌내야 했다. 그리고 촛불을 켜놓았다.

이렇게 만 하루를 지내고 나자 우리는 완전히 녹초가 되고 말았다. 그 사람들이 이런 식으로 6개월째 살고 있다는 건 생각만 해도 끔찍했다. 그건 매우 중요한 일이었다. 우리는 작은 문제에도 세상에 종말이 온 것처럼 반응한다. 케이블 서비스가 몇 시간 끊기거나 좋아하는 레스토랑이 문을 닫았거나 우버 택시가

30분 동안 잡히지 않으면 우리는 얼마나 심한 불평을 하는가. 특히 내가 제일 심할 듯 싶다.

허리케인에 강타당한 푸에르토리코의 이 산간마을 주민들은 끔찍한 어려움을 꿋꿋이 감당해 내고 있었다. 엄청난 비극 앞에서도 사람들은 흔들림이 없었다. 자연의 무서움을 더 실감하고, 이웃의 소중함을 더 절실하게 느끼며 살아갔다. 시끄러운 제너레이터 바로 옆에 붙어 앉아서 즐거운 표정으로 식사하는 사람들을 보았다. 밤이 되면 어둠을 밝히는 작은 촛불 앞에 둘러앉아 정을 나누었다.

이런 결핍과 불편함은 허리케인이 휩쓸고 지나간 푸에르토리코에만 있는 게 아니다. 세계 전역에서 많은 사람들이 서방세계에서는 상상도 못할 이런 어려움을 겪고 있다. 먹을 것과 의료 서비스, 교육, 안전 등 이들이 누리지 못하는 많은 것들은 우리들 대부분이 당연한 것으로 받아들이는 일들이다.

카리브해의 이 섬나라에서 7일을 머무는 동안 푸에르토리코 사람들은 아무리 거센 허리케인도 이들의 촛불을 꺼뜨리지 못한다는 사실을 우리에게 보여주었다. 그리고 앞서 던졌던 질문을 다시 떠올려 보았다. 국가의 가장 취약한 구성원들이 겪는 현실을 국력의 수준이라고 한다면, 미국 시민권이 갖는 위력은 어느 정도라고 할 수 있을까?

공항에 사는
남자

말레이시아, DAY 877

스토리는 다음과 같은 이메일 한 통으로 시작되었다.

'이 남자 이야기를 비디오로 만들어 보세요.'

링크를 클릭해서 37세인 그 남자의 인스타그램 프로필을 열어보았다. 남자의 이야기를 읽어나가면서 나는 점점 놀라움 속으로 빠져들었다. 그는 말레이시아 공항에서 살고 있었다. 공항에 발이 묶여 오도 가도 못하는 신세로 잠은 공항 터미널 바닥에서 잤다. 벌써 6개월을 그렇게 지내고 있었다. 남자의 이름은 하산 알 콘타르Hassan al-Kontar였다.

하산은 다마스쿠스에서 남쪽으로 10킬로미터 떨어진 이슬람 드루즈파가 모여 사는 앗 수와이다주 출신이었다. 그는 2006년에 아랍에미리트연합UAE으로 이주했다. 오랜 내전으로 갈가리 찢긴 모국에서 군복무를 피하려는 생각도 있었다. UAE에서는 보험마케팅 매니저로 일했다. 좋은 일자리에 멋진 아파트, 한 마디로 만족스러운 새 삶을 살았다. 그런데 2011년 시리아에서 내전이 시작되자 모국의 군대에 입대하라는 징집령이 떨어졌고, 그는 응하지 않았다.

"우리 국민이나 무고한 사람들을 죽이는 짓은 하고 싶지 않았습니다." 나중에 그는 내게 이렇게 말했다. "나는 전쟁에 참전하는 게 옳은 일이라고 생각하지 않습니다. 겁쟁이거나 싸울 줄 몰라서가 아니라 전쟁이 해결책이라고 믿지 않기 때문입니다."

그의 신념은 확고했다. 하지만 고난은 그때부터 시작되었다. 그해 여권이 만료되고 취업허가도 기한이 끝났다. UAE 주재 시리아 대사관에 찾아가 여권과

취업허가를 갱신하려고 해봤지만 모두 거부되었다. 대사관 관리들이 그의 징집 거부를 좋지 않게 생각하는 게 분명해 보였다.

그때부터 6년 동안 지하에 숨어살았다. 여권도 일자리도 없고, 돌아갈 나라도 없었다. 2017년에는 UAE 당국에 적발되어 말레이시아의 수용시설로 추방되었다. "말레이시아는 자국으로 오는 시리아인들에게 비자를 내주는 아주 드문 나라입니다."라고 그는 말했다. 3개월 관광비자를 발급받았고, 이후 어디로 갈지는 마음대로 할 수 있게 되었다.

그는 돈을 모아 터키항공에서 에콰도르행 티켓을 샀다. 하지만 터키항공은 아무런 설명도 없이 그의 탑승을 거부하고, 티켓도 환불해 주지 않았다. 그 무렵 말레이시아 당국은 그에게 체류기간 초과로 벌금을 부과했다. 그때부터 '불법체류자' 신세가 되었다. 이번에는 캄보디아로 가려고 시도해 실제로 그곳까지 갈 수 있었다. 하지만 그곳에 도착은 했지만 입국이 거부되고 여권까지 압수당한 채 쿠알라룸푸르로 도로 쫓겨 왔다. 그때가 2018년 3월 7일이었다.

오도 가도 못하는 신세가 된 것이다. 여권이 없기 때문에 말레이시아를 떠날 수가 없고, 관광비자가 만료되었기 때문에 말레이시아에 재입국도 못하게 되었다. 공항을 벗어나면 곧바로 체포되어 시리아로 추방될 가능성이 매우 높았다. 시리아로 가면 감옥으로 처넣어질 게 뻔했다. 하산은 이후 6개월을 쿠알라룸푸르 국제공항에 죄수처럼 갇혀 살았다.

공항 청사 에스컬레이터 밑에 접이식 매트를 바닥에 깔고 잠을 잤다. 그를 가엽게 여기는 공항 직원들이 남은 기내식을 몰래 가져다주었다. 대부분 종류를 알 수 없는 육류와 쌀밥이었다. 반 년 넘게 그 공항 터미널을 떠나지 못했다. 신선한 공기를 쐬어 본 적도, 따뜻한 목욕을 해본 적도 없었다. 터미널 화장실에서 찬물로 세수만 겨우 했다.

그리고 이루 말할 수 없이 따분했다. 공항의 화분들을 '내 숲'이라고 부르며 돌보기 시작했다. 뜨개질을 하고, 터미널의 전동 보행로를 '트레드밀'이라고 부르며 수도 없이 그 위를 걸어 다녔다. 그리고 어떤 친구들이 말레이시아 축제에서 산 것이라며 빨간 강아지 인형을 가져다주자 그것을 애완견으로 삼아 '미스 크림슨'이라는 이름도 지어주고, 터미널 안에서 산책을 나갈 때는 함께 데리고 다녔다.

"공항에 사는 것은 얼음물 버킷 챌린지를 매일 하는 것이나 마찬가지입니다."라고 그는 말했다. 다행히 그의 뛰어난 유머감각 덕분에 소셜미디어, 특히 트위터에서 그를 팔로우 하는 사람들이 생겨났다. 그는 자신의 생지옥 같은 공항살이를 비디오로 만들어 수시로 트위터에 올렸다.

"겨울이 다가오고 있습니다. 그래서 월동준비를 하고 있답니다." 하루는 하늘색 목도리를 짜는 뜨개질 사진과 함께 이렇게 트위터에 올렸다. 나사NASA의 화성탐사계획에도 공개 지원하며 이렇게 트위터에 썼다. "이제 지구에는 내가 갈 곳이 한군데도 없는 게 분명합니다. 어떤 나라도 나를 받아주지 않습니다."

하지만 매사를 이처럼 유머로 받아넘길 수는 없는 처지였다. 사실은 더 이상 참기 힘들 정도로 외로움이 심각한 수준이 되었다. 집을 떠나 있는 동안 동생의 결혼식을 놓쳤고, 아버지의 장례식에도 가지 못했다. 외로움이 감당하기 힘든 지경에 이르고 있었다.

어느 날 아침 영화 '그린 마일'The Green Mile에 나오는 대사를 인용해 이렇게 트위터에 올렸다. '그린 마일'은 사형집행을 기다리는 사형수의 이야기를 그린 영화이다. "나는 이제 지쳤다. 비 맞은 참새처럼 홀로 떠도는 것도 지쳤다. 인생을 논할 친구가 없는 것에 지쳤고, 조국이라고 부를 나라가 없는 것에 지쳤다. 사람들의 추한 작태에 지쳤고, 매일 세상 속에서 느끼고 듣는 고통에 지쳤다. 세상 사람들은 이게 무슨 말인지 이해할 수 있는가?"

언론이 하산이 올리는 절망적인 포스트에 관심을 갖기 시작했다. 호주, 타히티, 몰디브, 마이애미 등 도처에서 결혼해 주겠다는 여성들이 나타났다. 하산은 시민권을 얻을 목적으로 하는 결혼은 불법이라는 점을 설명하며 여성들의 제안을 정중히 사양했다. 그럴 즈음 밴쿠버에 사는 캐나다인들이 한 그룹으로 모여서 크라우드 펀딩 캠페인을 시작했다. 캐나다 국민들이 난민이 정착할 수 있도록 개인 차원에서 후원하는 데 필요한 금액인 1만 3,600달러를 모으기 위해 서로 모르는 사람들이 모인 것이다. 그런 다음 이들은 몇 만 명의 서명을 모아서 하산을 합법적인 난민으로 받아들이라고 캐나다 이민장관에게 청원을 했다.

좋은 소식이 있었다. 캐나다 이민 신청의 첫 단계는 받아들여진 것이다. 캐나다에 오기만 하면 하산은 새 집과 새 직장, 그리고 새로운 미래를 가질 수 있게 되었다. 나쁜 소식은? 이민 신청의 두 번째 단계가 처리되기까지 26개월이 걸린다는 소식이었다. 공항에서 26개월을 더 기다려야 한다는 말이었다. 이런 우여곡절이 벌어지는 와중에 내가 이 일에 뛰어들었다. 2018년 9월 나스 데일리 팔로어들로부터 하산이 처한 어려움에 관심을 가져보라는 문자들이 오기 시작했다. 그 중 하나는 이렇게 쓰고 있었다.

'이 사람에 관해 비디오를 한 편 만들어 보는 게 좋겠어요.

말레이시아 공항에 오도 가도 못하고 갇혀 있는 사람이에요.'

그때 나는 싱가포르에 있었다. 비행기로 60분이면 갈 수 있는 거리였다. 생각할수록 그가 마음에 걸렸다. 그도 아랍인이고 쾌활한 성격이었다. 전쟁에 반대하고, 그런 자신의 신념에 충실했다. 그리고 지금 공항에 발이 묶여 있다. 나도 정말 공항이라면 치가 떨리는 사람이다.

마침내 그에게 연락해 보기로 하고 인스타그램에서 그를 찾아 이렇게 메시지를 보냈다.

'하이, 하산. 나스 데일리의 나스예요. 당신 사연을 들었어요. 비디오를 한 편 만들었으면 하는데 어떻게 생각해요?'

곧바로 좋다는 대답이 왔다. 우리는 전화로 통화하고 한 가지 계획을 세웠다. 그는 내가 직접 자기를 찾아갈 수 없다는 사실을 이미 알고 있었다. 나의 이스라엘 여권은 이슬람 국가인 말레이시아에서 환영받지 못한다. 폴란드 국적인 나의 동료 아곤이 대신 가기로 했다. 비디오는 하루 만에 작업을 끝낼 예정이고, 하산이 처한 사정이 복잡한 만큼 촬영에 몇 시간이 걸릴 것이라고 말해 주었다.

하산은 이런 조건에 좋다고 했고, 아곤은 곧바로 비행기에 올랐다. 아곤은 쿠알라룸푸르국제공항에 도착해 곧장 하산이 기다리는 터미널2로 갔다. 계획대로 하산은 아곤에게 자신이 갇혀 지내는 공항 감옥을 보여주고, 함께 움직이는 동안 자신의 사연을 들려주었다. 그리고 소셜미디어에 포스팅할 때처럼 내내 솔직하고 웃기고, 카메라에 매우 친숙한 모습을 보여주었다. 순식간에 세 시간이 훌쩍 지나갔고, 아곤은 다시 비행기를 타고 싱가포르로 돌아왔다.

아곤이 돌아오고 나서 나는 하산에게 전화를 걸어 인터뷰를 한 번 더 했다. 그리고 나서 스크립트를 쓰고, 내가 진행하는 온 카메라on-camera 내레이션을 찍은 다음 그것을 아곤이 촬영해 온 것과 합쳤다.

"이제 하산이 선택할 수 있는 유일한 길은 26개월을 기다리는 것밖에 없습니다." 나는 비디오 끝부분에 이렇게 말했다. "그리고 우리가 선택할 수 있는 유일한 길은 이런 사람이 있다는 사실을 전 세계에 알리는 것뿐입니다. 그는 쿠알라룸푸르 공항 터미널2의 에스컬레이터 바로 밑에 살고 있습니다. 그에게는 침대도 없고, 샤워, 자유, 미래도 없습니다. 이것은 다른 수백만 명과 마찬가지로 자신의 신념에 맞지 않는 전쟁에 가담하기를 거부한 한 사람의 이야기입니다. 이제는 우리가 그에게 관심을 가져야 할 때이고, 그는 그런 관심을 받을 만한 자격이 있습니다."

그날 밤 비디오를 페이스북에 올렸는데, 올리자마자 곧바로 엄청난 조회수를 기록했다. 불과 며칠 만에 1,800만 명이 시청했다. 하산의 사연이 사람들의 심경에 와닿은 게 분명했다. 우리는 이후 계속해서 하산과 연락을 이어갔다. 그의 트위터를 팔로하고 그를 캐나다로 데려가는 일도 챙겨보았다. 그런데 어느 날 갑자기 하산의 소셜미디어 포스트가 멈추었다. 명석한 트위트 글도 사라지고, 재미있는 사진도 올라오지 않았다. 도와달라는 부탁도 멈췄다. 그냥 정적만 흘렀다.

캐나다 후원자들은 그가 시리아로 추방되어 감옥에 들어간 건 아닌지 하고 엄청난 걱정에 휘말렸다. 사람들은 캐나다 난민문제 당국에 그를 인도하는 작업이 어떻게 진행되고 있는지, 그리고 신변 인도에 속도를 더 내달라고 다급히 호소했다. 그러는 사이 유엔 난민 기구에서 말레이시아 당국과 함께 "상황을 보다 명확히 이해하기 위한 노력을 하고 있다."고 밝혔다.

한편 우리 나스 데일리 팀은 당혹스러웠다. 하산이 추방을 당했든, 아니면 그보다 더 고약한 일을 당했든 그것은 우리가 그의 이야기를 포스팅해서 국제적인 관심을 과도하게 불러일으킨 결과는 아닌가 하는 생각이 들었다. 1,800만 명이 본 것은 작은 일이 아니었다.

그렇게 한 달이 지나고 두 달이 지났다. 하산으로부터는 여전히 아무런 소식이 없었다. 말레이시아 언론들은 하산이 시리아로 보내졌을 것이라고 보도했다. 나로서는 일하면서 겪어 본 것 중에 최악의 시간이었다. 평생 누구에게 일부러 해를 끼치려고 해본 적이 없었다. 그저 비디오를 만들어서 이 남자에 대해 관심을 가지도록 사람들의 인식을 촉구하려고 한 것뿐이었다. 무슨 이유에서인지 말레이시아 당국은 이 비디오가 말레이시아의 국가 평판에 손상을 입혔다고 판단하고, 그에 따라 하산을 영구히 이 나라에서 사라지도록 하는 결정을 내린 것이었다.

그러던 어느 날, 2018년 11월 26일 월요일이었다. 고난이 시작된 지 264일

만에 하산이 자신의 트위터 피드에 새로운 비디오를 한편 올렸다.

"하이, 내 몰골이 구석기 시대 사람처럼 보일 것이라는 사실을 잘 압니다." 그는 길고 텁수룩하게 자란 턱수염을 가볍게 쓰다듬으며 이렇게 말을 시작했다. "미안합니다. 지난 두 달간 여러분에게 소식을 전하지 못한 점 미안합니다. 내가 그동안 어디에 있었는지, 내가 어떤 일을 겪었는지는 중요하지 않습니다. 중요한 것은 지금, 그리고 앞으로 다가올 미래입니다. 지금 나는 타이완에 있고, 내일은 나의 최종 목적지인 캐나다 밴쿠버에 도착할 예정입니다."

그는 이렇게 말을 이었다. "지난 8년은 정말 길고 힘든 여정이었습니다. 그리고 최근 10개월은 특히 더 춥고 힘든 시간이었습니다. 여러분 모두의 지원과 기도가 없었다면 견뎌내지 못했을 것입니다. 그리고 나의 가족, 나의 새로운 캐나다 가족, 나의 변호사가 아니었으면 해내지 못했을 것입니다. 감사합니다. 여러분 모두 사랑합니다."

며칠 뒤 하산은 자신이 두 달 동안 모습을 감춘 자초지종을 털어놓았다. 나스 데일리 비디오에 출연하고 얼마 지나지 않아서 말레이시아 당국은 탑승권을 소지하지 않고 공항 내 출입금지 구역에 들어온 혐의로 그를 체포했다. 그 다음 곧바로 수용시설로 보내졌고, 그곳에서는 외부와의 통신이 불가능했다. 억류되어 있는 동안 내내 말레이시아 당국은 시리아로 추방해 버리겠다는 위협을 되풀이했다고 한다. 캐나다 당국은 그의 안전을 우려해 당초 26개월이 걸릴 것이라던 망명 수속 기간을 단축시켜서 11월 말까지 캐나다에 입국할 수 있도록 했다. 망명 수속이 진행되는 기간 동안은 해당 개인을 추방할 수 없도록 국제법이 규정하고 있기 때문에 말레이시아 당국도 어쩔 도리가 없었고, 결국 그의 신변을 캐나다로 인도할 수밖에 없었다.

11월 26일, 하산은 쿠알라룸푸르 공항으로 다시 돌아와 비행기에 올랐다. 티셔츠에 청바지, 슬리퍼 차림으로 그는 캐나다에 도착했다. 피곤해 보이지만 만족스러운 미소를 짓고 있었다. 흥분으로 들뜬 캐나다 후원자들과 기자들이 그를 맞이했다. CNC캐나다방송연합 기자가 안전한 땅에 오니 기분이 어떠냐고 물었다.

"인생에는 꿈보다 더 놀랍고 아름다운 순간이 있습니다." 그는 이렇게 대답했다. "말로 표현하기는 정말 어렵지만 사랑과 보살핌을 받고 있다는 기분입니다." 그리고 예의 재치 있는 말투로 이렇게 덧붙였다. "하지만 지금 당장은 더운 물 목욕을 하고 싶습니다. 이제 공항에는 다시 가지 않을 것입니다. 더 이상 공항에는 안 갑니다. 차라리 말을 타고 다닐 것입니다."

나스 데일리의 우리는 샴페인을 터트렸다. 그리고 새로운 비디오를 올려 하산의 석방 소식을 알렸다. 이 승리는 국제적으로 집단적인 노력이 합쳐져서 이루어낸 것이다. 여러 정부기관과 변호사, 기자, 그리고 일반인들이 힘을 합쳐서 이 사람을 구해냈다. 나스 데일리 시청자들에게 그들의 목소리가 이 승리에 결정적인 역할을 했다는 사실을 알려주고 싶었다.

"우리가 해냈습니다. 우리가 해냈습니다!" 나는 뷰어들을 향해 이렇게 외쳤다. "우리는 공항에 발이 묶여 지내는 한 남자의 사연을 비디오에 담았고, 1,800만 명에 달하는 여러분이 이 비디오를 보고, 그를 걱정하고, 행동에 나서

📍 캐나다에서 자유를 찾다

주었습니다. 그렇게 그를 도와주었습니다. 국제적인 압력이 항상 우리가 원하는 방향으로 일직선으로 나아가는 건 아니지만, 여러분이 보여주는 한 번의 '좋아요', 한 번의 '공유'가 결국 변화를 만들어냅니다. 이것은 바로 여러분이 힘을 가지고 있다는 증거입니다. 여러분이 사람을 살릴 수 있는 힘을 가지고 있고, 세상을 바꿀 수 있음을 보여주는 증거입니다!"

나스 데일리 역사상 처음으로 나는 우리가 소셜미디어를 이용해 진정한 변화, 눈에 보이는 변화를 가져올 수 있다는 사실을 실감했다. 우리 같은 온라인 사람들은 '일정한 직업도 없는 자들'이니 '하는 일 없이 빈둥거린다'는 등의 부당한 평판을 많이 듣는다. 하산의 이야기는 효과적으로 이용한다면 소셜미디어가 이 세상을 더 나은 곳으로 만드는 데 기여할 수 있다는 점을 확실히 보여주었다.

하산은 석방되고 나서 올린 첫 번째 트위트 비디오에서 이런 사실을 가장 잘 보여주었다. 그는 자신을 돕기 위해 나선 전 세계 모든 사람들에게 감사인사를 전한 다음 잠시 뜸을 들이고 나서 부드러운 목소리로 이렇게 말했다.

"지금도 여전히 가장 많은 기도가 필요한 사람들을 위해 계속 기도합시다. 전 세계에 퍼져 있는 난민과 수용소에서 지내고 있는 사람들을 위해 기도해 주십시오. 그 사람들도 가능한 한 빠른 시간 안에 안전하고 법적인 자유를 누리게 되기를 희망합니다."

NAS MOMENT

⋛ 빈부격차에 대하여 ⋛

어렸을 적에 나는 세상 모든 사람이 돈을 똑같이 갖고 있다고 생각했다. 그때는 부자나 가난한 사람이 따로 없이 모두가 우리 부모처럼 중간 계층의 사람들이었다. 터무니없는 소리처럼 들릴지 모르지만 하여튼 달콤한 세계관 같은 것을 갖고 있었다. 하지만 어느 정도 자라면서 세상에는 부자와 가난한 사람만이 존재한다는 사실을 알게 되었다. 이제는 중산층이라는 것도 믿지 않는다. 그런 구분은 여러분이 어디 사는지에 따라 달라지기 때문이다. 모나코에서 연간 1백만 달러를 벌면 중산층으로 간주된다. 하지만 전 세계를 놓고 볼 때 그 정도 수입이면 돈더미에 파묻혀 지내는 수준이다.

나스 데일리와 함께 3년을 여행하면서 보니 소득불평등의 현장을 목격하지 않는 날이 단 하루도 없었다. 어떤 때는 그런 불균형이 수치스러울 정도로 노골적으로 드러나 보였다. 예를 들어 인도에 처음 갔을 때 하루를 최고급 호텔에서 묵기로 했다. 방에 들어가자 곧바로 창가로 가서 바깥을 내다보았다. 방은 최신 가구 카탈로그에 나올 법한 정도로 호화스러웠다. 밑을 내려다보고는 놀라서 입이 다물어지지 않았다. 15층에 있는 하루 200달러짜리 방에서 내려다보니 초현대식 수영장과 탈의실 건물 너머로 도시의 극빈층이 살고 있었다. 규모가 엄청나게 큰 빈민가에 나 있는 좁은 골목길을 따라 사람들이 떼지어 몰려다니고, 허름한 공터에는 함석지붕을 얹은 판잣집 50여 채가 들어차 있었다.

브라질에서는 이보다 더 놀라운 광경을 목격했다. 악명 높은 최악의 빈민가인 파벨라를 본 것이다. 포르투갈어로 빈민가라는 뜻의 파벨라*favela*는 19세기에 리우데자네이루에 처음 등장하기 시작해 브라질판 저소득층 인구 밀집지역이 되었다. 그러다 20세기 들어와서는 범죄와 질병의 온상이 되면서 정부가 나서서 파벨라 거주자를 호싱야, 이빠네마, 코파카바나 같은 도시 외곽의 빈민촌 수백 곳으로 이주시켰다. 호싱야 파벨라를 가보았는데, 리우가 내려다보이는 매우 가파른 언덕에 자리하고 있고, 숲이 마을 주위를 에워싸고 있었다. 마을 안으로 들어가자 밀실공포감이 몰려왔다. 7만 명이 넘는 주민이 다닥다닥 붙은 벽돌과 콘크리트로 지은 집에 모여 살고 있다. 골목은 너무 비좁아서 모터바이크가 있어야 둘러볼 수 있다. 하수처리 시설이 없기 때문에 주민들은 옥상에 설치해 놓은 큰 저수통에 물을 받아 놓고 쓴다. 그리고 전봇대에서 몰래 전기를 끌어다 쓴다.

범죄가 자주 일어나는 곳이라 호싱야 일대를 돌아다닐 때는 약간 긴장이 되었다. 강도를 당할까 봐 큰 카메라는 쓰지 않고, 대신 아이폰으로 영상을 찍었다. 돌아다닌 지 얼마 되지 않아서 권총을 들고 있는 현지 마약상의 모습을 흐릿하게 영상에 담기도 했다. 호싱야 상공에 드론을 띄울 수 있었는데, 영상을 보고 너무 놀라 벌어진 입을 다물 수가 없었다. 파벨라가 부유한 이웃과 이렇게 가까이 붙어 있는지 영상을 보고서야 알게 되었다. 영상이 모든 것을 말해주었다. 항공사진 왼편으로 빨간 지붕을 한 10여 채의 널찍한 호화주택들이 보였다. 숲으로 둘러싸인 잔디밭에는 수영장과 테니스 코트가 갖추어져 있다. 사진 오른편으로 파벨라 지붕이 다닥다닥 모여 있는 것이 희미하게 보였다. 150채가 넘는 집들이 너무 빼곡히 붙어 있어서 집과 집 사이에 땅뙈기는 한 뼘도 보이지 않는다. 브라질의 파벨라는 국가 안의 작은 국가라는 생각이 들었다. 이곳에 들어오는 데 필요한 여권은 저소득과 검은색 피부이다.

북미에도 이런 식의 경제적 불평등이 없는 것은 아니다. 샌프란시스코 거리에서도 이와 비슷한 장면을 목격했다. 2016년 11월, 그곳을 잠시 방문했다. 아이스크림이 생각나 시청에서 멀지 않은 곳에 있는 자그마한 고급 디저트 가게에 들렀다. 여피족과 테키족techies 사이에 끼어 줄을 서서 기다렸고, 카운터 너머에서 젊은 여성이 작은 바닐라 아이스크림 컵을 담아 건네주었다. 아이스크림 입자 사이의 결정체를 최소화해서 부드러운 맛이 더 나도록 특수 제조법을 써서 만든 아이스크림이었다. 8달러를 지불하고 거리로 나왔다. 두 스푼 떠먹었는데 맛이 정말 좋았다. 아이스크림 가게에서 1분 정도 걸어 나와 깔끔하게 손질된 시청 앞 잔디밭에 도착했는데 여행가방을 든 노숙자가 공원 벤치 옆에서 오줌을 누고 있었다. 여성 노숙인 한 명은 코트 두 벌을 껴입고 인도에 누워 잠이 든 것 같았다. 바닥에는 큰 포장지를 깔아 놓았다. 잔디밭 여기저기 누워 잠을 자는 사람들이 있었다. 마치 전장에 널브러진 시체들을 보는 것 같았다. 부유한 샌프란시스코 사람들은 이 불행한 이웃들을 못 본 체 그 옆을 지나갔다. 달콤한 아이스크림을 사먹기 위해 나와 함께 줄을 선 사람들과도 비슷하게 생긴 사람들이었다.

다른 도시에서라면 나도 그렇게 신경이 쓰이지는 않았을 것이다. 하지만 그곳은 아이폰, 페이스북, 구글이 탄생한 바로 그 샌프란시스코였다. 도시의 상위 1퍼센트가 자기 일에 바쁘다는 핑계로 밑바닥에 있는 10퍼센트와 아무런 교감도 이루지 않고 지낸다는 게 너무 속상했다. 기술을 통해 인류의 미래를 디자인한다는 사람들이 아닌가. 분명한 질문이 떠올랐다. 나는 남을 생각하는 일을 하고 있는가? 솔직히 말해 그렇다고 자신 있게 말할 수 없었다. 하지만 내가 만드는 비디오를 통해 사람들에게 경각심을 일깨워 주는 것은 좋은 출발점이 될 수 있다고 생각했다. 부자와 가난한 사람들에게 돈이 어떤 역할을 할 수 있는지 살펴보는 것도 좋은 방법이었다.

케냐의 나이로비에서 나는 두 군데서 나누어 머리를 깎아 보기로 했다. 오른쪽 절반은 부자 동네에서 깎고, 나머지 왼쪽 절반은 제일 가난한 동네에 가서 깎는 것이었다. 부자 동네는 버락 오바마 대통령이 방문했을 때 묵은 스파였고, 가난한 곳은 전형적인 동네 이발소였다. 한 번의 이발을 통해 두 개의 나이로비를 체험해 보기 위해서였다. 많이 쓰는 분할 화면으로 두 이발소에서 머리 깎는 장면을 양옆에 동시에 배치했다. 두 이발사 모두 같은 이발도구를 쓰고 같은 머리손질을 해주었다. 귀 주변과 구레나룻도 말끔히 손질했다. 하지만 주위 환경은 완전히 달랐다. 스파는 시설을 호화롭게 해놓았고, 종업원들 옷차림도 크랜베리색 유니폼으로 말끔히 갖춰 입었다. 반면 슬럼가의 이발소는 지저분한 길거리 상가 건물에 자리하고 있고, 이발사는 평범한 티셔츠에 청바지 차림이었다. 핵심 포인트 한 가지. 슬럼가의 이발소는 1달러를 받고, 고급 이발소는 10달러를 받았다. 이발을 하고 난 뒤 양쪽 머리 상태는 똑 같았다. 여기서 누가 피해자인가 하는 의문이 생긴다. 평범한 이발에 비싼 돈을 지불한 부유한 고객인가, 아니면 가난한 동네에서 영업하는 가난한 이발사가 제대로 돈을 못 받는 것인가?

몇 주 뒤 뭄바이에서 이 문제를 더 깊이 파고드는 실험을 해보았다. 인도를 찾는 많은 관광객들처럼 맞춤 셔츠를 하나 만들었다. 특별한 점이 있다면 다른 종류의 셔츠 두 개를 반쪽씩 잘라 한 벌로 만든 것이었다. 먼저 고급 옷가게로 가서 매끈한 실크로 만든 망사 무늬의 연하늘색 토미 힐피거 셔츠를 고른 다음 3,800루피를 지불했다. 55달러 정도 되는 돈이었다. 그런 다음 시내 평범한 곳에 있는 작은 옷가게에 들러 선반에 쌓아 놓은 값싼 셔츠를 한 장 골랐다. 밝은 검정색 면 셔츠로, 작은 회색 무늬가 그려져 있었다. 가격은 450루피로 6달러 조금 넘는 돈이었다. 나는 그 셔츠 두 장을 재단사에게 가져가 둘 다 절반으로 나눈 다음 한쪽씩 모아 붙여 한 장의 셔츠로 만들어 달라고 부탁했다. 재단사는 힐피거 셔츠의 가격표를 보더니 '오, 마이, 갓!'이라고 내뱉었다. 재단사가 가위로 두 셔츠의 가운데를 자르는 것을 보자 몸이 저절로 움찔했다. 힐피거 셔츠를 자를 때 특히 더 그랬다. 그런 다음 재단사는 솜씨 좋게 두 쪽을 이어 붙였다. 목 칼라 안쪽의 상표도 반쪽씩 붙였다.

두 쪽을 이어놓고 보니 꽤 괜찮아 보였다. 사람들에게 어느 쪽이 더 비싼 옷 같으냐고 물었더니 답이 거의 반반이었다. 내가 말하고자 하는 요점은 바로 이것이다. 최고급 호텔 룸과 파벨라, 고급 아이스크림 가게와 공원 벤치, 그리고 고급 이발소에서 길거리 옷가게에 이르기까지 세상에는 두 개의 행성이 공존한다. 그 둘 중에서 한 쪽 사람들은 돈이 많고, 다른 한쪽 사람들은 돈이 없다. 그 두 행성에 사는 시민들은 다를 게 없는 사람들이다.

부자들을 욕하려고 이런 실험을 한 것은 아니다. 나는 부자나 가난한 사람들에게 어떤 반감도 갖고 있지 않다. 다만 세 가지 소원을 가지고 있을 뿐이다. 나는 극도의 빈곤은 없는 세상에 살고 싶다. 그리고 하위 10퍼센트의 삶을 조금 끌어올려서 이들도 괜찮은 삶을 누릴 수 있도록 해주었으면 좋겠다. 순진한 소리처럼 들릴지 모르겠지만, 마지막으로 나는 돈이 크게 중요하지 않은 세상이 되었으면 좋겠다. 그렇게 해서 사람들이 돈보다 좀 더 중요한 일에 관심을 가지고 살 수 있었으면 좋겠다. 예를 들어 타인에게 더 많은 관심을 갖는 것도 이 중요한 일에 포함된다.

완벽을 추구하는
불완전한 나라

일본, DAY 228

1,000일 동안 많은 나라를 여행하고 나니 세계는 3개의 범주로 나누어진다는 사실을 자신 있게 말할 수 있게 되었다. 선진국, 후진국, 그리고 일본이라는 세 가지 카테고리이다.

일본은 잘못한 일이 많지만 그건 일단 논외로 치자. 일본이 잘하는 일을 적고, 내가 그 나라를 얼마나 좋아하는지에 대해서 이야기하고 싶다. 일본은 방문하기 쉬운 나라가 아니기 때문에 쉬운 작업이 아니다.

첫째, 일본은 역사의 대부분을 외부 세계에 문을 걸어 잠그고 지냈다. 처음으로 문을 연 것은 1853년 7월 8일이 되어서였고, 그것도 타의에 의해서였다. 미해군의 매튜 페리 제독은 밀러드 필모어 대통령의 명을 받아 함대를 이끌고 에도만으로 가서 대포 몇 발을 발사한 다음 "여보게, 친구들, 우리는 당신들과 통상을 하러 왔다네!"라고 했다. '포함외교'gunboat diplomacy가 먹혀든 것이다.

그로부터 1세기 반이 지난 지금 일본은 관광의 메카로 북적이고 있다. 나스 데일리는 이 놀라운 섬나라의 3대 섬을 모두 찾아갔다. 그러고 나서 나는 이 나라를 '불완전하게 완벽한 나라'imperfectly perfect라고 불렀다. 일본은 비좁은 호텔 방, 혹독한 일과, 포도 한 송이에 9달러나 하는 끔찍한 물가에 신음하는 나라이다. 하지만 너무도 아름다운 산, 흠잡을 데 없는 질서정연함, 풍부한 문화, 놀랍도록 똑똑한 사람들 때문에 이런 불편함이 용납되는 나라이다.

일본은 아주 안전하다. 229일째 되는 날 나는 간단한 실험을 했다. 1,200달러짜리 드론이 든 가방을 사람이 많이 다니는 인도에 슬쩍 내려놓았다. 그리고는 길 반대편으로 건너와서 그 쪽을 카메라로 찍었다. 대부분의 나라에서는 지나가는 사람들이 가방을 주워들거나 경찰관을 부를 것이다. 하지만 도쿄에서는 행인들이 그냥 무심코 그 곁을 지나갈 뿐이었다. 놀란 나머지 나는 지갑, 아이폰, 그 다음 현금 3,000엔 등을 가지고 차례로 실험을 했지만 눈길 하나 주는 사람이 없었다. 세상에서 가장 안전한 나라 가운데 하나라는 사실이 입증된 것이다.

일본인이 지구상에서 가장 공손한 사람이라는 평판도 사실인지 확인해 보고 싶었다. 점원이 내 신용카드를 돌려줄 때 두 손으로 허리를 약간 굽히고 공손하게 건네주는 것을 눈여겨보았다. 그리고 길거리에서 행인들이 보행금지 신호를 철저히 지키는 것도 보았다. 차가 지나다니지 않아도 길을 건너는 사람이 없었다. 기침할 때는 다른 사람에게 바이러스가 전염되지 않도록 손으로 입을 가리고 했다.

📍 안전한 도쿄 거리

　한 걸음 더 나가보기로 했다. 어느 날 오후 교토 시내를 돌아다니며 지나치는 사람에게 모두 '아리가또'라고 인사를 건넸다. '고맙습니다'라는 뜻이다. 과거 수도였던 교토는 일본에서 가장 아름다운 도시 가운데 하나이다. 인사를 한 다음 상대의 반응이 어떨지 지켜보았다. 완전히 낯선 사람이 아무런 소개도 없이 대뜸 인사를 하는데 어떤 반응을 보일지 궁금했다.

　첫 번째 상대는 십대 소년이었다. 그는 잠시 놀란 눈으로 나를 쳐다보더니 이내 함박웃음을 지으며 한 손을 들고 '아리가또'라고 답례했다. 다음 사람도 같은 반응을 보였다.　그 다음 사람, 그 다음 사람도 모두 마찬가지였다. 내 인사를 무시하고 무표정한 얼굴을 보이거나 화난 눈으로 쳐다보는 사람은 단 한명도 없었다. 나를 피해서 지나가는 사람도 없었다. 무조건 내 인사에 답했다. 만약 뉴욕에서 같은 실험을 한다면 어떤 반응이 돌아올지 몇 가지 짐작이 된다.

하지만 '쌩큐!'라는 대답은 듣지 못할 것이 분명하다.

일본에서 가장 잊지 못할 기억은 바로 일본 역사상 가장 비극적인 날을 기록한 곳인 히로시마 방문이었다. 일본을 찾아간 가장 주된 목적 가운데 하나도 사실은 히로시마에 가보기 위한 것이었다.

많은 여행자들과 마찬가지로 나도 두 가지 일을 하기 위해 히로시마에 갔다. 교훈을 되새기고 위로를 전하려는 것이었다. 70여 년 전인 1945년 8월 6일 오전 8시 16분, 2차세계대전 중이던 미군 폭격기가 9,700파운드에 달하는 원자폭탄을 히로시마 상공에서 투하했다. 7만 명이 초기폭발로 사망하고 도시의 70퍼센트가 파괴되었다. 그해 말까지 부상과 방사능 피폭으로 인한 사망자는 그 두 배로 늘어났다. 그 정도의 폭발력을 지닌 무기를 인구 밀집지역에 투하한 것은 역사상 두 번 있었는데, 그 첫 번째가 히로시마에 떨어진 것이다. 두 번째는 그로부터 사흘 뒤, 같은 위력을 지닌 원자폭탄이 나가사키에 투하되어 8만 7,000명이 추가로 사망했다.

"이런 비극적인 사건을 내가 말로 표현할 수 있다고는 생각하지 않습니다." 나는 모토야스강이 내려다보이는 다리에 서서 시청자들에게 이렇게 말했다. "말로 표현할 자신이 없기 때문입니다. 그래서 대신 여러분께 영상을 보여드리기로 하겠습니다."

그리고 도시의 영상을 내보냈다. 그날 본 히로시마 시내의 모습을 소리 없이 화면으로만 내보낸 것이다. 안개가 끼고 보슬비가 부슬부슬 내리는 날씨였다. 검정색 우산을 쓰고 퇴근하는 직장인들의 모습이 보이고, 페리 한 대가 홀로 히로시마만을 가로질러 가고 있었다. 그리고 이츠쿠시마섬 인근의 바닷물에 떠 있는 것처럼 보이는 아름다운 오렌지색 도리이가 있었다. 도리이는 이츠쿠시마 신사의 입구를 상징한다.

드론을 띄워서 시청자들이 70여 년 전 어느 더운 월요일 아침 핵폭탄을 투하하던 당시 B-29 폭격기 조종사들의 눈높이에서 도시를 바라볼 수 있도록 했다. 그날 저녁 동영상 화면을 편집하면서 나는 버락 오바마 대통령이 나보다 7개월 앞서 히로시마를 방문해 행한 연설의 한 토막을 화면에 띄웠다. "우리는 전쟁의 비극이 얼마나 고통스러운지 압니다. 이제는 평화를 전파하고, 핵무기 없는 세계를 추구해 나갈 용기를 함께 내도록 합시다."

나는 완성된 비디오를 보며 눈물이 났다. 그 순간을 영원히 잊지 못할 것이다. 그날은 내 여행 중에서 가장 외롭고 가장 숭고한 날 가운데 하나였다. 세월이 흘러도 히로시마는 여전히 히로시마이다. 그 숭고한 땅에서 슬픔을 함께 나눌 사람 없이 나 혼자 종일 돌아다니는 것은 쉬운 일이 아니었다. 지금도 그날은 내게 가슴을 뭉클하게 하는 추억으로 남아 있다.

나는 인류 역사상 다른 어떤 도시보다도 큰 벌을 받은 히로시마에 하루 더 머무르며 희망의 상징을 찾아 나섰다.

그 상징은 내가 첫 번째 비디오를 만든 바로 그곳에 있었다. 모토야스강과 오타강이 만나는 좁은 지구에 히로시마의 비극을 기리는 30에이커 넓이의 아름다운 공원이 들어서 있다. 기념비와 조각, 각종 전시홀, 기념관, 그리고 강 바로 건너편에 골조만 남은 겐바쿠 도무原爆ドーム가 서 있다. '원폭 돔'이라는 뜻의 이 골

📍 히로시마 평화공원

📍 도리이, 히로시마만

조는 원폭이 터진 폭심지 주변에 서 있던 건물 중 남아 있는 유일한 건축물이다. 일본인들은 이 작은 공원을 전쟁기념관이 아니라 평화기념관으로 부른다.

나는 히로시마 원폭만큼이나 오랫동안 분쟁을 겪고 있는 지역에서 태어나 자랐다. 그곳에서는 지금도 분쟁이 진행 중이다. 다른 나라들은 계속해서 싸움을 멈추지 않는다. 하지만 히로시마에서는 남녀노소 가리지 않고 일본인들이 자신들이 이룩한 장엄한 빌딩숲과 고속 탄환열차 옆에다 인간에 대한 믿음을 이렇게 다시 세워놓았다.

원폭 생존자 한 분이 나에게 이렇게 말했다. "히로시마의 정신은 슬픔을 참고 증오를 이겨내며, 화합과 번영을 추구합니다. 그를 통해 진정하고 항구적인 평화를 이루는 것입니다. 증오로는 결코 평화를 만들어내지 못하기 때문입니다."

NAS STORIES

스리랑카
키보드 전사

'키보드 전사'는 소셜미디어에서 활발하게 활동하는 사람을 비꼬는 식으로 부르는 용어이지만, 이르판 하피즈에게 이 말은 숭고하고, 꼭 들어맞는 타이틀이다. 스리랑카의 해변도시 마타라에서 태어난 그는 네 살 때 뒤쉔근육영양장애*Duchenne muscular dystrophy*라는 희귀 퇴행성 질환으로 몸이 마비되기 시작했다. 12살 때부터 휠체어 신세를 지고, 18살부터는 침대에 배를 깔고 누워 지내게 되었다. 이후 19년 동안 그는 같은 침대에 누워 지냈다. 의식은 또렷하지만 몸은 움직이지 못했다.

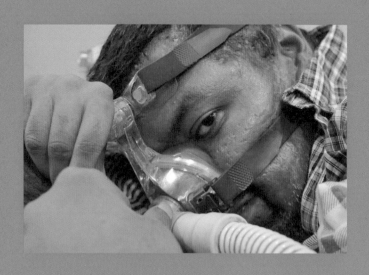

의사들은 오래 살지 못할 것이라고 했지만 그는 포기하지 않았다. 근육체계가 파괴되면서 손가락 하나만 겨우 움직일 수 있었지만 좌절과 지루함, 분노를 견디다 못해 그는 글을 쓰기 시작했다. 쓰고 또 썼다. 한 번에 한 자씩 겨우 쓸 수 있었다. 랩톱 컴퓨터의 자판을 두드릴 수 없으면 아이폰으로 썼다. 침대 옆에 연결된 산소호흡기로 숨을 쉬었다. 처음 만났을 때 그는 37세로 이미 세 권의 책을 출판해서 몇 천 권씩 팔렸다. 『침묵의 투쟁』Silent Struggle은 시로 표현한 회고록이고, 『유쾌한 시간』Moments of Merriment은 청춘소설, 그리고 『침묵의 사색』Silent Thoughts은 삶에 대한 개인적인 교훈을 엮은 책이다.

나스 데일리 팔로어들은 그와 사랑에 빠졌다. 그를 소개한 비디오 조회수가 2,000만 번을 넘었고, 공유자 수도 엄청나게 많았다. 이러한 응원에 힘입어 이르판은 더 열정적으로 네 번째 책을 준비 중이었다. "새로운 삶을 얻은 것 같은 생각이 듭니다." 그는 내게 이렇게 말했다. 안타깝게도 새로 얻은 그의 삶은 오래 가지 못했다. 나와 만난 지 두 달 만에 그는 숨을 거두었다. 비록 저 세상 사람이 되었지만, 그는 내가 만난 어떤 사람보다도 나에게 많은 영감을 주었다. 그는 어떻게 살 것이냐에 대해서뿐만 아니라, 살기 위해 매일 매일 어떻게 싸울 것이냐에 대해 나에게 가르침을 준 사람이다. 그는 『침묵의 사색』에서 "가장 위대한 싸움은 다른 곳이 아니라 바로 우리 자신 안에서 벌어진다."고 썼다. 그게 사실이라면 이르판 당신은 그 싸움에서 이겼다. 형제여, 부디 안식을 누리기 바란다.

이스라엘
3분 안에 도착하는 오토바이 앰뷸런스!

이 페이지를 읽는 동안 또 한 명의 생명이 구해졌을지 모른다. 만약 그랬다면 그것은 스피드를 장기로 하는 비영리 의료 자원봉사 단체 이스라엘 유나이티드 핫잘라 *United Hatzalah*의 창설자인 46세 엘리 비어씨 덕분일 것이다. 젊은 시절 예루살렘에서 구급차 구조요원*EMT*으로 일한 엘리씨는 심장발작 같은 응급상황이 생겼을 때 교통체증으로 앰뷸런스가 제때 도착하지 못해 누군가의 생사를 가르는 일이 잦다는 사실을 절감했다.

그래서 2002년에 그는 구조요청에 신속히 대응하는 '앰뷰사이클'*ambucycles* 구조대를 만들었다. 의료구조용으로 개조한 모터바이크를 말하는데, 아무리 심한 교통체증이라도 요리조리 뚫고 나가 큰 앰뷸런스가 도착하기 전 현장에 먼저 가서 환자의 생명을 구하는 응급처치를 한다. 엘리씨는 이 모터바이크를 운영하기 위해 학교교사, 엔지니어, 식당 종업원 등 일반인들 가운데서 자원봉사자를 모았다. 이들에게 6개월 동안 엄격한 EMT 교육을 실시한 다음 앰뷰사이클과 의료장비를 제공해서 자원봉사 활동을 하도록 내보낸다.

그는 이제 자원봉사자들로 통제센터도 설립하고 그곳에서 구조활동을 지휘한다. 응급전화가 걸려오면 배차 관리자가 GPS 추적을 통해 환자가 있는 곳에서 제일 가까이 있는 앰뷰사이클 자원봉사자를 찾아 3분 안에 환자에게 도착해 응급지원을 제공하도록 한다. 90초 안에 도착하기도 한다. "우버 서비스를 생각하면 될 것입니다." 엘리씨는 자랑스럽게 말했다. "다른 점이 있다면 우리는 돈을 일체 받지 않고 일한다는 것입니다. 그리고 생명을 구합니다!"

현재 5,000명에 달하는 유대인, 무슬림, 기독교인들이 유나이티드 핫잘라의 자원봉사자로 일한다. 이들 수호천사 부대는 지금까지 20여 개 국가에서 모두 350만 명 이상의 응급구조 요청에 응답했다. 이들의 구조활동은 100퍼센트 무료이다. 엘리씨는 "100퍼센트 사람이 하는 일"이라고 덧붙였다.

미국
인정 많은 괴짜친구 벤 유

나는 여행하며 사람을 만난다. 그런데 정말 재미있는 사람이 나와 아주 가까운 곳에 있다는 사실을 나중에 알게 되었다. 나는 2011년부터 벤 유를 페이스북에서 만나 계속 알고 지냈다. 그는 나보다 나흘 먼저 태어났고, '독특하다'는 말이 딱 어울리는 친구이다. 그의 독특한 삶의 방식을 몇 가지만 열거해 본다. 그는 하버드에 들어갔다가 스트레스를 많이 받아 한 학기만 다니고 중퇴했다. 그리고는 1년 동안 7개 대륙을 돌아다녔다. 다음에는 샌프란시스코에서 RV를 사서 3년 동안 그 차에서 살며 5만 달러를 모았고, 그 돈으로 캐나다에 있는 섬을 하나 샀다.

이 친구 소개가 너무 지루한가요? 지루하지 않다면 계속할게요. 본인 말에 따르면 어떤 여인과 두 번 데이트 한 다음 '충동적으로' 결혼하고, 곧바로 이혼했다. 어떤 억만장자로부터 10만 달러를 투자받아 회사를 시작했으나 말아먹었다. 하지만 지금도 계속 무언가를 만들고 있다. 바디 스프레이 두 종류를 개발했는데, 하나는 활력을 증강시켜 주는 것이고, 하나는 수면을 돕는 것이다. 미니*Mini*를 타고, 문신을 세 개 하고 있는데, 자기 인생에 상처를 남긴 세 명의 여성을 가리키는 것이라고 했다. 10주마다 한 번씩 골수를 기증하고, 한동안은 그해 만든 통조림, 아니면 40년 전 베트남 참전 군인들이 먹던 통조림 음식만 먹었다.

2018년 1월에 벤은 비트코인에 1만 5,000달러를 투자해 백만장자가 되었다. 그리고는 곧바로 그 돈을 사람들과 나누는 데 썼다. 친구에게 RV를 한 대 사주어서 자기 RV 옆에 같이 살도록 했고, 거리에서 노숙자를 보면 무조건 5달러씩 주었다. 벤은 나스 데일리가 좋아하는 사람이다. 그가 나오는 비디오를 5개나 제작했는데, 이런 경우는 그가 유일하다. 그가 등장한 비디오는 모두 1백만 뷰 넘게 기록했다. 하지만 무엇보다도 중요한 점은 그가 누구보다도 친절하고, 총명하고, 괴짜이고, 시원시원한 청년이라는 사실이다. 그리고 내가 만난 사람 중에서 가장 인정이 많은 사람이다.

홍콩
세계 최고의 메트로

홍콩 메트로는 두말 할 것도 없이 세계 최고의 지하철 시스템이다. 총길이 220킬로미터에 59개의 멋진 역이 있는 홍콩 메트로는 정시운행률이 99.9퍼센트이다. 역사는 누워 자도 될 정도로 깨끗하다! 왜 그렇게 운행시간을 철저히 지킬까? 전동차가 30분 이상 늦으면 시스템 운행자들은 1백만 홍콩 달러의 벌금을 물어야 한다. 객차에는 에어컨이 빵빵하게 돌아가고, 무료 와이파이를 쓸 수 있으며, 전동차와 승강장 사이에 유리 안전문이 설치돼 있다. 그리고 유니폼을 입은 안전요원이 도움의 손길을 내밀기 위해 항상 대기하고 있다. 이런 멋진 시설을 이용하는데 요금은 단돈 70센트이다. 날강도 같은 뉴욕과 런던 지하철의 바가지요금에 비하면 거의 공짜나 다름없다. 이런 식으로 하고서도 수익을 낸다는 말을 했던가? 홍콩 메트로는 하루 이용객이 500만 명이 넘는다.

세네갈
평화의 섬

해변도시들 중에는 자칭 조개껍데기 수집가들의 천국이라는 곳이 더러 있다. 세네갈의 쁘띠 뜨 꼬뜨에 있는 조알-파디우트 주민들은 그보다 한 발 더 나간다. 한마디로 섬 전체가 조개껍 데기로 뒤덮이다시피 하고 있기 때문이다. 과장이 아니다. 주택과 건물, 건물바닥에도 조개껍 데기가 박혀 있다. 내가 가본 곳 중에서 이런 곳은 없었다.

이름 두 개가 하이픈으로 연결되어 있는 것으로 짐작할 수 있듯이 조알-파디우트는 두 마을이 하나로 합쳐진 것이다. 조알은 본토에 있는 어촌 마을이고 파디우트는 조개껍데기 섬인데, 사람이 건너다니는 나무다리로 서로 연결돼 있다. 사진으로 보기에는 조개껍데기 장식이 예쁘지만 나의 관심을 더 끈 것은 그곳 사람들이었다. 무슬림과 기독교인 8,000명이 완벽한 조화를 이루며 살고 있기 때문이다. 이들은 각자 교회와 모스크에서 기도를 올리고, 800년 된

거대한 바오밥나무 아래 한데 어울려 휴식을 취한다. 그리고 조개껍질로 만든 묘지에 나란히 머리를 누인다.

이곳에는 엔진 달린 차량이 한 대도 보이지 않았다. 조알-파디우트가 어떻게 하나의 마을로 합쳐지게 되었는지에 대해서는 확실히 아는 사람이 없었다. 이야기를 거슬러 올라가면 멀리 감비아와 모로코까지 관련이 된다고 한다. 하지만 그런 것은 크게 문제가 될 게 없다고 나는 생각한다. 왜냐하면 지난 100년 동안 주민들이 너무도 모범적으로 평화로운 공존을 유지해왔기 때문이다.

우리는 흔히 여러 인종이 어울려 사는 멜팅폿을 이해하려고 선진국을 찾는다. 하지만 나는 조개껍질로 가득한 이 작은 후진국 섬에서 완벽한 화합의 모범사례를 보았다.

PART 3

즐거운 모험

오, 마이 몰타!

몰타, DAY 724

"오! 마이! 몰타!"Oh! My! Malta!

분명히 이 말을 했던 게 어렴풋이 기억난다.

몰타에 막 도착했을 때였다. 몰타는 시칠리섬 남쪽 해안에서 남으로 112킬로미터 떨어진 이오니아해의 잔잔한 바다에 떠 있는 작은 섬나라이다. 장비를 푸는 동안 창밖을 내다보고 있는데, 문득 주위의 아름다운 절경이 눈에 들어왔다. '오, 마이 갓!'이라고 외칠 생각이었는데, 무심코 엉뚱한 말이 입 밖으로 튀어나왔다.

"오, 마이 몰타!"

주위 풍경을 보고 내가 느낀 놀라움과 환희를 열정적으로 나타낸 말이었다. 당시에는 몰랐지만, 이후 얼마 지나지 않아서 나는 이 세 마디가 몰타가 나에

📍 인스타그램에서 인기를 모은 조난당한 배, 몰타

게 보여준 마법 같은 아름다움을 가장 잘 표현했다는 생각을 하게 되었다.

비행기가 공항에 착륙할 때까지만 해도 나는 지도에 지중해의 작은 점처럼 보이는 이 섬이 인구밀도가 높고, 해변 리조트가 있는 다른 여러 섬처럼 영국 식민지였다는 사실 외에는 아는 게 없었다. 그리고 이 나라의 문화라고 해봐야 뻔할 것이고, 한 주일 머문다고 해도 세네갈이나 호주로 가는 길에 잠깐 들르는 중간 기착지 정도로만 생각했다. 금방 잊고 말 방문지로 생각한 것이다.

하지만 이런 내 예상은 완전히 어긋나고 말았다.

나라 전체에 최상급 수식어가 살아 숨쉬고 있었다. 수도 발레타는 유럽에서 가장 작은 수도이고, 그곳의 교회들은 기독교 교회 가운데 건물 크기가 제일 크다. 그리고 흥을 몰타어로 '퍼'ferh라고 하는데, 쾌활한 이곳 주민들은 흥을 세상에서 가장 이상하고 매력적인 방법들로 표현한다.

사례 한 가지. 우리가 가기 불과 몇 개월 전 몰타에서 유조선 한 척이 좌초되었다. 이곳 사람들은 이 해상 재난사고를 딱 45초 동안 슬퍼한 다음 곧바로 옆으로 기운 유조선 사진을 인스타그램에 올려 화제가 되었다.

내가 이 나라에 너무 애착을 갖는 것이 아닌지 모르겠지만, 너무도 이색적이고 사람을 끌어당기는 매력이 가득한 이 나라를 보며 '오, 마이 몰타!'라는 구호를 한번 쓰고 버리기에는 아깝다는 생각이 들었다. 바로 그 다음날부터 나스 데일리는 이 짤막한 슬로건을 이 나라 관광산업의 대표 구호로 내세우는 전면적인 캠페인에 나섰다. 우리는 길거리와 해변, 공원 등 곳곳에서 학생들을 단체로 한군데 모아놓고 카메라 앞에서 '오, 마이 몰타!'를 외치도록 했다.

몰타의 관광부를 방문해 그곳 스태프들에게도 점점 커지는 관중들의 '오, 마이 몰타!' 코러스에 목소리를 보태도록 부탁했다. 마리 루이즈 콜레이로 프레카Marie-Louise Coleiro Preca 몰타 대통령도 예방했는데, 그녀는 나스 데일리 시청자들에게 '오, 마이 몰타!'를 외쳐 보이고, 말미에 "정말 감사해요, 젊은이들."이라고 애드리브까지 덧붙여 주었다. 우리는 새로운 유행어에 #OhMyMalta!라고 해시태그를 붙여주었다.

마지막 단계로 수도 발레타에서 성대한 파티를 열었다. 국민 모두를 평화와 사랑, 그리고 '오, 마이 몰타!'라는 구호 아래 초대한 것이다. 모두들 초대에 응해 주었다. 이 번개 축하모임에 몰타 인구의 1퍼센트에 해당하는 4,300명이 모였고, 몰타 바깥에서도 많은 이들이 함께 했다. 나로서는 이보다 더 큰 보람이 없었다. 그것은 이 지구상에 아직도 단결과 긍정의 기운에 살아 있음을 보여준 사건이었다. 가장 가식 없는 사람들이 모여 사는 섬나라에서 이런 일이 성사된 것이다.

모스타의 성모승천 대성당, 몰타

내가 정직하지 못한 사람이라면 이쯤에서 이야기를 끝마치려고 했을 것이다. 그래서 여러분이 우리의 '오, 마이 몰타!' 계획이 멋진 곳에서 제시간에 아무 흠 없이 진행되어 멋지게 성공했다고 믿게 할 것이다. 하지만 나는 그런 부정직한 사람이 아니기 때문에 우리의 계획에 문제가 있었다는 사실을 밝히지 않을 수가 없다.

파티가 무르익어 가는 와중에 몰타 주요 일간신문의 정치삽화가인 세브 탄티 부를로가 몰타 관광산업의 문제를 꼬집는 내용의 삽화에 '오, 마이 몰타'라는 문구를 사용한 일이 일어났다. 2층 관광버스가 나무를 들이받는 사고로 2명이 사망하고 50명이 부상당하는 사고였다. 부를로는 충격적이고 수준 낮은 삽화를 게재한 데 대해 엄청난 비난을 감수해야 했다.

하지만 그는 자신의 소신을 굽히지 않았다. "내가 그린 이 삽화는 보기에 역

겨운 게 사실이다. 공격적이고 보는 사람의 기분을 상하게 했을 것이다." 그는 이렇게 항변했다. "하지만 사고가 일어난 상황이 역겨운 것이지 내 그림이 역겨운 게 아니다. 그러니 나를 비난할 게 아니라 사고가 나게 만든 상황을 비난해야 한다." 나는 그 일에 대해 인터뷰를 요청받고 자신의 작품과 우리의 슬로건을 이용해 문제 해결 노력을 호소하고, 토론의 장을 만들려고 한 그의 입장을 지지한다고 공개적으로 말했다.

이번에는 내가 비디오를 만드는 대가로 몰타 정부로부터 몰래 돈을 받았다고 언론의 비판을 받았다. 언론은 내가 몰타 교회와 몰타 국민, 심지어 몰타 대통령까지 나의 사적인 이득을 추구하는 도구로 썼다고 비난했다. 그러면서 정작 몰타가 안고 있는 중요한 이슈들에는 침묵했다고 했다. 나는 어처구니가 없고 분해서 인터뷰와 페이스북을 통해 오해를 바로잡으려고 했다. 언론의 주장에 대해서는 근거 없는 비판이라고 부인하고, 대규모 집회를 준비하느라 오히려 내 돈이 들어갔다는 사실을 공개했다. 고맙게도 몰타 언론은 나의 반론을 충실히 보도해 주었다.

마지막으로, 가장 화나고 모욕적인 일이 있었는데, 돌이켜보면 그렇게 놀랄 일은 아니었다. 대규모 집회 준비 기간에 몰타노동당이 당 홍보용 티셔츠를 제작하면서 나스 데일리 로고와 '오, 마이 몰타!' 슬로건을 무단 사용했다. 너무 지나친 짓을 한 것이었다.

"이건 곤란합니다." 나는 페이스북에 비판하는 글을 올렸다. "어떤 정당도 이 슬로건을 사용해서는 안 됩니다. 그리고 어떤 정당도 나스 데일리를 정치적 목적에 이용하면 안 됩니다. 나는 정당들이 어떤 정강을 내세우는지 모릅니다만, 우리를 어떤 정당과 연결시키는 것에 절대 반대합니다. 그리고 '오, 마이 몰타!'는 누가 독점할 수 있는 슬로건이 아니라 우리 모두의 것입니다."

이 소동을 보며 많은 몰타 국민들이 나를 지지해 주었다. 어느 몰타인은 "우리가 얼마나 엉망인지를 이방인이 보여주었다."는 글을 페이스북에 올렸다. 어느 기자는 첫눈에 몰타를 그렇게 높이 평가한 내가 너무 순진하다고 했다. 그 말에 나는 글러브를 벗고 본격적으로 설전에 나섰다.

"친구여, 나는 이스라엘에서 태어나고 자란 팔레스타인 사람입니다." 나는 그 비판자에게 이렇게 말했다. "전쟁, 정치, 암살, 소외 등등 무엇이 되었건 나도 세상물정을 알만큼 압니다. 그곳에 사는 18년 동안 이런 일은 바로 나의 현실이었습니다. 하지만 나는 여전히 몰타의 분열은 치유될 수 있다는 강한 믿음을 갖고 있습니다. 나는 순진하지도 않고, 철없이 낙관적이지도 않습니다. 모든 분열은 일시적인 것이라고 나는 진정으로 생각합니다. 멀리 보면 우리는 결국 하나입니다."

그곳에서 겪은 상당히 정치적인 경험에도 불구하고 몰타에서의 경험은 나의 '승리' 기록란 제일 꼭대기 자리에 올라 있다. 그로부터 9개월 뒤 1,000일 세계여행의 마지막 행선지를 고를 때 나는 두 번 생각할 필요도 없이 몰타를 택했다. 누워 떡먹기보다 더 쉬운 결정이었다.

"오, 마이 몰타!"

낯선 사람을
만나는 즐거움

이스라엘, DAY 330

"낯선 사람을 조심해야 한다."

엄마는 나에게 늘 이 말씀을 하셨다. 착한 아이가 되고 싶었던 나는 정말로 모르는 사람은 조심해야 한다고 생각했다.

40명의 낯선 사람들에게 둘러싸이기 전까지는 그랬다.

272일째 되는 날, 필리핀에 도착했다. 그동안 방문한 다른 나라들도 그랬지만 나는 필리핀이 어떤 곳인지, 어떤 사람들이 살고 있는지 제대로 알지 못했다. 필리핀에 친구가 딱 한 명 있었는데, 대학에서 알게 된 사이였다. 그게 전부였다.

그래서 나스 데일리의 세계여행을 시작하고 나서 처음으로 페이스북에서 나를 팔로우하는 낯선 사람들과 번개모임 미트업meetup을 갖기로 과감한 첫 시도를 했다. "오는 일요일 오후 4시 스타벅스 플라자에서 만납시다." 나스 데일리 페이지에 필리핀의 팔로어들에게만 보이도록 이렇게 포스팅했다. 평범하게 보이는 내 사진도 한 장 골라 올려놓고는 제발 일이 잘 풀리기를 기도했다.

이틀 뒤, 나는 텅 빈 스타벅스 플라자로 슬슬 걸어 들어가 아무 벤치나 하나 골라 앉아서 기다렸다.

내 여행을 팔로우하는 열렬 뷰어들을 직접 만나는 것은 생전 처음 있는 일이었다. 우선 두 가지 일이 걱정되었다. (1) 아무도 나타나지 않으면 어쩌나. (2) 사람들이 실제로 나타난다면 정말 어색하지 않을까. 모르는 사람들인데 도대체 무슨 이야기를 한단 말인가? 더 고약한 것은 혹시라도 다른 동기를 품고 와서 나한테 해를 끼치려고 들면 어쩌지? 낯선 사람을 조심하라는 엄마 말을 들을 걸 그랬나 하는 후회도 들었다.

4시가 되었는데도 나타나는 사람은 아무도 없었다.

나는 대수롭지 않은 척 커피를 홀짝거리며 벤치에 앉아 있었다. 하지만 실제로는 대수롭지 않게 넘길 문제가 아니었다. 나는 왜 쉽게 누가 나타날 것이라고 생각한 거지? 내 플랫폼과 인맥, 나의 존재가 별 것 아니라는 자괴감이 들었다. 그런데 얼핏 누군가가 나를 내려다본다는 느낌이 들었다. 고개를 들었더니 어떤 청년이 나를 쳐다보고 있었다. 얼굴에는 나를 안다는 표정이 역력했다. 왼쪽을 보니 또 다른 청년이 서서 나를 쳐다보고 있었다. 그리고 여성이 한 명 보였다. 그리고 두 명이 더 보였다. 천천히, 그렇지만 확실히 이들 낯선 사람들은 수가 불어나며 내 쪽으로 다가오고 있었다. 열 명이던 것이 스무 명, 서른 명, 그리고 사십 명이 되었다.

📍 몰타에서의 미트업

    오후 5시가 되자 40명의 낯선 사람이 내 주위를 둘러싸고 있었다. 모두들 마닐라 주변에서 나를 만나려고 온 사람들이었다. 몇 명은 자동차로 여러 시간을 달려서 왔다고 했다. 이어서 두 번째 걱정도 기우였던 것으로 드러났다. 어색함 따위는 애당초 없고, 위험할 일도 물론 없었다. 이후 두 시간 동안 나는 40명의 낯선 사람들과 우정을 나누었다. 모두들 하나같이 친근했다. 우리는 비디오를 함께 찍고, 웃으며 사진도 함께 찍었다. 모든 일이 완벽하게 돌아갔는데, 그게 너무도 놀라웠다. 아무리 좋은 여건에서도 무언가 잘못되는 일은 생기기 마련이기 때문이다.

그런데 이번에는 잘못되는 일이 하나도 일어나지 않았다. 그렇게 신나는 일은 일찍이 경험해 본 적이 없었다. 나는 엄마가 나에게 하신 '낯선 사람을 조심하라.' be careful of strangers는 경구를 뒤집어서 새로 만들었다. 그날부터 나는 '낯선 사람을 반겨라.'be excited by strangers를 나의 새로운 경구로 삼았다. 전 세계를 여행하는 동안 나는 이 경구를 늘 마음에 새기고 다녔다.

필리핀에서 첫 번째 번개모임을 성공적으로 가진 뒤 수주, 수개월 동안 30개넘는 나라를 다니면서 그런 식의 미트업은 나스 데일리의 일상사가 되다시피 했다. 도착하면 도심에 있는 공공장소, 접근성이 좋아 사람들이 많이 모일 곳을 골라 곧바로 페이스북에 공지를 올렸다. 가끔 호응이 별로인 경우도 있었다. 미얀마에서는 겨우 12명이 모였다. 그런가 하면 상상 이상으로 뜨거운 반응을 보인곳들도 있다. 예를 들어 몰타에서는 4,300명이 넘는 인파가 모였다. 생판 모르는사람들이 그렇게 모인 것이다.

우리가 진행하는 행사에 참가하는 것은 모두 공짜였다. 모임에 참석해 주는것만으로도 우리를 도와주는 것이라고 생각했기 때문이다. 내 친구가 되고 싶어서 찾아오는 사람들에게 무슨 돈을 받는다는 말인가?

그렇게 해서 미트업은 더 특별한 행사가 되었다. 그곳에 가면 행복했다. 내가사람들과 연결되는 장소였다. 한 나라의 정신과 그곳 사람들의 숨결을 끌어안는시간이었다. 그리고 개인적인 차원에서 미트업은 나에게 보상을 안겨주는 기회였다. 나스 데일리의 팔로어들은 매일 동영상을 보기는 하지만 무대 뒤에서 어떤 따분하고 힘든 작업이 진행되는지 알지 못한다. 비행기표와 호텔방을 예약하고, 장소를 섭외하고, 장비 수리, 그리고 각종 비용도 지불해야 한다. 그러다 보니 미트업은 나에게 긴장과 걱정을 잊고 그동안 준비해 온 결과물을 몇 시간 동안 즐기는 특별한 시간이 되었다.

어떤 기자가 미트업에 대해 이렇게 물었다. "행사를 하면 항상 즐거워 보입니다. 모르는 사람들과 함께 하는데 어떻게 그렇게 편안한 모습일 수 있지요?"

"그게 가장 중요한 점입니다." 나는 이렇게 대답했다. "내가 알고 싶은 사람들과 함께 하는 것이니까요. 그래서 특별한 모임이 되는 것입니다. 나는 낯선 사람들과 서로 알아가는 걸 좋아합니다."

우리가 진행한 나스 데일리 미트업 가운데서 제일 기억에 남는 것은 이스라엘 국민 모두를 함께 모이자고 초대했을 때였다. 가장 시끌벅적한 미트업이었을 것이다. 이때는 모이는 장소가 스타벅스나 도심에 있는 분수대 앞이 아니었다. 모일 곳은 바로 아라바에 있는 우리 부모님 집, 제일 사적인 장소를 택했다.

나스 데일리 여행 첫해를 마무리하면서 나는 고향으로 돌아갔다. 아랍 도시에 대해 사람들이 갖고 있는 잘못된 신화 두 가지를 단번에 깨트려버릴 생각이었다. (1) 아랍인들은 위험하다는 편견과 (2) 아랍인들은 유대인을 좋아하지 않는다는 편견이었다. 나는 페이스북에 그 주 토요일 우리 고향집에서 대대적인 미트업을 갖기로 했으니 원하는 사람은 모두 와도 좋다고 초대했다. '살인자만 빼고 모두 환영한다.'고 덧붙였다.

아라바에는 도로 주소가 없기 때문에 우리집을 가리키는 GPS 화살표를 스크

린에 표시해 놓고 이런 문구도 덧붙였다. "길을 못 찾으면 정신과의사 지아드 야신씨 집이 어딘지 물어보세요." 우리 아버지 이름이다.

조금은 걱정이 되었다. 몇 명이나 모일지 전혀 알 수가 없었다. 3명이 올 수도 있고 3,000명이 모일 수도 있었다. 마샤 스튜어트같이 능숙하게 파티 준비를 할 수는 없었다. "간단한 간식거리는 준비가 될 것 같습니다…" 나는 페이스북에 이렇게 흐릿하게 썼다. 간식 준비는 전적으로 어머니와 여동생 소관이기 때문이었다. 아버지는 앉을 의자 같은 것도 준비하고, 손님들이 도착하기 전 집안청소는 동생이 맡았다. 나는 그저 서성거리기만 했다.

나중에 보니 걱정할 필요는 전혀 없었다. 75명 정도가 모였는데, 그렇게 많은 것도 아니고 집안을 꽉 채울 정도로 알맞은 수의 사람이 왔다. 더 중요한 것은 참석자 면면이 내가 바라던 딱 그대로 채워진 것이었다. 무슬림, 유대인, 기독교인이 골고루 모였고, 국적도 인도인, 미국인, 독일인, 일본인까지 다양했다. 혼자 온 사람과 커플, 장애인이 모두 한 지붕 밑에 모여 웃고 떠들며 서로 친구가 되었다.

기분이 엄청 좋았다. 그날 저녁모임을 보고 너무 기분이 좋은 나머지 그로부터 석 달 뒤에 그런 모임을 또 하기로 했다. 라마단의 달이었다. 그래서 이번에는 테마 파티를 열기로 했다. 라마단 금식기간이 끝나고 사흘간의 기념축제인 이드Eid가 시작되는 첫날 파티를 전 세계 사람들에게 보여주기로 한 것이다. 이드 기간 동안 무슬림들은 한 달 간의 금식기간을 무사히 마치도록 도와준 알라에게 감사인사를 올린다.

한 가지 골치 아픈 문제가 있었다. 첫 번째 모임 이후 석 달 동안 나스 데일리의 시청자 수가 50만 명에서 150만 명으로 늘어난 것이다. 이번 파티 참석 예정자 수를 비율로 따져 보니 225명은 될 것 같았다. 파티에 오겠다는 RSVP 회신 수도 그 정도 되었다. 팔로어 300명이 즉석에서 초대를 수락했고, 관심을 표명한 사람이 900명이나 되었다.

"내가 생각했던 수준을 넘어서는 규모예요." 나는 부모님 앞에서 약간 풀죽은 목소리로 말했다. "걱정 마세요. 취소하면 돼요."

하지만 그 말에 부모님이 보이신 반응은 내가 왜 세상에서 제일 운 좋은 아들인지를 다시 한 번 입증해 주었다.

"아니야, 기다려 보렴. 우리가 해결해 보도록 하마!"

그렇게 해서 예정대로 준비가 진행되었다. 의자 몇 개를 빌려오는 게 아니라 300개를 더 가져다 놓았다. 과일도 한 바스켓이 아니라 훨씬 더 많이 주문했다.

📍 파티 준비

음식도 몇 십 명 분을 준비하는 대신 뷔페로 길게 차려놓기로 했다. 부족 하나를 먹일 수 있는 양을 준비했다.

독일에 사는 형도 일손을 보태려고 날아왔다. 앞마당의 잔디를 평평하게 깎아 주차장으로 만들었다. 엄마는 나더러 가서 머리를 깎고 오라며 "그래야 카메라에 더 잘 나오지."라고 하셨다.

파티가 열리기 하루 전날, 나는 모임을 환기시키는 포스팅을 올렸다. "식사만 한끼 하고 가겠다거나 그냥 내 얼굴이나 한번 본다는 생각으로 오시지는 말기 바랍니다. 새로운 친구를 만난다는 생각으로 오세요."

어떻게 되었을까? 사람들은 그날 정말 친구가 되었다. 초대장을 처음 올리고 나서 9일 동안의 바쁜 준비기간이 지나고 나는 마침내 우리집 마당에 섰다. 스페인, 홍콩, 미국 등 전 세계에서 온 300명이 그저 라마단의 끝을 나의 가족과 즐기기 위해서 우리집을 방문해 나를 둘러싸고 있었다.

나는 배우는 것을 지겨워한 적이 없다. 그 놀라운 저녁이 내게 가르쳐준 것은 때로는 마법 같은 일이 실제로 일어난다는 사실이다. 지금처럼 험한 세상에서도 여러분이 사는 집 주소를 인터넷에 모인 150만 명의 낯선 사람들에게 공개할 수 있고, 새로운 손님이 도착할 때마다 새로운 친구가 탄생했다. 여행 중인 가족, 은퇴한 부부, 관광 온 임산부, 재미있는 저글러, 모터사이클을 타고 온 남자, 무지개 염색을 한 여성이 한자리에 모였다. 모두들 여러 사람의 삶을 나누어 가지고, 자신의 삶도 조금씩 나누어 주었다.

그날 모인 사람들 중에 나쁜 짓을 하려고 온 사람이 섞여 있었을 가능성이

1퍼센트라도 될까? 물론 가능성이 있을 것이다. 나쁜 일은 매일 일어난다. 하지만 아무리 그렇더라도 낯선 이들로 가득찬 집에서는 멋진 일이 반드시 일어난다. 그런 100퍼센트의 확실성을 놓치고 싶은 사람이 어디 있겠는가?

NAS MOMENT

⑅ 내가 물건을 사지 않는 이유 ⑅

벌써 2년. 2년이었다. 2년이라는 오랜 시간 동안 여행가방 하나 들고 떠돌이 생활을 했다. 가방 안에 든 것은 10장의 티셔츠와 내의 몇 벌, 바지 하나가 모두이다.

항상 이렇게 산 것은 아니다. 나스 데일리를 시작하기 전까지 나는 집에 물건을 많이 두었고, 컴퓨터, 비디오 게임기, 책 등 물건을 옆에 많이 두는 걸 좋아했다.

하지만 지금 나는 가진 게 아주 적다. 그리고 물건을 거의 사지 않는다. 지난 2년 동안 세계적으로 유명한 쇼핑몰에 많이 가보았다. 가게들을 지나가기는 하지만 돈은 한 푼도 쓰지 않았다. 인색해서 그런 건 아니고, 내가 사려는 물건은 '산악 테스트'라는 걸 통과해야 하기 때문이다.

산악 테스트의 규칙은 아주 간단하다. 내가 보는 물건이 등에 메고 산을 오를 가치가 있고, 크게 힘들이지 않고 가져갈 수 있는 것이라면 그 물건은 산다. 그렇지 않다고 생각되는 물건은 진열대에 도로 얹어 놓는다. 왜냐고? 그런 기준 없이 사고 싶은 물건을 모두 샀다가는 산에 열 발자국도 못 올라가기 때문이다.

이것은 경험으로 터득한 지혜이다. 48일째 되던 날, 나는 네팔의 히말라야에 가 있었다. 두 명의 안내인과 함께 전설의 안나푸르나 트레킹을 떠났다. 산을 오르는 일은 매우 지루하다. 그래서 어느 지점에 이르러서 가이드들이 지고 올라가는 등짐을 내가 지고 가보겠다고 제안했다. 하지만 열다섯 발자국도 채 떼지 못하고 포기하고 말았다.

"일이 힘들지 않으세요?" 가이드들에게 물었더니 이런 대답이 돌아왔다. "이 짐을 지고 몇 시간 쉬지 않고 올라가 봐요. 그것도 네팔의 산에서. 하루 10달러 받고요!"

물론 산악 테스트는 극단적인 예이다. 하지만 그 뒤에 숨어 있는 뜻은 곰곰이 생각해 볼만하다. 매일 우리는 내면에 많은 짐을 지고 간다. 그 중에는 직장 걱정과 친구, 가족과의 관계에서 오는 걱정도 있다. 우리가 져야 할 책임이 있고 꿈도 있다. 무거운 걱정거리들을 지고 갈 수 있다고 생각하더라도 결국에는 그 무게에 짓눌려 힘들어진다. 얼마 못 가 몸은 마비되고 더 이상 앞으로 나아갈 수 없게 된다.

걱정거리를 모두 훌훌 털어 버리고 잊으라는 말은 아니다. 가게 진열대에 있는 멋진 물건들처럼 우리에게 중요한 문제들은 늘 그 자리에 남아 있을 것이다. 하지만 여러 가지 문제들을 한꺼번에 모두 지고 가겠다는 생각은 하지 말아야 한다. 너무 힘들 것이기 때문이다. 인생이라는 길은 매우 가파른 오르막 산길이다.

나는 지금도 산악 테스트 원칙을 지키고 있다. 산꼭대기에 가지고 갈 필요가 없는 물건들이 많다. 마찬가지로 집안에서든, 우리의 삶 어디에서든 실제로 필요하지 않는 것들이 많다. 여행을 할 때든 아니면 다른 때이든, 무거운 물건을 적게 짊어지고 갈수록 자유라는 봉우리에 더 가까이 다가갈 수 있다고 나는 확신한다.

갈 수 없는 나라 사람들과
함께 만든 비디오

파키스탄, DAY 449

내 친구 제이나를 보면 마음이 아프다. 그녀에게 세상은 골치 아픈 곳이다. 18년 동안 요르단에서 살았지만 지금의 국적은 이라크이다. 이라크가 다른 나라들과 우호적인 관계에 있지 않다 보니 그녀의 이라크 여권은 어디를 가도 환영받지 못한다. 아프가니스탄에 이어 세상에서 제일 천덕꾸러기 신세다. 비자 없이 여행할 수 있는 나라는 32개국밖에 되지 않는다. 예를 들어 독일 국민은 비자 없이 166개 나라를 갈 수 있다. 골든 패스포트라고 부를 만하다. 제이나에게는 세계 여행이 악몽 같은 비자 공포를 체험하러 다니는 것이나 마찬가지이다.

그녀에 비하면 나는 사정이 한결 나은 편이다. 이스라엘 국민으로서 이스라엘 여권을 가지고 다니기 때문에 146개 나라를 비자 없이 여행할 수 있다. 내가

가지 못하는 나라들도 많다. 알제리, 방글라데시, 브루나이, 이란, 이라크, 쿠웨이트, 레바논, 리비아, 오만, 파키스탄, 사우디아라비아, 수단, 시리아, 아랍에미리트, 그리고 예멘 같은 나라가 여기에 포함된다.

내가 아무리 가고 싶다고 해도 이들 나라에 들어갈 수 있는 비자는 받을 수 없다. 그런 비자는 없기 때문이다. 쉽게 말하자면 나는 이스라엘 여권을 갖고 있기 때문에 대부분의 아랍국들은 입국을 금지하고 있다. 나는 아랍인이니 이것은 일종의 아이러니이다. 이스라엘 인구의 20퍼센트는 아랍인이다.

하지만 이게 바로 우리가 처한 정치이다. 그렇기 때문에 여러분이 나에게 "헤이, 나스, 알제리를 보여줘!"라고 하거나 "레바논도 보고 싶어요!"라고 하면 나는 이렇게 대답해 준다. "나도 가보고 싶어요! 그런데 나를 받아주지 않아요!"

그런데 2017년 5월에 나는 이 딜레마에 색다른 해결책을 한번 찾았다. 터키

이스탄불에 있는데 이런 이상한 텍스트 메시지들이 파키스탄에서 날아오는 것이었다.

나스, 다음에는 우리나라로 오세요!
나스, 파키스탄으로 오시면 좋겠어요. 오면 여기저기 많이 보여드릴게요!
요 맨, 이리로 와요! 지금 바로 옆에 와 있잖아요!

마이애미와 새크라멘토처럼 파키스탄이 이스탄불과 지척에 있다는 사실을 잠시 잊고 있었던 나는 그 말에 귀가 솔깃했다. 왜냐하면 파키스탄이 정말 놀라운 곳이라는 것은 많이 읽었기 때문이다. 지구상에서 가장 오래된 문명들이 그곳에서 탄생했고, 아름다운 강과 계곡, 숲과 빙하가 촘촘히 함께 어우러져서 살아 움직이는 그림엽서 같은 곳이라고 했다. 그리고 악명 높은 K2를 비롯해 세계 5대 최고봉이 이곳에 있다.

하지만 무엇보다도 내가 관심 있는 것은 파키스탄 사람들이었다. 나스 데일리를 하는 동안 파키스탄 사람과 소통할 수 있는 유일한 통로는 온라인이었다. 그런데도 그들은 내 팔로어 가운데서 제일 따뜻하고 친근한 사람들이었다.

이들은 자기 나라와 자신들의 유산, 친절함에 자부심을 갖고 있는 듯했다. 그리고 언론이 자기 나라에 대해 보이고 있는 부정적인 인식에 대해 불만을 가지고 있었다. 2011년에 오사마 빈 라덴이 파키스탄 영토 안에서 사살되었을 때 미국에게는 국경일을 맞은 것처럼 경사스러운 일이었지만, 파키스탄의 국제적

📍 파키스탄 친구들

인 이미지는 글로벌 테러리스트들이 숨어 있는 사막의 은신처 정도로 그려졌다. 그러나 파키스탄을 직접 가보고 싶은 열망은 컸지만 들어갈 수는 없었다.

한 가지 아이디어가 생각났다.

"지금까지 파키스탄으로 와 달라는 메시지를 1톤이나 받았습니다." 404일째 되는 날 나는 이렇게 말했다. "이런 부탁을 받고 매번 못 간다는 답을 하기도 속상합니다. 하지만 내가 가지고 있는 이스라엘 여권으로는 파키스탄에 갈 수 없습니다. 나는 무슬림인데도 그렇습니다. 여러분이 파키스탄으로 오라고 아무리 간청해도 나는 그 초대에 응할 수 없습니다. 내가 그리로 가지 않고도 파키스탄에 대한 비디오를 만들 수 있는 방법이 있기는 한데, 그렇게 하려면 여러분의 도움이 필요합니다."

내 아이디어는 참신하고 간단하고, 귀여운 면까지 있었다. 파키스탄 친구들에게 나 대신 나스 데일리를 위해 촬영하고 글도 쓰고 해서 비디오를 만들어 달라고 부탁하는 것이었다. 그들이 카메라, 휴대폰을 들고 길거리로 나가 내가 직접 가서 보지 못하는 장면들을 찍는 것이다. 그리고 내 얼굴 사진을 프린트해 들고 나가서 내가 자기들과 함께 있는 것처럼 보이도록 하면 좀 더 실감이 나지 않겠느냐고 했다. 촬영한 다음 내게 보내면 내가 편집해서 나스 데일리에 올리겠다고 설명해 주었다.

사람들의 이목을 끌려고 하는 행동이 아니라 그것은 일종의 선언 같은 것이었다. 팔레스타인 출신 이스라엘 청년이 입국금지된 어느 나라의 비디오를 그곳 사람들의 도움을 받아서 만들겠다는 것이었다. 현지인들 가운데는 그 청년을 아주 싫어하는 이들도 있을 것이었다.

팔로어들은 내가 추진하는 이 말도 안 되는 프로젝트의 핵심 취지를 금방 파악했다. 파키스탄에서 보내오는 메시지들이 수신함에 쌓이기 시작했다. 나는 한 발 더 나아가 며칠 뒤 파키스탄 라호르에서 실제로 사람들이 모이는 미트업을 갔겠다고 했다. 물론 나는 못 가지만 자기들끼리 모이라는 부탁이었다. 놀랍게도 35명이 나 대신 비디오를 만들기 위해 그곳에 모였다. 말도 안 되는 일이 벌어진 것이다.

그런 다음 나는 45일 동안 나스 데일리 일을 하느라고 여기저기 돌아다녔다. 마다가스카르, 뉴질랜드, 미국, 그리고 이스라엘을 차례로 방문했다. 그러는 동안 파키스탄 현지인 팀은 열심히 촬영을 해서 모았다. 이들이 보내오는 비디오 클립을 보면서 나는 너무 기분이 좋았다. 서로 한 팀이 되어서 거대한 글로벌 예술작품 제작 프로젝트를 수행하는 것 같은 기분이 들었다. 이 일로 조만간 어려움을 겪게 될지 모른다는 생각도 들었지만, 그래도 위험을 감수하고 해 볼 만한 일이라고 혼잣말을 했다.

449일째 되는 날, 모든 촬영분이 도착했다. 화면을 한데 모아서 타이틀을 붙이고 음악과 내레이션을 만드는 데 하루가 걸렸다. 그 다음 일은 하늘에 맡기고 페이스북에 비디오를 올렸다.

초보적인 수준이지만 멋진 작품이었다. 미트업 화면으로 시작되었다. 30여 명의 파키스탄 사람들이 시내 공원 같은 데 모여 서서 카메라를 향해 '웰컴 투 파키스탄!'이라고 한 목소리로 외쳤다.

맨 앞에 무릎 위까지 오는 분홍과 빨강 전통의상 살와르 카미즈를 입은 젊은 여성이 내 얼굴사진을 들고 서서 내가 더빙한 내레이션에 맞춰 사진을 좌우로 흔들었다. "지금 내 뒤로 보이는 친구들은 나 대신 자기들 나라 파키스탄에 관한 비디오를 만들기 위해 모였습니다." 내 얼굴사진이 이렇게 말했다. "내 여권

📍 '댓츠 원 미닛. 씨유 투모로!'

때문에, 그리고 이 친구들 여권 때문에 우리는 서로 찾아가 만날 수가 없습니다. 하지만 인터넷 덕분에 여러분에게 파키스탄을 보여드릴 수 있게 되었습니다. 그리고 나도 친구들의 눈을 통해 파키스탄을 볼 수 있게 되었습니다."

이어서 파키스탄 친구들이 만든 화면을 보여주었다. 파키스탄 사람들의 일상을 생생하게 담은 비디오 클립들이었다. 말을 타고 험한 산길을 오르는 사람, 전 국민이 열광하는 크리켓을 하는 어린아이와 어른들, 재래시장에서 무슬림 의상을 입은 여성들에게 란제리를 파는 상인을 담은 장면이 이어졌다.

"나는 이 사람들을 만나보고 싶었습니다." 비디오 마지막 부분에서 나는 이렇게 말했다. "하지만 굳이 파키스탄에 직접 와보지 않더라도 이들이 세상에서 제일 호의적인 사람들이라는 사실은 얼마든지 알 수 있었습니다."

그리고 나서 3,200킬로미터 떨어진 곳에 있는 파키스탄의 새 친구들과 이스라엘의 나는 함께 외쳤다.

"댓츠 원 미닛! 씨유 투모로!"That's one minute, see you tomorrow!

비디오가 나가자 반응은 내가 바란 그대로 나타났다.

"나는 인도인이지만 파키스탄 사람을 많이 만납니다." 어느 팔로어가 이렇게 포스팅했다. "그들이 얼마나 좋은 사람들인지 나는 잘 압니다. 그들도 우리와 똑같습니다. 문화적으로도 차이가 별로 없어요. 국경이 다르다는 것밖에 없습니다."

"정부에서 당신을 받아들이지 않더라도 우리 파키스탄 국민들은 마음속으로 항상 당신을 받아들일 것입니다." 이렇게 쓴 팔로어도 있었다.

"나는 파키스탄을 사랑합니다." 세 번째 사람은 이렇게 썼다. "하지만 사람을 분류해서 입국금지를 하는 것은 정말 싫습니다. 세상은 우리 모두의 것입니다."

나는 큰 감동을 받았다. 작품성 면에서 비디오의 수준은 좋았을까? 그렇지는 않았다. 화질이 좋지 않은 안드로이드 핸드폰 동영상이었다. 구성면에서는 어땠을까? 스토리 아크가 아주 단순했다. '나는 이것을 보았습니다.' '나는 저것을 보았습니다.'는 식이다.

하지만 비디오가 담은 메시지 면에서 보면 그동안 내가 만든 다른 어떤 비디오보다도 더 자랑할 만했다. 이 영상은 내 페이스북 페이지에서 너무도 극적인 감동을 이끌어냈다.

태초부터 인류는 경계를 만들고, 전쟁을 일으키는 등 서로를 분리시키기 위해 수없이 많은 방법을 동원했다. 이제는 단순한 종이쪽지 한 장으로 어디는 가도 좋고, 누구는 만나도 된다는 식의 규정을 정해 놓았다.

서로 모르는 낯선 사람 몇 명이 모여, 정치와 상관없이 우리는 어디에 있건 모두 같은 인간일 뿐이라는 평범한 진리를 불과 60초 만에 증명해 보인 것이다.

"웰컴 투 파키스탄!"

페루
진짜 은행을 시작한 소년

돈을 모으는 것보다는 버는 게 더 잘하는 일이라고 나는 생각한다. 페루의 아레키파에서 이런 세상물정을 이미 터득한 14살짜리 소년을 만났다. 호세 아돌포 키소칼라 콘도리*José Adolfo Quisocala Condori*는 열두 살 때부터 급우들이 용돈을 쓰기만 하지 저축할 줄은 모른다는 사실에 관심을 가졌다. 그래서 절묘한 해결책을 생각해냈는데, 은행을 시작한 것이다.

호세는 급우들의 돈을 모아서 개인별로 구좌를 만들어 저축했다. 그리고 각자 앞으로 사용한도를 정해놓은 데빗카드를 발급해 주었다. "이것은 어린아이가 시작한 세계 첫 번째 은행입니다." 호세는 소년티가 나는 미소를 지으며 내게 이렇게 말했다.

그것은 시작에 불과했다. 그는 아이들에게 플라스틱 병을 모아 돈을 저축하는 방법도 가르쳤다. 고객들이 주스를 사서 마시고 난 빈 병이나 길거리에서 주은 플라스틱 병을 가지고 은행에 오면 그것을 현금으로 바꾸어 곧바로 개인구좌에 넣어주었다.

그 아이디어는 대성공을 거두었고, 현재 호세가 세운 방코 코페라티보 델 에스투디안테은행 *Banco Cooperativo del Estudiante*은 고객 3,000명에 예금액 5만 달러를 자랑한다.

호세보다 나이가 두 배 더 많은 직원 8명도 함께 일한다. 2018년 스위스 에너지 회사 텔게 에네르기 *Telge Energi*는 호세와 그의 친환경 은행에 저축과 환경보호에 힘쓴 공로로 국제 어린이 기후대상을 수여했다. "서로 윈윈 한 것이지요."라고 호세는 말한다.

몰타
섬을 지키는 사람

'인간은 섬이 아니다.'*no man is an island.*라는 문구가 있다. 하지만 거의 비슷한 경지에 가 있는 사람이 있다. 예순일곱의 살부 벨라씨는 몰타제도에 있는 작은 섬 코미노에 산다. 그의 가족이 코미노에 정착한 것은 100년 전으로 거슬러 올라간다. 한때는 가족 수가 17명까지 된 때도 있었으나 그 당시 있었던 일자리들은 모두 없어졌다. 지금은 살부씨와 그의 사촌 두 명만 섬에 살고 있다. 가끔 관광객들이 해변에 들렀다 가지만 대부분의 시간은 섬에 이들뿐이다.

이런 사정을 들으면 살부씨가 세상에 제일 외로운 사람처럼 생각될 것이다. 하지만 그 섬에 들렀을 때 보니 살부씨는 유쾌할 뿐만 아니라 엄청 바쁘게 지냈다. 머리부터 발끝까지 사냥꾼 위장복 차림의 그는 나에게 자신의 개인 천국 투어를 후딱 시켜주었다. 걸어서 한 시간이면 섬을 가로지를 수 있다. 그는 틈틈이 섬의 공식 환경 지킴이로 활동한 공로를 인정받아 몰타대통령으로부터 국민훈장까지 받았다. 그리고 그동안 특수 차량을 비롯해 기발한 기계들을 많이 만들었는데, 모터로 움직이는 보트 트레일러와 태양열 정수 시스템, 무농약 살충 시스템, 전기 산악 차량 등을 독창적으로 개발했다.

한가할 때는 낚시와 채소 재배, 양봉, 그리고 무엇인가를 만든다. 책상에 앉아 웹 서치를 하거나 바깥에 나가 드론을 날린다. "내 인터넷이 당신 것보다 더 빨라!"라고 소리치기도 한다. 그는 드론 11대를 갖고 있다. 하지만 마음은 늘 가족 곁에 가 있다. 2011년부터 신부전증을 앓고 있는 동생을 자신이 돌봐주는데, 이틀마다 한 번씩 동생을 병원에 데리고 가야 한다. 동생 때문에 섬 관리에 지장이 있는가라고 물었더니 그렇지 않다고 했다. "절대 그렇게 생각하지 않습니다. 나한테는 항상 가족이 먼저입니다."

미국
인간 정신의 한계에 도전하는 16세 조종사

'그는 컴튼 출신이다'*he came straight outta Compton*라는 랩 제목처럼 그는 컴튼 출신이다. 그의 경우는 컴튼으로 되돌아오면서 유명인이 되었다. 2016년 1월 16일, 열여섯 살의 이사야 쿠퍼는 미국 본토를 일주 비행한 최연소 아프리칸 아메리칸이라는 역사적인 기록을 세웠다. 남부 캘리포니아의 컴튼/우들리 공항을 이륙해 메인주, 워싱턴주, 플로리다주 상공을 돌며 1만 2,800킬로미터를 비행하고 컴튼으로 되돌아온 것이다.

어느 모로 봐도 작지 않은 개가이다. 이사야의 대륙 횡단 비행은 열여섯이라는 나이를 생각하면 너무도 놀랍다. 아직 자동차 렌트도 못할 나이가 아닌가! 그가 자란 동네를 생각해도 놀라운 성공이다. 컴튼은 매우 거친 인물들을 배출해 낸 고장으로 유명하다. 그 가운데는 유명 래퍼와 갱단원도 있다. 이사야도 청소년 시절 잠시 동안 거친 아이들과 어울렸다. 하지만 다행히도 엄마가 그를 길 건너에 있는 항공학교에 보냈다. 빈민지역의 열악한 환경에 있는 아이들을 위한 학교였다.

항공학교의 설립자이고 할리우드 스턴트 헬리콥터 파일럿으로 활동하는 로빈 펫그레이브의 지도로 이사야는 날개를 단 셈이 됐다. 학교성적도 평점 2.0에서 3.5로 고공비행을 했다. 로스앤젤레스로 갔을 때 그를 처음 만났는데, 그가 전설적인 대륙 횡단 비행을 마치고 1년이 지난 시점이었다. 그는 이미 세계일주 비행 도전을 생각하고 있었다.

이 결의에 찬 젊은이가 이룬 성공은 단순한 기록 도전이나 편견에 대한 도전 그 이상의 업적이라고 나는 생각한다. 그것은 인간 정신력의 한계가 어디까지인지 보여주는 놀라운 증거이고, 인간이 도달하지 못할 한계는 없다는 것을 보여주는 확실한 증거이다.

에콰도르
적도에 가면 일어나는 일들

적도가 지나가는 나라는 모두 11개 국가이다. 그 가운데서도 에콰도르의 수도 키토 주민들보다 적도가 지나간다는 사실에 대해 더 큰 자부심을 가진 사람은 없을 것이다. 우리 팀은 키토에서 하루를 보내며 적도와 관련된 특이한 일들을 모두 맛보았다. 알다시피 적도는 지구를 남반구와 북반구로 나누는 눈에 보이지 않는 허리 벨트라인이다. 에콰도르라는 이름도 적도에서 나왔다.

키토 시내에는 이 적도선을 길바닥에 연노란색으로 칠해놓았는데, 전 세계에서 온 사람들이 이 선에 걸쳐 서서 셀피 사진을 찍는다. 한 발은 북반부에 다른 한 발은 남반구에 디디고 서서 찍는 것이다. 하지만 내가 제일 신기해 한 것은 이 적도선의 과학적인 부분이다. 지구 원의 정중앙에 위치하고 있기 때문에 개수대에서 물이 밑으로 내려갈 때 왼쪽이나 오른쪽으로 돌지 않고 똑바로 일직선으로 빠진다. 마찬가지로 적도선 위에서는 달걀을 못대가리 위에 세울 수 있다. 물론 세우는 게 쉽지는 않다. 그리고 적도와 태양의 특수한 관계 때문에 1년에 두 번은 정오에 그림자가 완전히 사라진다.

하지만 우리와 함께 다닌 그룹의 일부 따지기 좋아하는 관광객들이 핸드폰으로 GPS를 확인해 적도박물관의 해시계를 비롯한 키토의 관광명소 몇 군데 실제 위치가 적도와 몇 도 차이가 난다고 수군거렸다. 어딜 가나 이렇게 흥을 깨는 사람들이 꼭 있다. 나는 그런 것은 개의치 않았다. 사람들이 자기가 사는 행성에 대해 놀라고 신기해 하는 것을 보는 것 자체가 기분 좋을 뿐이었다.

세네갈
1,000명이 모이는 해변 에어로빅

712일째 되는 날, 나는 어떤 나라에 관심을 가질지 여부를 결정하는 데 상당히 그럴듯한 기준을 갖게 되었다. 그 나라에 가서 예상했던 일들을 보게 된다면 별 감동을 받지 않을 것이다. 하지만 어떤 나라에 갔는데, 놀라운 일들이 눈앞에 펼쳐진다면 무조건 관심이 갈 것이다. 세네갈은 이 예상치 않은 일들을 보게 된 대표적인 나라이다.

도착하고 몇 시간 안 되어서 나는 수도 다카르의 길게 펼쳐진 판 비치 해변에서 돌아다니고

있었다. 그러다 백사장에 많은 사람이 모여 운동하는 것을 보고 해안선 위로 드론을 높이 띄웠다. 처음에는 축구팀이나 야구팀이 큰 경기를 앞두고 몸을 풀기 위해 나온 건가라고 생각했다. 하지만 얼마 안 가 서로 모르는 사람들이 한곳에 모인 것이라는 사실을 알게 되었다. 판 비치는 벌써 8년째 수백 명이 해변에 모여서 함께 운동하는 공공 헬스클럽 같은 장소가 되어 있었던 것이다.

따로 조깅을 하거나 푸시업 하는 사람도 있지만, 대부분은 한데 모여 멋진 안무를 펼쳐 보이며 그룹 에어로빅을 했다. 가장 놀라운 것은 그들이 보여주는 메시지였다. 모든 계층의 사람들이 함께 모여서 건강을 위해 서로 돕고 서로 응원하고 있었다. 더 건강하고, 더 강해지고, 더 멋진 삶을 살자고 서로를 격려했다. 공동체가 어떤 곳이어야 하는지 정의를 내린다면, 바로 이런 곳이 바람직한 공동체일 것이다.

PART 4

증오와
마주하기

📍 예루살렘에서 겪은 일

유대인 VS 아랍인

예루살렘, DAY 664

> 망가진 어른을 고치는 것보다 어린이를 강하게 키우는 게 더 쉽다.
> – 프레더릭 더글러스Frederick Douglass

나스 데일리를 진행하면서 갖는 여러 즐거움 가운데 하나는 여행일정을 짜는 것이었다. 나는 일정을 짤 때 행선지를 미리 정하지 않는 것을 매우 중요한 원칙으로 세웠다. 또한 합당한 이유가 없는 한 한 번 가본 나라는 가급적 다시 찾지 않기로 했다.

이스라엘의 경우가 좋은 사례이다. 지난 3년 동안 나는 모국을 수시로 드나들었다. 집 떠난 아이들이 다 그렇듯이 나도 가족이 보고 싶었기 때문이다. 잠깐 집에 들러서 엄마가 해주는 음식을 먹고 싶다는데 무슨 문제야 하는 생각이었다.

하지만 2018년 1월 이스라엘에 갔을 때는 위안을 받기보다 언짢은 기분을 더 많이 받았다. 예루살렘에 있는 정통 유대교 신자 마을에 가서 비디오를 찍었는데, 좁은 골목길에 카메라를 설치해 촬영을 했다. 무늬를 깎아 넣은 돌벽과 장식 쇠창살을 해놓은 창문, 머리 위쪽과 벽에 주렁주렁 매달아 놓은 걸이 화분들, 잎이 무성한 레몬나무를 카메라에 담았다.

카메라 앞에 앉아서 방송을 하는데 정통 유대교 유대인이 지나갔다. 그는 내 등 뒤에서 나타나 촬영 중인 카메라를 향해 다가오며 모습을 드러냈다. "오, 미안합니다." 그는 내가 촬영 중인 사실을 알고는 이렇게 사과 인사를 했다.

"노, 노, 아무 문제없습니다." 나는 괜찮다고 대답했다. "지나가세요. 괜찮습니다. 아무 문제없습니다. 하쿠나 마타타!"

공공장소에서 촬영하면 이런 일이 자주 생긴다. 나는 그 사람이 지나가도록 기꺼이 양보해 주었다. 그는 지나가다 말고 걸음을 멈추고는 나보고 무얼 하고 있는지 물어보았다. 나스 데일리에 대해 이야기해 주었더니 그는 진지하게 관심을 표하고, 내 청중이 누군지와 비디오 조회수 등에 관해 물어보았다. 중년의 정통 유대교인이 하는 질문치고는 의외라고 생각했다. 내 조회수에 왜 관심이 있는 거지? 그래도 나는 유쾌하게 대답해 주었다.

"지금은 700만입니다."

"세상에!" 내 말에 그는 이렇게 맞장구를 쳤다.

상당히 놀란 표정이었다. 반응으로 미루어볼 때 소셜미디어에 대해 약간은 아는 사람 같았다. 인구 통계학적으로 내가 파고들어가고 싶은 새로운 계층의 사람이라 반가웠다. 방송에 대해 조금 이야기하고 나서부터 대화가 눈에 띄게 옆길로 빠지기 시작했다. 예루살렘에서는 자주 겪는 일이기도 하다. 그는 나의 출신에 대해 물었다.

"이스라엘 국적의 팔레스타인 사람입니다." 나는 이렇게 대답했다.

"세상에, 정말이요?" 그는 매우 놀란 표정으로 이렇게 반응했다. "아니, 아니, 제대로 배운 사람 같아 보이는데."

'오—노!' 그때 비로소 아차 하는 생각이 들었다. 그래도 그의 호기심을 자극하며 계속 밀어붙이기로 했다.

"예, 맞습니다." 나는 이렇게 말을 이었다. "하지만 이건 아셔야 될 겁니다. 대부분의 아랍인들은 당신과 사촌지간입니다. 그렇지 않습니까?"

"노, 노!" 그는 이렇게 손사래를 쳤다. "많은 아랍인들과 일을 같이 하지만, 그 사람들은 제대로 배운 사람이 없어요. 하나같이 야만인들이요."

이렇게 본심을 드러내는 것이었다. 2분 채 안 되는 대화를 통해 이 낯선 사람은 자신이 우리 아랍인종 전체를 멍청하고 야만적이라고 확고하게 믿는다는 사실을 나에게 드러냈다. 나는 할 말을 잃고 말았다.

"어, 오케이." 나는 이렇게 우물거렸다. "음, 대단히 감사합니다. 하지만 내 생각에는…"

정말 뭐라고 할 말이 없었다. 첫째는 내 히브리어 실력으로는 그의 모국어인 히브리어로 대화하기가 쉽지 않았다. 둘째는 그가 뚜렷한 이유도 없이 나와 우리 민족을 인식공격하는데는 침착한 마음을 유지하기가 점점 힘들어졌다.

하지만 그는 하던 말을 계속하면서 내가 팔레스타인 사람일 리가 없다고 우겼다. 내가 아무리 그런 게 아니라고 해도 자기 생각을 바꾸려 하지 않았다. 그는 마침내 내가 프랑스인이라고 결론을 내렸다.

중요한 것은 이곳에서는 유대인과 아랍인이 이런 식으로 맞닥뜨리는 일이 드물지 않다는 점이다. 이보다 더 고약한 충돌이 매일 일어난다. 그러다 치명적인 충돌도 일어난다. 이런 일의 이면에는 우리가 주목해야 할 또 다른 점이 도사리고 있다. 나는 이 남성처럼 '유대인은 모두 나쁘다.'고 주장하는 아랍인들과도 많은 대화를 나눈다. 편협함은 어떤 경우나 인성에서 결함요소이다. 어떤 인종이건 가리지 않고 그렇다.

골목에서 갑자기 어린 소녀가 나타났다. 남성은 소녀가 열다섯 살 난 자기 여동생이라고 했다. 두 사람은 내 존재는 안중에도 없는 듯이 이런 대화를 나누었다.

"저 사람은 누구야?" 소녀는 나 있는 쪽을 가리키며 자기 오빠에게 이렇게 물었다.

"촬영하고 있어. 그런데 팔레스타인 사람이래."

"헬로." 나는 소녀에게 이렇게 인사를 건넸다. "오빠 말이 맞아. 나는 팔레스타인 사람이야."

나는 어떤 사람이 묻건 상관없이 항상 나를 이스라엘에 사는 팔레스타인 사람이라고 소개한다. 하지만 이번 경우는 달랐다. 나는 팔레스타인 사람이라는 뿌리를 당당하게 강조할 필요가 있다고 생각했다.

소녀는 내 말은 들은 척도 하지 않고 오빠에게 이렇게 물었다. "왜 저렇게 당당한 거야."

"당당하게 생각하니까 그런 거지." 오빠는 이렇게 대답했다. "그게 무슨 문제야. 당당하면 안 돼?"

소녀가 미간을 찌푸리며 말했다. "그런데 왜 우리를 죽여?"

나는 의자를 돌려 소녀를 마주 보며 말했다.

"나는 아무도 죽이지 않아. 누구도 죽이지 않는 사람이 수백만 명이야. 너도 아무도 안 죽이지 않니?"

기괴한 분위기였다. 예루살렘의 한적한 작은 공원 뒷골목에 앉아 있는데 갑자기 온 세상이 증오로 가득 찬 것처럼 변했다. 성인 남자에게 나의 인종을 옹호하는 것은 그렇다고 치자. 그런데 아랍 사람들과 1.5킬로미터도 채 안 떨어진 곳에 사는 열다섯 살 유대 소녀가 이들에 대한 증오감으로 가득 차 있었던 것이다. 그것은 정말 심각한 문제였다.

그때까지 소녀는 나를 무시하고 자기 오빠와 이야기했다. 그런데 이제는 양손을 허리에 얹고 나를 똑바로 쳐다보며 말했다.

"나 같으면 아랍 사람은 여기 못 들어오게 할 거야."

"왜 못 들어와?" 내가 이렇게 물었다.

"그 사람들은 우리를 죽이니까요."

"너는 이제 열다섯 살이야. 네가 어떻게 그걸 다 알아?"

"왜냐하면 팔레스타인 사람 중 10퍼센트는 테러리스트니까요." 오빠가 이렇게 끼어들었다.

"아니야." 소녀는 한 술 더 떴다. "테러리스트가 아닌 아랍 사람은 단 한 명도 없어."

"나는 테러리스트가 아닌데." 나는 이렇게 되풀이했다. "그런데 나는 아랍 사람이거든."

"당신은 아랍 사람이 아니에요!" 소녀는 고집을 굽히지 않았다. "나는 아랍 사람이야!" 나도 지지 않았다. "나는 아랍 말을 하지만 너를 죽일 생각이 없어. 나는 너의 친구가 되고 싶어." "싫어요." 내 말에 소녀는 단호한 어조로 대꾸했다. "아랍 사람은 모두 테러리스트예요!"

대화는 그런 식으로 제자리걸음을 계속했다.

증오와 맞닥뜨리면 기분이 좋지 않은 건 누구나 마찬가지이다. 하지만 열다섯 살짜리 어린이로부터 그런 증오를 접하게 되면 조금 더 기분이 좋지 않다는 점을 말하고 싶다. 더구나 예루살렘이었다. 유대인과 무슬림이 뒷마당을 함께 쓰고, 한 팔라펠 식당에서 같이 식사하고, 나란히 서 있는 각자의 예배당에서 각자의 신에게 기도를 올리는 곳이 예루살렘이다. 나를 인신공격해서 마음이 상한 것도 있지만, 내 민족을 욕해서 더 기분이 좋지 않았다.

나는 그날 만남을 카메라에 모두 담았고, 그날 밤 집에 와서 그 영상을 여러 번 반복해서 보았다. 2주 뒤 그 비디오를 포스팅했는데, 평소 하던 대로 60초로 줄이지 않고 5분짜리 동영상을 그대로 다 올렸다. 다시 보는 게 쉽지 않지만, 그날의 진실을 희석시키고 싶지 않아서였다.

그날 예루살렘에서 겪은 일을 곰곰이 생각해 보면서 그 남자와 여동생, 그리고 유대인이건 아랍인이건 가리지 않고, 그들 같은 부류의 사람들에 대한 분노는 점차 수그러들었다. 그들도 아는 게 그렇기 때문에 그렇게 믿을 것이다. 텔레비전을 켜면 늘 보는 게 유대인을 죽이려는 아랍인과 아랍인을 죽이려고 하는 유대인들 이야기이다. 다수는 전쟁을 원하지 않으며, 함께 일하고, 같은 학교에 함께 다니는 현실은 보지 않는 것이다.

우연하게 겪은 그 일은 지구상에서 가장 갈등이 심한 땅의 가장 신성한 도시 후미진 어느 골목에서 있었다. 그 일을 통해 나는 당신과 나, 우리 모두가 증오를 품은 사람들의 말을 더 많이 들을 필요가 있다는 교훈을 배웠다.

우리도 그들이 하는 TV를 시청하고 잡지를 보고, 그들의 페이스북 뉴스피드를 읽어보도록 해야 한다. 유대교 회당 시너고그와 이슬람 예배당 모스크에 서로 가볼 필요가 있다. 그리하여 아랍인 모두가 테러리스트는 아니며, 모든 유대인이 나쁜 사람은 아니라는 점을 서로 알아야 한다.

이런 일은 서둘러 진행시킬 필요가 있다. 그래서 다음에 그 공원 골목에서 다시 마주치면 서로 증오를 교환하는 대신 날씨 같은 평범한 주제로 이야기를 나눌 수 있어야 한다.

잊을 수 없는
친구 유키

일본, DAY 516

일본에는 무언가 특별한 것이 있다. 나스 데일리를 하는 동안 왜 일본에 수시로 들르게 되는지 그 이유를 나도 정확히는 모른다. 하지만 일본이라는 나라는 사람을 빠져들게 만드는 어떤 매력이 있다. 이 나라와 사랑에 빠진 것이 분명하다. 더 정확하게 말하자면 이곳 사람들을 좋아하게 된 것이다.

두 번째 일본을 찾았을 때는 이곳의 나스 데일리 청중 수가 상당히 늘어 있었다. 늘 하던 것처럼 미트업을 하자고 올렸더니 200명 넘게 모였다. 솔직히 말해, 이 숫자는 내가 기대한 것보다 200명은 더 모인 것이다. 왜냐하면 일본인들은 영어로 말하는 것을 어려워하기 때문이다. 사실 일본에 나스 데일리 팔로어가 그렇게 많다는 사실에 대해 늘 놀라고 있었다. 나스 데일리 비디오는 모두 영어로 진행되기 때문에 그런 생각이 드는 것이었다.

그럼에도 불구하고 200명 넘는 새로운 일본 친구들이 모였고, 모두들 하나같이 즐거운 마음으로 미트업에 왔다.

그날 모인 사람들 가운데 유키(가명)라는 청년이 있었다. 평균 키에 스물세 살의 잘 생긴 젊은이였다. 호감이 가는 얼굴형에 늘 밝은 표정을 하고 있었다.

그는 또한 내가 일본에 머무는 동안 필요하면 어떤 일이든 도와주겠다고 자청한 첫 번째 사람이었다. 나는 보통 어떤 나라에 도착하면 현지 사람에게 도움을 청하는데, 유키는 기꺼이 나를 도와주고 싶어 하는 것 같았다.

하지만 이번에는 좀 특별한 경우여서 쉽게 도움을 요청할 수 있는 일은 아니었다. 유키에게 일본에 있는 동안 바깥에서 노숙할 만한 장소를 찾는 데 도움을 달라고 부탁했다. 일본의 살인적인 물가는 나도 익히 알았고, 그래서 물가 때문에 겪는 어려움을 비디오로 제작하기로 한 것이다.

길거리에서 잠을 자기로 했다. 알린에게도 힘들겠지만 노숙에 동참해 달라고 부탁했다. 유키는 노숙하기에 완벽한 장소를 찾아주었다. 뿐만 아니라 그는 미트업에서 우리와 함께 밤을 새며 나의 무모한 도전을 도와주겠다고 자원한 유일한 사람이었다. 나는 그의 말에 감동을 받았고, 우리 모두 그를 좋아하게 되었다.

비디오는 좋은 반응을 얻었다. 그리고 이튿날 나는 다룰 만한 다른 주제를 찾다가 상당히 좋은 거리를 찾아냈다. 일본이 당면하고 있는 악성 문제가 미친 물가뿐만이 아니라는 것을 알았다. 나라 전체가 엄청나게 높은 수준의 스트레스와 우울감에 시달리고 있었다. 맨 처음 이런 사실을 듣고 나는 크게 놀랐다.

일본 같은 나라에서 어떻게 우울해질 수 있는가? 부유하고 얼마나 살기 좋은 나라인데. 친절한 사람들과 깨끗하고 안전하고 멋있는 나라. 내 눈에는 거의 완벽한 곳으로 보였다.

그런데 끊임없이 성공과 완벽함을 추구하는 바로 그 점에 문제가 숨겨져 있었던 것이다. 그렇게 해서 나는 특별한 한 장소를 찾아가기로 했다. 바로 '자살의 숲'이었다.

도쿄에서 서쪽으로 95킬로미터 떨어진 후지산 북서쪽 기슭에 자리한 아오키가하라青木ヶ原는 나무가 빼곡하게 들어찬 34평방킬로미터에 달하는 숲이다. '나무의 바다'라는 뜻으로 주카이樹海로 불리기도 한다. 일본의 많은 곳이 그렇지만 이곳도 빼어나게 아름다운 경관을 자랑한다. 후지산에서 흘러내린 용암류

📍 자살의 숲, 아오키가하라

위에 형성된 일렉트릭 그린 연녹색의 활엽수림이 그곳에 서식하는 야생 생태계에 짙은 그늘을 드리워 주고 있다. 아시아흑곰, 일본족제비에서부터 박쥐, 딱정벌레, 나비에 이르기까지 다양한 야생동물이 이곳에 살고 있다.

하지만 슬픈 인간 군상이 끊임없이 찾아들며 이 소리 없는 숲은 '자살의 숲'이라는 비극적인 별명을 얻게 되었다. 매년 평균 100명이나 되는 사람들이 이 숲으로 들어와서 스스로 목숨을 끊는다. 이런 비극적인 현상이 계속되자 당국은 숲 입구에 자살을 생각하고 이곳을 찾는 이들에게 상담을 받으라고 권고하는 안내판을 붙여놓기에 이르렀다.

하지만 이들의 행렬은 계속 이어지고 있다. 나무가 빼곡하게 들어찬 숲으로 들어가 자취를 감추는 것이다. 막판에 생각이 바뀌어 뒤돌아나올 경우 길을 잃어버리지 않도록 비닐 끈을 길게 풀며 들어가는 이들도 있다. 하지만 뒤돌아가는 경우는 많지 않다고 한다. 대부분은 목을 매 생을 마감하고, 약을 먹거나 독극물을 마시는 경우들도 있다. 어느 경우든 이들이 맞이하는 생의 마지막 순간은 치명적인 침묵 속으로 빠져 들어간다. 숲의 나무가 너무 촘촘해 바람소리조차 들리지 않는다. 자철광이 풍부한 토양 때문에 휴대폰 신호가 잘 잡히지 않아 마지막 순간에 도움을 요청하려고 해도 소용없다는 말도 있다.

일본에서 자살이 새로운 문제는 아니다. 할복을 뜻하는 하라키리かっぷく 혹은 셉부쿠切腹 전통은 12세기 봉건시대로 거슬러 올라간다. 수치스러운 일을 당한 사무라이 무사나 일반인이 자신과 가문의 명예를 지키기 위해 죽음을 택하는 방식이었다. 오늘날 일본에서 자살은 명예를 지키기 위해서가 아니라 절

망감을 표현하는 방식으로 남아 있다. 자살률은 역대 최저 수준으로 낮아졌으나 여전히 세계 최고 수준을 유지하고 있다. 현재 자살률은 독일의 거의 두 배 가까운 하루 60명꼴로 시급히 해결해야 할 국가적 과제가 되어 있다.

나는 잠시도 주저하지 않고 '자살의 숲'에 관한 비디오를 만들기로 했다. 그렇게 많은 이들이 고통을 당하는 문제에 대해 사람들의 관심을 불러일으키는 것은 의미 있는 일이라고 확신했다. 516일째 비디오를 편집하면서 나는 일본어 자막을 붙이기로 했다. 가능한 한 많은 일본인들이 볼 수 있도록 하기 위해서였다. 그런 어두운 주제를 다루면서 가졌던 일말의 걱정은 비디오를 본 사람들의 반응이 쏟아져 들어오면서 순식간에 사라졌다. 비디오는 사람들의 심금을 울렸다.

"금기시된 주제를 다루어 주어서 고맙습니다." 어느 팔로어는 이렇게 썼다. "마음의 병을 쉬쉬하면 일을 더 그르치고 악화시킵니다. 이런 비디오가 나왔으니 이제는 남에게 도움을 청해도 된다는 것을 사람들에게 알려야겠습니다." 많은 사람들이 이 말에 공감했다.

나는 많은 이들이 이 비디오를 보고 공감했다는 사실에 감사했다. 그런데 놀랍게도 그 가운데는 새로 알게 된 나의 일본인 친구 유키도 들어 있었다. 그는 자살문제로 갈등을 겪었다고 내게 털어놓은 적이 있었다. 주사위를 던져서 간신히 죽는 것을 면했다고 했다. 죽을지 말지를 놓고 실제로 주사위를 던졌다는 것이다.

나는 그 말을 듣고 농담이겠지 하고 생각했다. 통역이 제대로 안 되어서 그가 하는 말을 잘못 알아들었을 것이라는 생각도 들었다. 하지만 유키는 농담한 게 아니었고, 나는 그로부터 자세한 이야기를 듣고 너무도 놀랐다. 그에게 카메라 앞에서 자기 이야기를 해보지 않겠느냐고 물어보았다. 그는 자기 신분을 숨기고 해보겠다고 했다. 그래서 얼굴을 진회색 스카프로 가리고 머리에 산타클로스 모자를 씌운 다음 비디오를 찍었다. 이름은 밝히지 않았다. 그는 자신의 이야기를 이렇게 들려주었다.

몇 개월 전부터 더 이상 살고 싶은 의욕이 없어졌다고 했다. 절망감이 극도로 깊어지면서 자살계획을 세우기 시작했다. 하지만 자신이 내린 결정이 잘한 것인지 손끝만큼도 확신이 서지 않았고, 한 가지 방안을 생각해 냈다. 7일 동안 매일 밤 계속해서 주사위를 던져 자신의 운명을 결정짓기로 한 것이다. 6번이 나오면 삶을 마감하기로 했다. 끝까지 6번이 나오지 않으면 자살계획을 포기하기로 했다.

첫째 날 밤에는 6번이 나오지 않았다. 그리고 둘째, 셋째, 넷째, 다섯째, 여섯째 날 밤에도 6번은 나오지 않았다. 그리고 마지막 일곱째 날, 그는 주사위를 던지고 숫자를 내려다 보았다. 4번이었다. 그는 자살계획을 취소했다. 순전히 운이 좋아 죽음을 면한 것이다.

촬영을 마친 뒤 나는 유키와 포옹하며 솔직하게 털어놓아 주어서 고맙다고 했다. 몇 시간 뒤 비디오를 올리자, 수백만 명이 그를 응원하는 뜻을 남겼다. 놀라운 반응이었다. 예상했던 대로 유키는 이 코멘트들을 꼼꼼히 읽어보았다. 그날 저녁에 그는 자신이 정말 사랑받고 있다는 기분을 느꼈다는 글을 보내왔다.

나는 그 말을 듣고 너무 감사한 기분이 들었다. 내가 바라던 것이 바로 그가 그런 느낌을 갖도록 하는 것이었다. 사랑받고 있다는 기분을 갖도록 하는 것, 수백만 명이 자신을 걱정하고 있다고 믿도록 하는 것, 그리고 스스로 목숨을 끊을 생각은 이제 그만두라고 애원하는 것이 내가 그 비디오를 만든 목적이었다.

📍 내 친구 유키

그런데도 마음이 놓이지는 않았다. 젊고 아직 어린 소년이나 마찬가지였다. 전혀 자살을 생각할 것 같지 않아 보이는 나이였다. 좋은 가족, 좋은 직업을 갖고 있고, 돈도 충분히 벌고 친한 친구도 여럿 있었다. 혹시 몇 주 뒤에 그 암울한 곳으로 다시 돌아가지는 않을까? 며칠, 아니면 몇 시간 뒤에?

많은 질문과 대답을 가슴에 묻은 채 나는 며칠 뒤 일본을 떠났다. 한 가지 깨달은 사실은 삶은 힘든 것이며, 사람들이 엄청난 압박 속에서 하루하루를 살아가야 하는 일본 같은 나라에서는 특히 더 그렇다는 것이었다. 직장, 소득, 사회적 지위, 학교성적 등 수많은 스트레스가 사람들을 짓눌렀다. 그래서 자살의 숲이 없어지지 않는 것인가? 더 많은 일본 남녀들이 어둠 속에서 계속 주사위를 던지지는 않을까?

나의 젊은 친구는 계속 그랬다. 그 비디오를 찍고 9개월 뒤에 나는 유키에게 안부를 묻는 문자를 보냈다. 알린과 나는 수시로 그렇게 하고 싶었다. 그의 안부가 궁금했기 때문이다. 그를 초대해 함께 여행도 하며 나스 데일리의 마지막을 자축하고 싶었다. 우리 모두 그를 좋아했다.

그런데 우리가 보낸 메시지에 답이 없었다. 점점 걱정이 되었다. 그러던 차에 충격적인 소식을 들었다. 불과 몇 주 전에 유키가 사람들에게 도움을 청하지 않고 스스로 목숨을 끊었다는 것이다. 그는 다시 주사위를 던졌고, 이번에는 6번이 나왔다.

나는 그 소식을 듣고 벼락에 맞은 것처럼 충격을 받았다. 정신을 가다듬을 수가 없었다. 좀 더 자주 소식을 물어보지 않은 자신에게 화가 났다. 그가 잘 지내고 있을 것이라고 단정해 버린 자신을 생각하니 너무 화가 났다. 그는 잘 지내지 못하고 있는데도 말이다.

나스 데일리 201일째부터 나는 삶의 퍼센트를 나타내는 티셔츠를 입고 다녔다. 지금까지 얼마나 살았으며, 앞으로 살 시간이 얼마나 남았는지를 통계수치로 나타낸 것이다. 일본을 여행하며 나는 많은 것을 배웠다. 아름다움과 긍지, 절제, 그리고 근면에 대해 배웠다. 인생에는 내가 티셔츠에 새긴 의미가 틀릴 때가 있다는 사실도 배웠다.

나스 데일리를 진행하며 비디오를 수천 시간 찍었지만 내가 운 것은 몇 번 되지 않는다. 유키 이야기가 그 중의 한 번이다.

★ 여러분 자신이나 주위에 자살을 생각하는 사람이 있다면 망설이지 말고 대한민국 중앙자살예방센터로 전화해 주시기 바랍니다.
- 24시간 자살예방상담전화 : 1393
- 청소년상담전화 : 1388
- 한국생명의 전화 : 1588-9191

NAS MOMENT

⋛ 숫자의 함정 ⋚

예를 들어 여러분이 은행구좌를 가지고 있고, 그 구좌로 내가 매일 5유로씩 입금시켜 준다고 가정해 보자. 입금 받은 첫날은 기분이 좋을 것이다. 둘째 날도 마찬가지다. 일주일 내내 기분이 좋을 것이다. 하지만 얼마 안 가 그 행복감은 줄어들기 시작할 것이다. '젠장, 하루 50유로씩 넣어 주면 정말 좋을 텐데!' 하는 생각이 들 것이기 때문이다. 그때부터 어떻게 될까? 5유로를 받아도 이제는 기분이 좋지 않다. 어째서? '숫자의 함정'에 걸려들었기 때문이다.

이것은 나와 내 친구도 늘 걸려드는 함정이다. 이 함정은 실제로 돈과는 아무 상관이 없고, 숫자와 관련된 것이다. 우리 인간은 알게 모르게 숫자에서 행복을 찾는 경우가 많다. 숫자 때문에 기분 좋고, 숫자에 목을 매기도 한다. 숫자는 우리의 감정을 수량화해 준다. 숫자가 높아지면 자연스레 기분은 더 좋아진다.

인스타그램에서 '좋아요'를 많이 받으면 그만큼 공감을 많이 받는 것 같아 기분이 좋다. 내가 응원하는 축구팀이 골을 많이 넣어도 기분이 좋다. 당연한 말이지만 돈을 많이 벌면 인생이 그만큼 더 살만해진다고 생각한다. 그런데 문제가 있다. 숫자는 끝이 없다는 것이다. 이론상으로 두 가지 결론이 가능하다. 첫째, 계속 높은 숫자를 손에 쥐면 행복감을 계속 느낄 수 있다. 둘째, 상한선이 계속 올라가기 때문에 완전한 행복감에 도달하기는 절대로 불가능하다. 여러분도 숫자의 함정에 빠진 것을 환영한다.

나는 처음 이런 역설을 알고 충격에 빠졌다. 약이 오르고, 앞이 막막했다. 왜냐하면 다른 많은 이들과 마찬가지로 나 역시 성공의 척도를 끝도 없는 이 숫자놀음에 결부시켰기 때문이다. 나스 데일리를 시작했을 때 특히 더 그랬다.

'좋아요'의 수, 팔로어 수, 친구 수, 비디오 시청 수, 달러의 액수.

시청자 수가 1백만을 돌파했을 때 나는 자축의 기분을 느낀 지 5분이 채 안 되어서 이런 생각을 했다. 왜 1,000만 명이 아닌 거지? 왜 10억 명이 아닌 거야? 숫자의 함정이라는 마약에 취한 것이다. 조회수 수십억을 돌파한다고 해도 결코 행복해지지 않을 것이다.

가수 밥 말리는 이 숫자의 함정을 이미 알고 나에게 이렇게 경고해 주었다. "돈은 숫자이고, 숫자는 끝이 없어요. 돈으로 행복을 추구한다면 그 행복은 끝내 찾지 못할 것입니다." 그에게 고맙다는 말을 전한다. 그리고 내 여자친구와 우리 가족에게도 마찬가지로 감사의 인사를 보낸다.

행복은 내 손가락 끝에 달려 있는 게 아니라는 사실을 나는 차츰 깨닫기 시작했다. 우리가 진짜로 관심을 가져야 할 유일한 숫자는 인생을 살면서 얼마나 많은 사람과 알고 지내는지, 얼마나 자주 그 사람들과 만나는지, 그리고 얼마나 많은 가슴과 서로 정을 나누는가 하는 것이다. 정을 나누려면 많은 노력이 필요하다.

아직은 이런 일에 자신 있다고 말할 수 없다. 지금도 내 뇌구조를 새로 짜고 있는 중이다. 하지만 나는 그런 노력을 하고 있다.

귀향

이스라엘, DAY 469

50년 동안 중동 전역에서 아랍인들의 영혼을 사로잡은 인기 아티스트 파이루즈의 마음을 울리는 음악을 들으며 이 글을 쓰고 있다. 지금 듣고 있는 노래는 '모든 도시의 꽃'이란 뜻의 '자흐라트 알 마다엔'Zahrat al-Madaen이다.

우리의 눈길은 매일 기도 중에 그대를 바라본다.
우리의 눈길은 사원 곳곳의 방들을 응시한다.
우리의 눈길은 고대의 사원을 바라본다.
우리의 눈길은 모스크에 깃든 슬픔을 걷어낸다.

예루살렘을 예찬하는 곡이다. 파이루즈는 예루살렘을 자신이 제일 좋아하는 도시라고 했다. 그녀뿐만 아니라 나도 예루살렘을 아주 좋아한다. 내가 방문한 도시들 중에서 가장 신성하고, 가장 많은 영감을 주며, 가장 놀라운 도시가 바로 예루살렘이다. 구시가지를 둘러싼 성벽 안으로 걸어 들어가는 첫 순간부터 나는 이 도시의 매력에 사로잡히고 말았다.

"죽기 전에 예루살렘은 반드시 가봐야 해." 대학 다닐 때 친구들에게 이렇게 말했다. "예루살렘은 모든 이들에게 의미가 있는 곳이야." 과장해서 한 말이 아니었다. 유대인이라면 템플 마운트가 예루살렘에 있고, 기독교도라면 예수의 무덤이 예루살렘에 있다. 그리고 무슬림이라면 예루살렘의 심장부에 알-아크사 모스크가 있고, 무신론자라면 예루살렘의 나이트클럽도 꽤 놀만하다.

세 종교를 이처럼 신성하게 한 곳에 모아놓은 곳은 세상 어디에도 없다. 예루살렘 말고는 단 한 곳도 없다.

내가 예루살렘의 매력에 빠져들기 시작한 것은 겨우 다섯 살 나던 해부터이다. 구시가지를 걸어다닌 기억이 지금도 생생하다. 왼편으로 정통 유대교도, 오른편에는 정통 무슬림, 앞에는 기독교 사제가 걸어가고 있었다. 세 사람 모두 자신의 신앙 안에서 편안해 보였다. 조용히 자신의 종교의식을 행하면서 상대의 종교를 존중했다. 어린 눈에도 무슨 신비한 마법이 작동하는 것처럼 보였다. 성장하면서 마법도 나와 함께 점점 더 커졌다.

나스 데일리를 진행하는 동안 예루살렘을 몇 차례 찾아갔다. 그곳에 가지 않는 때도 수시로 그곳 이야기를 했다. 하지만 그럴 때마다 예루살렘이 처한 싸늘한 현실이 점점 더 실감났다. 그것은 내가 이 도시에 대해 가지고 있는 애정과는

📍 예루살렘, "우리의 눈길은 매일 그대를 바라본다."

무관한 것이었다. 설혹 세상의 모든 종교가 어느 날 갑자기 서로 평화를 선언하더라도 예루살렘에서는 갈등이 계속될 것이라고 나는 단언한다. 예루살렘은 늘 그렇게 살아 왔으니까.

예를 들어보자. 469일째에 나는 2주간의 브라질 여행을 마치고 다음 목적지로 가는 길에 잠시 이스라엘의 고향집에 들르기로 했다. 예고 없이 부모님을 찾아뵙고 그분들의 놀라는 표정을 카메라에 담으면 재미있을 거라고 생각했다. 하지만 놀란 것은 오히려 나였다. 부모님은 외국에 나가 집에 계시지 않았던 것이다.

거기까지는 좋았다. 부모님을 뵙지 못해 서운했지만 그해 내내 많이 외롭게 지낸 것은 아니었기 때문이다. 그래서 나는 샤워를 하고 샌드위치를 만들고, 맥주도 한 병 꺼내들었다. 그런 다음 핸드폰을 켜고 최신 뉴스를 체크해 보았다. 뉴스는 보지 않는 게 나을 뻔했다. 작은 핸드폰 화면에는 어수선하고 너무도 낯익은 장면들이 줄이어 나왔다. 나는 그런 장면을 눈앞에 보면서 자랐다. 내가 제일 좋아하는 도시의 거리에 군인과 민간인들이 우르르 몰려다녔다. 연막탄 통이 아크를 그리며 날아다녔다. 주먹이 날고 사람들은 발길에 채여 넘어졌다. 예루살렘은 한마디로 전쟁상태였다.

피해상황은 심각했다. 그날 오전 팔레스타인 십대 3명이 총에 맞아 숨졌다. 오후에는 이스라엘인 3명이 보복으로 칼에 찔려 숨졌다. 이런 상황은 예루살렘의 새로운 일상이 되어 있었다. 하지만 무고한 생명이 희생되는 것을 그냥 두고 볼 수는 없는 일이다.

충돌은 한 주일 전인 7월 14일 아침 구시가에서 시작됐다. 권총과 사제 자동 소총으로 무장한 아랍계 남성 3명이 템플 마운트에서 광장 문 바깥으로 뛰어나 가며 주변 사람들에게 총기를 난사했다. 템플 마운트는 3,000년 전에 지어진 광 장으로 기독교, 유대교, 이슬람의 가장 신성한 성지로 꼽힌다. 이들은 현장에 있 던 이스라엘 국경수비대 장교들에게 총격을 가한 뒤, 다시 광장으로 되돌아와 모스크 앞에 자리를 잡았다. 이후 총성이 울리며 이들 3명 모두 사살됐다. 이들 의 총에 맞은 이스라엘 장교 두 명도 사망했다.

이 충돌을 계기로 구시가지는 교통이 통제되고, 이스라엘 당국은 수십 년 만 에 템플 마운트 출입을 봉쇄해 알-아크사 모스크에서 행해지던 금요 기도도 취 소되었다. 이스라엘 당국은 이틀 간 수색과 심문을 계속했고, 이후 템플 마운트 입구에 금속탐지기를 설치하고 사람들의 출입을 다시 허용했다. 그런데 성전 입 구에 설치한 보안검색용 금속탐지기가 사람들을 자극해 그 다음 주에 수백 명의 아랍 시위대가 그곳으로 모여들었다.

이스라엘과 팔레스타인 정치 지도자들이 이 갈등에 개입하면서 폭력적인 충 돌은 주변 지역으로 확대되었다. 7월 21일 양측의 분노와 긴장은 마침내 임계점 을 넘어 크게 폭발하고 말았다. 내가 고향집을 깜짝 방문하기 위해 브라질을 출 발해 대양을 건너고 있던 바로 그 시점이었다. 팔레스타인 청년 3명이 이스라엘 군 점령지인 웨스트뱅크와 가자지구에서 시위를 벌이다 총에 맞아 숨지는 사건 이 일어났다. 열여덟 살짜리 두 명과 열아홉 살짜리 한 명이었다. 그날 저녁, 열 아홉 살 난 팔레스타인 청년이 이스라엘 정착민의 집으로 들어가 3명을 칼로 찔

 '치울 수 없는' 사다리

러 죽였다. 희생자들은 안식일 만찬을 하고 있었다.

내가 뼈저리게 실감하는 이야기이다. 이곳에서 수천 년 지속돼 온 이야기이기도 하다. 사람들은 내게 이런 질문을 자주 한다. "예루살렘에서는 왜 항상 폭력이 끊이지 않는가요?" 나는 늘 같은 대답을 들려준다. '미친 소리처럼 들릴지 모르지만 정말 사랑 때문입니다.' 말장난을 하려는 게 아니다. 유대인, 무슬림, 그리고 기독교도들 모두가 이 도시를 너무도 사랑하는 나머지 이곳을 위해 기꺼이 목숨을 바칠 각오가 되어 있다. 그래서 누군가가 예루살렘을 조금이라도 바꾸려고 들면 이 신성한 장소에서 소동이 벌어지는 것이다. 예배 장소 바로 앞에 금속탐지기를 설치한다거나 누가 자갈바닥에 물병을 놓고 가도 문제가 된다.

예수가 안장되었던 묘지에 세워진 성묘교회의 외벽 창문 아래 놓인 사다리는 기독교도, 무슬림, 유대인들이 예루살렘에 대해 갖고 있는 보호 본능을 가장 적나라하게 보여준다. 18세기에 교회 수리를 한 인부가 두고 간 것인데 여태까지 그대로 방치되고 있는 것이다. 지금은 '치울 수 없는' 사다리가 되어 있다. 교회 재산 가운데 어느 하나도 이곳에서 예배를 올리는 기독교 6개 교파 모두의 동의 없이는 움직일 수 없게 해놓았다. 놀랄 일도 아니지만 사다리를 치우자는 합의에 도달한 적이 지금까지 한 번도 없었다.

서로 싸우는 이들도 같은 기독교인들이다. 여기다 유대인, 무슬림들이 한데 뒤섞여서 항상 재난의 칼끝에서 아슬아슬하게 비틀거리는 도시가 된 것이다. 재난은 폭력을 낳고, 폭력은 죽음을 낳는다.

이것은 예루살렘이 처한 고통스러운 현실이다. 사랑과 폭력이 비극의 시계추처럼 반복적으로 교차된다. 이 글을 쓰면서 듣기 시작한 노래도 평화로운 멜로디에서 갑자기 저항의 분위기로 바뀌었다. '거대한 분노가 다가오고 있다.'라고 파이루즈는 노래한다. 언젠가는 예루살렘의 주인 자리를 되찾을 것이라는 아랍세계의 꺾이지 않는 결의를 강조하는 것이다.

음악을 듣는 동안 내 안에 있는 다섯 살짜리 남자 아이는 예루살렘의 신성한 성벽 안에 여전히 남아 있는 깊은 분열의 의미를 이해하지 못한다. 텔레비전 뉴스에서 보여주는 영상들에도 불구하고, 그는 여전히 예루살렘이 보여주었던 화해의 마법을 놓지 않으려고 한다.

이제는 나도 마법에 숨은 뜻이 이해되기 시작했다. 나는 내가 제일 사랑하는 이 도시가 평화로 넘쳐나는 것을 정말 보고 싶다. 예루살렘에 평화가 오면 세계 도처에 평화가 올 것임을 확신하기 때문이다.

하지만 그날이 올 때까지는 시청자들을 이 놀라운 도시로 안내하면서 제일 처음 했던 말을 다시 들려주고 싶다. "예루살렘을 보기 전에는 죽지 마십시오. 그리고 예루살렘에서 죽지 않도록 조심하십시오."

키프로스
800마리를 돌보는 고양이 보호소

2011년 키프로스에서 휴가를 즐기던 돈 푸트씨는 애지중지하던 애완 고양이를 잃어버렸다. 여행자에게는 최악의 악몽 같은 일이 일어난 것이다. 그녀는 곧바로 고양이를 찾아 나섰다. 지중해 섬 구석구석을 미친듯이 뒤지고 다녔지만 새끼 고양이의 모습은 보이지 않았다. 대신 주인 없는 고양이 수십 마리를 찾았다.

주차장 자동차 밑에 숨어 있는 놈들도 있고, 열대 숲속을 어슬렁거리는 놈들도 있었다. 걱정

스러운 것은 야생에서 홀로 떠돌다 보니 대부분 건강상태가 좋지 않다는 사실이었다. 전염병에 걸린 놈도 있고, 사냥개에 물려 상처가 난 놈들도 있었다.

집 없는 고양이들을 보고 그녀는 너무 마음이 아팠다. 그래서 자신의 인생을 바꾸어 놓는 결정을 내렸다. 그동안 모아놓은 돈으로 은퇴 후 해변에 주택을 사려던 계획을 포기했다. 그리고 영국의 집을 처분하고 키프로스로 옮겨와 대규모 고양이 보호소 탈라 모너스트리 캣츠*Tala Monastery Cats*를 세웠다.

이곳에는 집 없는 고양이들을 깨끗이 씻기고, 먹이고, 돌보고, 입양 주선까지 해준다. 우리가 보호소로 찾아갔을 때 그녀는 열성적인 자원봉사자들과 함께 800마리가 넘는 고양이를 돌보고 있었다. 고양이들은 모두 귀엽고 건강하게 보였다. 그리고 무엇보다 모두 안전했다. 나도 연간 50유로씩 내며 고양이 한 마리를 후원하기로 했다. 그 고양이 이름을 뭐라고 지었을까? 물론 나스 데일리라고 지었다. 정말 귀여운 녀석이다.

에티오피아
하이에나 맨

하이에나는 치명적인 포식자이다. 강한 턱과 단검처럼 날카로운 이빨을 가지고 있어 큰 힘 들이지 않고 사람의 몸을 갈기갈기 찢어놓을 수 있다. 그런데 에티오피아에 사는 26살의 압바스 유수프씨는 이 야수들을 자기 손으로 먹여 키운다. 그가 사는 오지 마을에서는 그를 '하이에나 맨'Hyena Man으로 부른다. 성곽도시 하라르에서는 하이에나를 쉽게 볼 수 있다. 밤이 되면 이들은 먹을 것을 찾아 마을 골목과 쓰레기더미 주위를 배회하는데, 고깃덩어리라도 찾으면 은신처로 물고 간다. 하지만 똑똑한 놈들은 곧장 압바스씨 집밖에 있는 마당으로 직행한다. 압바스씨가 이들을 반갑게 맞이해 마을 정육점에서 사온 맛있는 고기를 먹여주기 때문이다. 하이에나들은 아주 좋아한다. 일단 배를 채우고 나면 그와 껴안고 장난도 친다.

그는 하이에나의 생김새와 특성에 따라 '게으름뱅이', '털보', '삐빼'와 같은 이름을 붙여놓고 불렀다. 그의 집은 관광객들에게도 명소가 되었는데, 특히 그가 하이에나들에게 하는 제스처

를 보고 재미있어 한다. 예를 들어 고깃덩어리를 매단 나무 막대기를 입에 물고 하이에나들에게 그것을 뜯어먹도록 한다. 그가 쓰는 방법은 묘기가 아니라 4대째 내려오는 집안 전통이다. 그는 하이에나를

집에서 먹이는 방법을 자기 아버지로부터 배웠다. "아버지가 먹이를 주면서부터 이놈들이 하라르 사람들을 공격하는 일은 없어졌습니다."라고 그는 말했다. 요즘같이 어지러운 세상에 압바스가 날카로운 이빨을 가진 육식동물들과 어울려 지내는 모습은 인상적이었다.

사람들의 대학
세상에서 제일 큰 공짜 대학

생각을 크게 하는 사람은 많지 않다. 하지만 생각이 크면 태산도 움직인다. 64세의 교육 사업가인 샤이 레세프*Shai Reshef* 씨는 큰 생각으로 배움에 대한 관점을 혁명적으로 바꾸어놓은 사람이다. 2008년에 샤이씨는 몇 가지 통계를 분석한 결과 대학에 갈 성적이 되고, 가고 싶은 의지가 있는데도 진학하지 못하는 학생이 전 세계적으로 1억 명이나 된다는 결론을 내렸다.

무슨 문제 때문에 진학하지 못하는 것일까? 돈이 없거나 수업료가 너무 비싼 경우, 강의실이 부족해서인 경우도 있었다. 누구도 양질의 교육을 받을 권리를 박탈당해서는 안 된다는 생각을 한 그는 간단한 4단계 계획으로 이 잘못된 시스템을 뜯어고치기로 했다.

1단계: 캠퍼스를 짓는 데는 돈이 든다. 그러니 온라인 대학으로 한다. 2단계: 교수를 채용하

면 돈이 든다. 그러니 학생들을 가르칠 자원봉사자를 쓴다. 3단계: 등록하는 데 돈이 든다. 그러니 수업료를 무료로 한다. 4단계: 교재 사는 데 돈이 든다. 그러니 교재를 전자책으로 만들어 웹에 올려 무료로 보게 한다. 학생들은 시험 보는 데 드는 비용 100달러만 내면 된다.

샤이씨는 이 대학의 이름을 '사람들의 대학'University of the People이라고 지었다. 온on 스위치를 누르자마자 그의 아이디어는 대히트를 쳤다. 하버드와 뉴욕대 교수들을 비롯해 7,000여 개 대학이 자원봉사를 하겠다고 나섰다. 많은 재단에서 기부금을 보내왔고, 세계 전역에서 수천 명이 세계 최초의 비영리, 수업료가 공짜인 온라인 대학에 등록했다. 어떤 학생들이 왔을까. 십대에서부터 전업주부, 고령자, 노숙자, 시리아 난민, 인종청소에서 살아남은 사람을 비롯해 200여 개 나라에서 수많은 사람이 모였다. 하나같이 여기 아니면 대학 교육을 받을 형편이 못되는 사람들이었다.

학생 수가 1만 8,000명이 넘자 샤이씨는 학생 1억 명을 받아들일 수 있는 시스템을 갖추기로 했다. 대학 교육을 받는 것이 하나의 특권이 아니라 누구나 누릴 수 있는 당연한 권리가 되도록 하겠다는 것이다. "한 사람을 교육시키면 그 사람의 삶을 바꿔놓을 수 있습니다." 그는 이렇게 말한다. "하지만 많은 사람을 교육시키면 세상을 바꿀 수 있습니다."

모로코
푸른 도시 쉐프샤우엔

푸르고, 푸르고, 푸르고, 푸르고, 또 푸르다!

어떤 도시에 특정한 색이 띄엄띄엄 반복적으로 나타나는 경우는 더러 있다. 하지만 도시의 집들이 모두 푸른색으로 칠해져 있다면 그건 다른 이야기이다. 모로코 북부에 있는 쉐프샤우엔에 가면 매력적인 색의 조화를 보고 미소가 저절로 지어질 것이다. 높은 산봉우리 사이에 자리한 동화 같은 마을이다.

마을은 1471년 포르투갈의 침략을 방어하기 위한 성채인 카스바로 시작되었다. 이후 도시에 왜 파란색이 칠해졌는지는 정확하게 알려지지 않고 있다. 스페인의 종교재판을 피해 달아나던 유대인들이 파란색을 하느님의 신성함을 상징하는 것으로 생각했고, 1930년대부터 도시에 파란색을 입히기 시작했다는 설이 있다. 모기를 쫓기 위해 색을 칠했다는 실용적인 이유를 드는 사람들도 있다.

시작이 어찌되었건 제일 중요한 점은 천국을 의미하는 푸른색을 칠해놓음으로써 주민들로 하여금 종교적인 삶을 살도록 계속 환기시켜 준다는 사실이다. 그리고 여행 안내책자에는 잘 소개되지 않지만 도시를 에워싼 산에는 넓은 녹색의 띠가 곳곳에 눈에 띄는데, 이곳에는 대마초 재배지가 많아 현지 주민과 방문객들에게 품질이 우수한 대마를 공급해 준다. 나는 358일째에 쉐프샤우엔을 보고 이런 슬로건을 만들어 보았다.

"쉐프샤우엔! 푸른색을 보러 왔다가 녹색을 보고 반한 도시."

인도
핑크 도시 자이푸르

핑크, 핑크, 핑크, 또 핑크!

핑크처럼 달콤한 색이 어디서 주빈 대접을 받을 것이라고는 상상도 못해 봤다. 그런데 인도 북부 라자스탄주의 주도인 자이푸르에서는 이 솜사탕 핑크로 건물을 칠하도록 현지법으로 규정해놓고 있다. 구체적으로 플라밍고 분홍이 아니라 테라코타 적갈색이 자이푸르의 상징 핑크로 첫 선을 보인 것은 1876년이었다. 빅토리아 여왕의 장남인 앨버트 에드워드 웨일즈공이 이곳을 방문하던 해였다. 당시 라지푸트의 왕인 자이푸르의 마하라자 람 싱 2세는 왕위 계승자인 왕자의 눈에 들고 싶은 생각에 손님을 최고로 환영하는 뜻을 담은 핑크로 건물을 칠하라고 명령을 내렸다.

　왕자가 떠나고 난 뒤, 마하라자의 부인은 달콤한 분위기의 도시 단장이 맘에 드니 분홍색을 그대로 유지했으면 좋겠다고 했다. 그렇게 해서 핑크를 의무화하는 법이 만들어졌다. 도시를 핑크로 채색하기 1세기 전에는 도시 자체가 있지도 않았다. 불과 4년 만에 새 주도로 건설되었는데 뉴욕처럼 격자형 패턴을 채택했다.

　거리가 내려다보이는 웅장한 하와마할 궁전도 건설했다. 왕궁의 여인들이 거리의 축제를 내려다보며 즐길 수 있도록 해놓았는데, 밑에서 올려다보면 사람이 보이지 않는다. 왜 그렇게 했을까? 그렇게 하면 왕궁 여인들은 베일을 쓰지 않고도 거리의 축제를 구경할 수 있었다.

PART 5

갈등과 편견

여성 X, 히잡을 벗어던지다

몰디브, DAY 771

놀랍게도 비디오 전체의 단어가 172개밖에 되지 않았다. 그 가운데 내가 130개 단어를 말했으니 X가 말한 단어는 42개에 불과하다.* 그리고 마지막 인사 '댓츠 원 미닛, 씨 유 투모로!'That's one minute, see you tomorrow!의 6단어를 제외하면 그녀가 쓴 단어는 36개로 줄어든다.

30여개의 단어로 그토록 신랄한 독설과 저주, 증오심을 불러일으켰다는 사실을 생각하면 지금도 놀라울 뿐이다. 하지만 X를 곤경에 빠트린 건 독설이 아니었다. 문제가 된 것은 그녀가 머리를 밖으로 드러낸 10초 분량의 동영상이었다.

---

* 이 젊은 여성은 신변 보호를 위해 나스 데일리 비디오에서와 같이 이름 대신 X로 표기한다.

나는 몰디브공화국에 도착하고 6일이 지나자 곧바로 이 나라에 매료되었다. 누군들 그렇지 않겠는가? 스리랑카 남서쪽 인도양에 1,200개의 산호섬이 적도를 가로질러 화환처럼 둘러선 몰디브는 한마디로 살아 있는 천국의 모습이다. 나는 비디오에서 이 적도의 낙원을 실제로 '천국'이라고 표현했다. "몰디브에 오면 여러분은 더 나은 사람이 되어야겠다는 생각이 들 것입니다. 그래서 사후에 천국의 기분을 한 번 더 맛보고 싶을 것입니다."

내가 X를 만난 것은 이 섬에 오고 이틀째 되는 날이었다. 시내 광장에서 미트업을 갖고 촬영을 하고 있었는데, X도 우리를 보러 온 수백 명의 몰디브 젊은이들 가운데 있었다. 그곳 여성 대부분이 그런 것처럼 그녀도 전통 히잡을 쓰고 있었다. 히잡은 이슬람 신앙을 가진 많은 여성들이 쓰는 천이다. 기술적으로 보면 히잡은 머리와 어깨, 상반신을 가슴까지 가리는 베일이다. 하지만 종교적인 관점에서 히잡은 패션 액세서리 이상의 의미를 갖고 있다.

이슬람 경전 코란에는 남녀가 모두 얌전한 복장을 하도록 권하고 있는데, 히잡은 악행을 행하는 자와 선행을 행하는 자를 구분하고, 신앙인과 비신앙인을 구분하는 일종의 정신적 칸막이 역할을 한다. 하지만 코란의 내용을 조금만 더 파고 들어가 보면 드레스 코드의 일차 피해자는 여성임을 알 수 있다.

"여성은…눈을 내려 깔고 신체 부위를 감싸도록 한다." 코란은 이렇게 가르치고 한다. 특히 여성의 가슴은 반드시 감추어야 할 부위로 적시한다.

나는 무슬림으로서 히잡에 대해 아무 거부감을 갖고 있지 않다. 우리 가족의 여성들도 대부분 히잡을 쓴다. 내가 받아들이지 못하겠는 건 히잡 쓰기를

소녀 X

원하지 않는 여성들에게도 그것을 쓰라고 강요하는 것이다. 사우디아라비아, 이란, 그리고 인도네시아 일부에서는 여성들이 히잡을 쓰도록 법으로 규정하고 있다. 엄격한 무슬림 공동체에서는 직계 가족이 아닌 남성이 있을 때는 모든 여성이 반드시 히잡을 쓰도록 의무화하고 있다. 나는 히잡을 쓸 것인지 여부는 법으로 강제할 것이 아니라 본인의 선택에 맡겨야 한다고 생각한다.

다시 X 이야기로 돌아가자. 나스 데일리 미트업에서 나는 X와 함께 그녀가 쓰고 있는 히잡에 대해 이야기를 나누었다. 9개월 전 필리핀에서 만난 무슬림 여성은 자기가 쓰는 히잡에 대해 당당하게 이렇게 말했다. "히잡을 쓰면 신에게 더 가까이 간다는 기분이 들어요." 나는 X에게 그 필리핀 여성과 같은 기분을 느끼느냐고 물어보았다.

"아니에요." X는 단호하게 그렇지 않다고 했다. "나는 머리칼을 겉으로 드러내고 싶어요." X는 열세 살 때부터 히잡을 썼다고 했다. 급우들 모두 히잡으로 머리를 가리고 다녔기 때문에 자기도 똑같이 따라야 한다는 강압적인 분위기였다. 부모는 히잡을 쓰라고 강요하지 않았지만 사회 분위기가 그랬다고 했다. "히잡을 벗으면 반드시 어려움을 당하게 되어 있어요."

또한 몰디브에서는 히잡을 쓰는 게 실용적이지 못한 짓이라고 X는 말했다. 섬의 날씨는 늘 덥고, 습한 날도 많기 때문이다. 이런 기후에는 맨 피부가 제일 좋고, 피부를 천으로 덮는 것은 가급적이면 하지 않는 게 좋다.

X가 처한 딜레마가 나의 뇌리를 떠나지 않고 맴돌았다. 여기 밝고 자기 생각이 뚜렷한 무슬림 여성이 있다. 스물네 살인 그녀는 종교적인 문화에서 살고

있고, 휴대폰을 갖고 다니고 남자친구도 있으며, 결혼하면 이혼도 할 수 있다. 고대 종교인 이슬람이 시대 변화에 맞춰 사람들에게 허용해 준 모든 자유를 다 누리고 산다. 하지만 히잡을 벗는 것은 자유가 아니라 반항으로 받아들여진다. 그에 따르는 신상의 위험을 각오해야 하는 반항적인 행위로 간주되는 것이다.

"사람들이 그 일로 나를 행실이 좋지 않은 여자라고 단정해 버릴까 겁나요." X는 이렇게 말했다. "하지만 정말 벗고 싶어요." 나는 X에게 나스 데일리를 위해 카메라 앞에서 히잡을 벗어 보겠느냐고 물었다. 나는 그녀에게 히잡을 벗으면 얼굴은 니캅으로 가리고 이름도 밝히지 않겠다고 했다. 니캅은 눈만 내놓고 얼굴을 통째로 가리는 이슬람 두건이다. 촬영 배경도 어딘지 알 수 없도록 처리해서 신변을 확실히 보호해 줄 것이라고 안심시켰다. 또한 온라인에 안 좋은 말들이 많이 올라올 것이라는 점도 미리 경고해 주었다.

"좋아요." X는 이렇게 대답했다. "한번 해보겠어요."

그렇게 해서 우리는 작업을 시작했다.

기술적인 면에서 촬영은 크게 복잡한 문제가 아니었다. 청록색 니캅으로 얼굴을 가린 X가 정면의 카메라를 주시하는 장면으로 시작된다. 뒤편에는 연녹색 몰디브 숲 일부가 자리하고 있다. 특별한 일이 없다면 예쁜 이미지이다.

X는 카메라를 보고 자신의 이야기를 이야기했다. 카메라는 그녀가 해변을 걷고 휴대폰으로 통화하는 장면을 뒤따라가며 보여주었다. 그리고 그녀가 턱 밑으로 손을 넣어 니캅 단추를 끄르는 장면을 줌인 했다.

마침내 그녀는 우아한 동작으로 니캅을 벗어내고 풍성한 검은색 머리칼을 처음으로 드러냈다. 길고 윤기 있는 머릿결을 보고 놀랐다. 너무도 아름다웠다. X가 한 손으로 머리칼을 쓸어넘기는 모습을 측면에서 보여주었다. 얼굴은 끝까지 보여주지 않았지만 볼이 미세하게 올라가는 것을 보고 여러분은 그녀가 웃고 있다는 사실을 알 수 있을 것이다.

촬영을 마치고 나서 나는 용기를 내주어서 고맙다고 감사인사를 했다. 우리는 전화번호를 주고받으면서 서로 연락하고 지내자고 했다. 호텔로 돌아와 비디오를 편집하며 내 목소리를 얹었다. 강조하고 싶은 한 토막을 다음과 같이 추가하는 것으로 스크립트를 끝냈다.

"다른 많은 여성들과 마찬가지로 신앙심이 그렇게 깊지 않은 어느 여성의 이야기입니다. 그녀는 단지 머리칼을 드러내고 싶었을 뿐입니다."

아침 7시 정각에 비디오를 포스팅했다. 보통의 경우에는 포스팅하며 뷰어들에게 반응을 보내달라는 부탁을 하지 않는다. 그것은 나의 권리가 아니기 때문이다. 하지만 이번에는 조심스레 이런 부탁의 글을 남겼다.

"이것은 많은 이들에게 민감한 주제입니다. X의 경우에는 특히 더 그렇습니다. 그런 이유 때문에 그녀의 얼굴을 가리고 신원을 밝히지 않았습니다. 여러분이 많은 코멘트를 보내주실 것으로 확신합니다. 한 가지 부탁은 코멘트를 보내실 때 예의를 갖추고 정중한 태도를 지켜달라는 것입니다."

곧바로 반응이 올라오기 시작했다. 초반에만 9,000건이 넘는 코멘트가 쏟아져 들어왔다. 지지하는 표현들이 많은 것을 보고 일단 안심이 되었다. "하이, X." 치치라는 이름의 아프리카 여성은 이렇게 썼다. "자기가 겪은 일을 말하면서 자기 신분을 밝히지 못하는 것을 보니 마음이 아프네요. 당신을 모르지만 나는 당신을 사랑하며, 당신을 포함해 당신 같은 어려움에 처한 모든 여성들이 자유롭게 자신이 원하는 삶을 살 수 있게 될 것이라고 믿어요. 애정을 담아. 나이지리아에서 XO가 보냄."

하지만 응원과 좋은 분위기는 오래 가지 않았다. 자신의 신앙을 부정했다며 X를 비난하는 이들이 나오고, 이슬람 관습을 두둔하는 이들도 있었다. 처

음 비디오를 만들기 시작할 때의 본분으로 돌아가라는 말들이 많았다. "종교는 당신의 작은 두뇌로 이해하기에는 너무도 심오한 주제입니다." 어떤 남자는 이렇게 포스팅을 올렸다. "이 비디오를 통해 당신의 색깔을 분명하게 드러냈군요. 당신이 이보다는 훨씬 더 괜찮은 사람일 것으로 생각했는데."

아픈 말이었다. 나보고 이런 특별한 주제를 다룰 자격이 없다고 비난하는 것은 비열한 짓이었다. "여행 비디오나 만들어라." "종교 문제에는 끼어들지 말라." 터무니없는 소리였다. 나는 무슬림이며 아랍인이다. 불과 사흘 전 몰디브에서 사람들이 흔히 모르고 지나가는 우아한 라마단 풍습에 대해 소개하는 다음과 같은 비디오를 올렸다.

"우리 모두 한번 생각해 봅시다." 나는 이렇게 말했다. "거의 20억에 달하는 사람들이 이번 달에는 모두 더 나은 사람이 되기 위해 노력하고, 겸손과 인내에 대해 배우고, 배고픔과 가난한 사람들의 아픔을 공감하려고 노력합니다. 이 것은 무슬림 문화의 큰 부분을 차지합니다만 아쉽게도 사람들로부터 주목을 받지 못하고 있습니다. 언론이 나쁜 면만 부각하기 때문입니다. 하지만 전 세계 인구의 24퍼센트가 라마단을 축하합니다. 여기에 동참하도록 합시다."

그런데 이런 말도 안 되는 욕을 먹고 있다니. 하지만 부정적인 코멘트들에 대한 나의 개인적인 분노는 X의 안전에 대한 걱정에 비하면 부차적인 것이었다. 우려했던 대로 몇 주 뒤 언론이 용케 그녀가 사는 섬이 어딘지 알아냈고, 그녀에 대한 괴롭힘이 시작됐다. 경찰이 그녀의 엄마를 조사하고, 신문들은 그녀가 섬에서 추방당할 처지에 놓였다는 등 타블로이드성 기사들을 쏟아냈다.

사태는 좀체 진정기미를 보이지 않았다. 마침내 나는 플러그를 뽑아 버렸다. 그 비디오를 차단한 것이다. 그때까지 내가 올린 비디오를 차단시킨 것은 단 한 번도 없었다. "친애하는 나스 데일리 커뮤니티 여러분." 나는 페이스북에 이렇게 썼다. "몰디브에서 올린 이 비디오를 차단하게 되어 너무도 가슴이 아픕니다. 여기 등장하는 사람을 보호하기 위해서입니다. X가 안정을 되찾도록 응원하는 코멘트를 올려주시기 바랍니다. X가 자신이 패배했다는 기분이 아니라 격려 받고 있다는 기분을 가질 수 있도록 부디 응원해 주십시오."

수백 통의 코멘트가 새로 쏟아져 올라왔다. 대부분은 긍정적인 내용이었다. 증오의 메시지는 마침내 수그러들었다. 몰디브에서 며칠 더 촬영한 뒤 스리랑카로 옮겨 갔다. 그 일 때문에 겪은 서글픈 기분은 좀체 떨쳐버리기 힘들었다.

돌이켜보면 그렇게 할 수밖에 없었다는 생각이 든다. 그 비디오를 만든 것은 잘한 일이었다. 그리고 그것을 차단한 것도 잘한 조치였다. 다만 사람들이 그 비디오를 자신의 증오심을 표출하는 도구로 삼지 않았더라면 하는 아쉬움이 남는다. 나는 수시로 X의 안부를 챙겨보았고, 그녀는 잘 지내고 있었다. 그 일로 한 일주일 정도 우울한 상태로 지냈다. 그런 다음 내가 좋아하는 지혜 한 토막을 떠올렸다. 코란에서 읽은 내용이다. 그 충고를 따르기로 했다.

"용서하라. 선한 일을 행하고, 무지한 자들을 멀리하라."

NAS MOMENT

중국식 물고문 체험
- 사소한 걱정에서 벗어나자 -

간단한 실험을 하나 했다. 플라스틱 물병을 하나 가지고 와서 뚜껑에 작은 구멍을 낸 다음, 주둥이가 탁자 바깥으로 나오도록 해서 탁자 위에 눕혀 놓는다. 그리고 병의 물이 이마에 한 방울씩 떨어지도록 탁자 밑에 반듯이 눕는다. 바로 '중국식 물고문'으로 15세기로 거슬러 올라가는 고문방식이다. 이런 고문방법이 실제로 시행되었는지에 대해서는 논란이 있다. 하지만 그런 논란은 내가 실험을 한 취지와 무관하다. 나는 그 실험을 통해 사소한 압박이 반복되면서 결국에는 사람을 미치게 만드는 과정을 직접 체험해 보고 싶었다.

사소한 일들이 사람의 목숨을 위태롭게 하지는 않는다. 그런데 한 가지 흥미로운 점이 있다. 물이 한 방울씩 이마에 떨어지는 것처럼 사소하게 신경 쓰이는 일이 계속 쌓이면 마침내는 폭발하고 만다는 것이다. 작은 물방울처럼 사소한 스트레스 포인트들이 모이면 큰 힘을 발휘할 수 있다.

나도 나스 데일리를 진행하면서 이런 현상을 경험했다. 786일 동안 글을 쓰고, 촬영하고, 편집하고, 영상을 포스팅하고 나니 신경이 한계에 도달하기 시작했다. 2년 넘게 매일 비디오를 한 편씩 만들어 올린 것이다. 아주 사소한 일에도 신경이 곤두섰다. 컴퓨터 바탕화면에 비디오 파일이 너무 많이 깔려 있어 원하는 파일을 찾기가 힘들었다. 컴퓨터 자판의 'i'자가 잘 먹히지 않아서 망치로 두드리는 것처럼 세게 쳐야 글자가 먹혔다. 그리고 편집 소프트웨어의 작동이 거북이처럼 느려 터졌다.

알린도 이런 사정을 해결하는 데 도움이 안 된다. "자기야, 여기서 사진 찍어줘." 그녀는 거리를 함께 걸어가다가 이렇게 말한다. 물론 인스타그램에 올리기 위해 사진 한 번 찍어달라고 하는 게 짜증스러운 일은 아니다. 하지만 조금 더 가다가 또 찍어달라고 하고, 계속 그렇게 요구하면 이야기는 달라진다. 상대를 짜증나게 만드는 건 나도 다르지 않다. 함께 버스를 타고 서서 가다가 그녀의 발을 밟았다고 치자. 한 번 밟고 마는 건 문제가 안 된다. 밟힌 줄 모르고 지나칠 수도 있다. 하지만 매일 네댓 번씩 계속 그렇게 밟아댄다고 치자. 그녀도 더 이상 못 참고 나를 발로 찰 것이다. 당연한 짓이다.

똑, 똑, 똑… 나는 물병 실험을 불과 몇 분 만에 중단하고 말았다. 하지만 실험을 계속하더라도 30분 이상은 더 견디지 못하고 벌떡 일어나서 소리를 지르며 물병을 벽에다 집어던져 버렸을 것이다. 물방울은 스트레스를 계속 쌓이게 만든다! 이 실험을 통해 나는 다음과 같은 교훈을 얻었다. 지금 이 순간 실제로 탁자 밑에 반듯이 누워서 이마에 물방울을 떨어뜨리고 있는 사람은 없을 것이다. 하지만 우리 가운데 많은 이들이 매일 매일 스트레스를 그처럼 한 방울씩 계속 받고 있다. 어쩌면 폭발하기 일보전의 상황에 내몰려 있을지도 모른다. 그리고 이처럼 반복적으로 자신을 괴롭히는 일들을 자신도 어쩔 수 없다고 생각한다. 사실은 어쩔 수 없는 게 아니라 쉽게 바로잡을 수 있는 일들이다. 10분만 투자해 컴퓨터 바탕화면의 파일을 정리하고, 자판도 고치면 된다. 매일 사진을 찍어 인스타그램에 올리는 것도 잠시 쉬고, 다른 사람의 발을 밟는 것도 조심하면 된다. 이런 사소한 짜증거리들을 줄여 나가면 직장, 돈, 가족, 사랑 같은 우리 삶에 진짜 중요한 문제들에 더 집중할 여력이 생긴다. 나는 비디오를 마치며 이런 문구를 자막에 넣었다. 시청자들이 보라고 쓴 글이지만 실은 나 자신에게 한 말이었다.

'큰일에 집중하자. 사소한 일에 발목 잡히지 않도록 조심하자.'

남태평양까지 진출한
이슬람 무장세력

필리핀, DAY 492

질문을 하나 던져 보자. 어떤 사람이 지금 문밖에 서서 문을 두드리며 이렇게 소리친다. "우리는 ISIS입니다. 지금 바로 이 도시를 접수합니다." 당신은 어떻게 할 것인가? 문을 쾅 닫아 버릴 것인가? 아니면 "어서 오십시오. 코트를 걸어 드릴까요?"라고 반길 것인가? 아니면 어떻게 해야 할지 아무 생각이 안 날 것인가?

사실 이것은 다소 이상한 이유로 내가 많이 생각한 질문이다. 나는 늘 이슬람 무장단체 ISIS이라크 레반트 이슬람 국가 같은 테러리즘의 부상에 대해 궁금한 점이 많았다. 이렇게 잔혹하고 이토록 파괴적이고 야만적인 단체가 어떻게 특정 지역에서 당당하게 근거지를 차지할 수 있었을까? 왜 이런 일이 일어나는가? 어째서 이런 일이 일어나는가? 그리고 가장 궁금한 것은 이들이 어떤 영향

을 미칠 것인가 하는 질문이었다.

　어려운 질문이다. 세계를 여행하면서, 특히 분쟁지역을 여행할 때는 늘 이 문제가 마음 한구석을 누르고 있었다. 마치 마음에 포스트잇 쪽지를 붙여 놓은 것처럼 이 질문이 생각났다. 나스 데일리는 인간을 다루는데 테러리즘은 인간의 가장 어두운 면을 보여준다. 그래서 나는 어쨌든 이 주제를 다루지 않을 수가 없었다.

　하지만 어떻게 한단 말인가? 어떤 도시에 찾아가 안내책자를 들고 레스토랑과 박물관 사이 어디쯤에 있는 테러리스트 본거지를 찾아갈 수 있는 게 아니지 않은가. 우선 어떤 사태가 일어나기까지 기다려야 했다.

2017년 8월에 그런 일이 일어났다. ISIS 전사들이 필리핀 마라위를 점령한 것이다. 이름에 포함된 '스테이트'국가라는 단어 때문에 일반에 잘못 알려진 것과 달리 ISIS는 '국가'가 아니다. 국가가 아니라 마음상태state, 추한 이데올로기를 가리키는데, 불행하게도 그들이 내세우는 강력한 증오심이 시리아와 이라크에서 수천 명을 감염시켰다. 2017년 그해 여름, ISIS는 자신들이 내세우는 미친 폭력주의가 1만 3,700킬로미터를 건너 지구 반대편 남태평양까지 옮겨갈 수 있음을 보여주었다.

내가 마라위로 간 것은 이런 연유에서였다. ISIS를 가까이서 보기 위해 간 것이다. 내가 탄 비행기는 482일째 되는 날 니노이 아키노 국제공항에 착륙했다. 처음 필리핀에 오고 7개월 만에 다시 온 것이었다. 기술적으로 말하면 필리핀에 간 것은 여러 달째 설립 준비를 하고 있는 미디어 회사 관련 일 때문이기도 했다. 동료 몇 명과 함께 갔는데 처음으로 괜찮은 가격의 숙박시설에 묵었다.

마닐라 시내 중심가에 있는 멋지고 작은 호텔에 여장을 풀고, 조금 떨어진 곳에 작고 깨끗한 사무실을 하나 빌렸다. 샌프란시스코에서 빌린 좋지도 않은 에어앤비 사무실에 비하면 매우 저렴한 가격이었다. 왜 많은 미국 기업들이 해외사업을 벌이는지 단번에 이해되기 시작했다. 그러던 중에 아는 친구가 전화를 걸어와서 남으로 800킬로미터 떨어진 마라위시에서 벌어지는 전투에 대해 알려주었다.

ISIS가 도시를 장악한 배경은 복잡했다. 우리가 찾아갔을 때 마라위에서는

📍 포위공격 당하는 마라위

치열한 전투가 벌어지고 있었다. 필리핀 당국과 급진 이슬람 테러리스트들 사이에 5개월째 충돌이 계속되어 왔다. 필리핀 지하드도 ISIS에 충성을 맹세했다. 이들은 3개월 전 이 도시를 공격해 점령했다. ISIS의 검은 깃발을 시청사에 내걸고, 평화로운 필리핀 중심부에 이슬람 국가를 건설하겠다고 호언했다. 이전에 ISIS에 관한 글을 읽었을 때는 반사적으로 이라크와 시리아만 생각났다. 폭력과 증오가 남태평양으로까지 번지리라고는 추호도 생각하지 못했다. 마라위를 둘러싼 전투는 필리핀 현대 역사상 가장 장기간의 시가전이었다.

마라위를 찾아가기로 한 것은 위험한 도박이었다. 포위공격이 진행되는 동안 수백 명의 테러리스트 게릴라들이 주택과 병원을 약탈하고 파괴했다. 가톨

릭 성당, 초등학교, 대학에 불을 지르고, 심지어 그곳의 사제와 신도들을 인질로 잡았다. 기독교들을 심문하고, 이슬람 코란을 암송하지 못하는 이들을 처단하기도 했다. 전 같았으면 이런 곳에 절대로 가지 않았을 것이다.

그러나 이번 여행은 나에게 매우 중요했다. 내가 만드는 비디오는 사람들에게 행복감을 안겨 주고 있었다. 하지만 나는 나스 데일리가 단순히 볼거리를 찍는 드론 샷이나 짤막한 관광용 안내문구 이상의 의미를 갖도록 하고 싶었다. 마라위에 사는 필리핀 주민들이 고통 받고 있었다. 나는 그 사람들의 이야기를 인터넷 검색에 등장하는 임의로 가공된 기사들과 달리 비주얼 위주로 보여주고 싶었다.

친구 제이에게 연락해서 함께 가겠다는 승낙을 받아냈다. 필리핀군의 협조를 받아 취재허가를 받은 다음 남부 오자미스 시티로 향하는 비행기에 올랐다. 그곳에 도착해서 방탄조끼를 입고 택시로 검문소를 여러 번 통과하며 두 시간을 달려 마라위에 도착했다. 지평선에는 공습이 남긴 포연이 피어오르고, 총성이 요란하게 허공을 울렸다. 그때까지 나스 데일리 카메라 앞에서 말한 게 500번이 넘었다. 그런데도 이상하게 이번에는 남의 눈이 신경 쓰였다. 혹시라도 생지옥 같은 아프가니스탄의 무력충돌 최전선에라도 간 것처럼 허풍을 떠는 핫도그 블로거로 비치고 싶지는 않았다. 실제로 나는 비교적 안전한 곳에 있었기 때문이다. 제이와 나는 필요한 안전수칙을 따라 정부군이 통제하는 안전지대에 있었다. 그러면서 한편으로는 비디오가 위험하게 보일 것이라고 생각했다. 실제로 위험했기 때문이다. 총탄이 날아다녔고, 혹시라도 유탄에 맞지 않도록 신경을 써야 했다.

내가 느끼는 감정을 시청자들에게 제대로 전달하기 위해 신경을 썼다. "지금 이렇게 고생하는 것은 조회수를 높이거나 '좋아요'를 기대해서가 아닙니다. 1분짜리 비디오를 만들려고 온 것도 아닙니다." 나는 이렇게 말했다. "우리가 이곳에 온 것은 전투가 벌어지는 곳에서는 종종 이야깃거리가 만들어지기 때문입니다. 고난과 희생, 사랑과 평화에 관한 이야기가 만들어집니다. 그리고 여러분에게 이곳에서 진짜 어떤 일이 벌어지고 있는지 그 실상을 어렴풋이나마 보여드리고 싶습니다. 어쩌면 아무 희망도 없어 보이는 이곳에서 약간의 희망이라도 찾아볼 수 있을지 모릅니다. 우리에게 행운이 함께하기 바랍니다."

마지막 대목은 과장해서 말한 게 아니다. 마라위에 온 지 이틀째 되는 날, 정부군은 ISIS의 외곽 진지들을 공습하고 총격전을 벌였다. 우리는 이런 장면을 빠짐없이 카메라에 담았다. 거리를 지나가 보니 포위작전 때 입은 피해상황이 생생하게 눈에 들어왔다. 한때 무슬림 밀집지역이던 곳이 유령의 도시가 되어 있었다. 도처에 버려진 집들이 보이고, 인적 없는 거리에는 탄피가 널려 있었다.

총격전으로 많은 사람이 집을 잃고 목숨을 잃었다. 그게 가장 가슴 아팠다. 평화롭게 살던 18만여 명의 필리핀 주민이 집을 버리고 피난길에 오르거나 목숨을 잃었다. ISIS를 좋아한 적도 없고, 도시를 파괴해 달라고 이들을 불러들이지도 않은 사람들이다.

ISIS는 정말 놀랍도록 악착같이 싸웠다. 하지만 이들과 맞서 싸우는 사람들 역시 강철 같은 의지로 무장하고 있었다. 마라위에서 이틀째 되던 날 61살의 무

슬럼 부족 지도자인 노로딘 루크만씨를 만났다. 정치인인 그는 불과 몇 개월 전에 놀라운 방식으로 마라위 포위작전의 조준선 안으로 밀려들어와 핵심적인 역할을 맡게 된 인물이다.

그는 최초로 전투가 벌어졌을 때 이곳에 있는 자기 집에 있었다. 무슨 일인지 알아보려고 집밖으로 뛰어나왔더니 목수와 공사 인부 등 남성 몇 명이 근처 공사장에서 일하고 있었다. 그는 위험을 감지하고 그 사람들과 자기 집 일꾼들을 모두 안전한 집안으로 불러들였다. 집안으로 들어온 사람들을 세어 보니 모두 74명이었는데, 그 가운데 44명은 기독교도들이었다. 집밖으로 나가면 분명히 살아남지 못할 것 같은 상황이었다.

그는 하루 이틀 지나면 전투가 잠잠해질 것이고, 그때 모두 안전한 곳으로 피신하면 될 것이라고 생각했다. 하지만 총성은 계속되었고, 12일이 지나면서부터 절망적인 생각이 들기 시작했다. 음식과 필요한 물품은 나누어 주고 있었지만 마실 물이 떨어져 가고 있었다. 조만간 물이 바닥날 것이 분명했다. 설상가상으로 이웃사람들도 남녀노소 할 것 없이 피난처를 찾아 그의 집으로 모여들었다. 그는 만일의 경우 기독교도들이 안전하게 도망칠 수 있도록 그들에게 무슬림이 알라를 찬양할 때 쓰는 말인 '알라후 아크바르'를 가르쳐주었다. '신은 위대하시다'는 뜻이다.

동틀 녘에 이들은 그의 집을 떠나 다른 현지 정치인의 집으로 피신했다. 수십 명의 기독교도들이 그 집에 먼저 피신해 있었다. 노로딘씨는 144명의 주민을 이끌고 마라위 중심가를 통과해 지나갔다. 거리에는 교전 중에 죽은 사람들의 시신이 썩어가고 있었다. 여성들은 머리에 히잡을 쓰고, 남성들은 어린이들을 데리고 있었기 때문에 지붕 위에 숨어 웅크리고 있는 저격수들을 아무도 보지 못했다. 어쨌건 그가 이끄는 기독교도들은 무사히 목적지에 도착했다. 마지막 검문소를 지키는 민병대원이 마을의 존경받는 무슬림 지도자인 그를 알아보고 일행을 통과시켜 준 덕분이었다.

용기와 동정심이 뒤섞이고 숨이 멎을 듯이 긴장되는 이야기이다. 노로딘이 용감하게 이들을 구출해낸 것은 영웅심에서 한 행동이 아니었다. 메카와 카이로에서 공부한 이슬람 학자인 그는 모든 사람의 목숨이 똑같이 소중하다는 이슬람 교리에 충실했을 뿐이라고 했다.

📍 **노로딘 루크만**

"코란은 다른 종교를 믿는 사람들도 똑같은 인간으로 대우해서 보호해 주라고 가르칩니다."라고 그는 나에게 말했다. "신앙 안에서는 무슬림과 기독교인이 한 형제라고 배웠습니다."

이튿날 마닐라로 돌아오고 나서 나는 보고 들은 내용을 어떤 식으로 프레임을 짤지 많이 고민했다. 놀랍게도 최종 결론은 '나는 전장에서 웃었다'I Smiled at War라는 이름으로 비디오를 만들어 포스팅하기로 했다. 말재주를 부리는 것이 아니고, 희화화하려는 것도 아닌데 그렇게 결론이 내려졌다. 마라위는 여러 가지 면에서 나를 놀라게 했다.

"전쟁지역에 들어가면 웃을 일은 없을 것이라고 생각했습니다." 나는 이렇게 방송을 시작했다. "하지만 전투 한가운데 들어가 있어도 웃을 일은 늘 있었습니다. 등뒤에서 폭음이 울리고 도시 위로 포연이 솟아올랐습니다. 그런 장면을 보면서 800미터쯤 걸어 현지 대학에 들어가 보니 학생 수백 명이 신학기 등록을 하려고 줄을 서서 기다리고 있었습니다. 전쟁 중에도 교육을 받겠다는 학생들의 열의는 강렬했습니다. 그걸 보며 나는 미소를 지었습니다.

니캅을 쓴 여학생들도 많았습니다. 무슬림 여성들도 배움의 대열에 합류한 것입니다. 그걸 보니 웃음이 났습니다. 얼굴을 가리고 있었지만, 드러난 눈가의 잔주름을 보니 학생들도 웃고 있었습니다. 대학 총장을 만났더니 그 다음 주에 개강할 예정이라고 합니다. 우리는 함께 웃었습니다. 마라위는 전쟁에 의해 사실상 도시 전체가 완전히 파괴되다시피 했습니다. 하지만 바로 그렇기 때문에 이곳 사람들의 이야기를 우리가 함께 나누는 것이 중요합니다. 나는 전쟁의 참

📍 마라위를 탈환한 정부군

화로 찢겨진 이곳에 ISIS 전사 한 명 당 평화롭게 살기를 바라는 주민 1만 명이 있다고 확신합니다."

비디오를 페이스북에 올리자 긍정적인 반응이 압도적으로 많았다. 텍사스에 사는 알레나라는 대학생이 보내온 반응은 그중에서도 가장 기억에 남는다. "멋진 비디오를 보여주어서 감사합니다." 그 여학생은 이렇게 썼다. "이 비디오가 내 눈을 뜨게 했습니다. 그리고 사람을 보는 나의 시각을 바꾸어 놓았습니다."

내가 떠나고 8주가 채 안 되어 마라위에서 전쟁은 끝이 났다. 정부군이 이긴 것이다. 최종 사망자 수는 반군 민병대 978명, 정부군 168명, 민간인 87명이었다. 도시는 재건되고 있고, 노로딘씨는 전쟁영웅이 되었다. 대학은 계속 문을 열어놓고 있고 평화가 찾아왔다.

📍 시리아 난민이 입고 온 구명조끼를 산더미처럼 쌓아놓았다. 레스보스, 그리스

이민자를 보는 고정관념

지중해, DAY 736

다음에 소개하는 이야기는 지중해에 있는 어느 작은 도시를 찾아갔을 때 내가 당한 일이다. 어느 나라인지는 중요하지 않다.

동료 아곤과 함께 휴대폰 가게 안으로 걸어 들어가 기다리는 사람들 뒤에 줄을 섰다. 그때 남성 한 명이 우리 뒤에서 비틀거리며 나타나더니 내 쪽으로 다가왔다. 술에 취한 듯이 보였고, 아곤은 우리 두 사람을 카메라에 담기 시작했다. 무슨 일이 일어날 것 같은 예감이 들었기 때문이다.

그 남자는 나보고 어디서 왔느냐고 물었다.

"이스라엘, 팔레스타인, 그리고 미국에서 왔어요." 나는 이렇게 대답했다. 가능한 한 무심한 척하려고 애썼지만 별 소용이 없었다. 내 대답에 그 남자는 버럭 화를 냈다. 엄청나게 화를 내며 서툰 영어로 고함을 지르고 양팔을 위협적으로 마구 휘저었다.

"퍽유!"Fuck you 그는 이렇게 소리를 질렀다. "예스, 퍽유!" 그는 우리에 갇힌 한 마리의 사자처럼 가게 안을 마구 왔다 갔다 했다. 또 욕설을 하며 나한테 다가왔고, 손가락으로 내 얼굴을 찌를 것처럼 들이댔다.

"이자는… 팔레스타인 놈이야!" 그는 아곤의 카메라를 정면으로 마주보고 한 손으로 나를 가리키며 이렇게 소리쳤다. "나는 리비아 사람. 가다피. 가다피!"

무아마르 가다피의 이름을 언급하면서 그는 한 손가락으로 자기 가슴을 쿡쿡 찔렀다. 그러다 갑자기 아곤에게서 떨어져 곧바로 나한테로 다가오더니 한쪽 팔을 뒤로 쭉 뺀 다음 주먹을 쥐었다.

아곤은 촬영을 멈추고 나를 보호하기 위해 싸움에 합세할 준비태세를 갖추었

"남자는 비틀거리며 가게 안으로 들어오더니 곧바로 나에게 다가왔다."

다. 나는 펀치가 날아올 것에 대비했다. 그 남자는 끝내 나를 때리지는 않고 대신 몇 마디 더 쌍소리를 지른 다음 문을 열고 비틀거리며 나가 버렸다. 얼마 뒤 경찰이 도착했다.

그 남자가 이민자였는지는 장담할 수 없지만 사람들이 싫어하는 이민자의 인물상과 정확히 일치한다. 그는 위험한 인물이었다. "이민자들이 너를 해칠 거야." 우리는 이런 경고를 받는다. "그러니 그 사람들을 보면 조심하는 게 좋아."

그 말이 사실이라는 점은 나도 인정한다. 그 남자가 위협할 때 나는 겁이 났다. 나를 공격하려고 몸을 꼬았고, 얼굴에는 분노의 표정이 가득했다. 그 순간에는 나도 이민자들을 증오했는데, 나도 이민자이기 때문에 그건 슬픈 일이었다.

가장 위험한 게 바로 이런 현실이다. 그 남자만 위험한 게 아니다. 나도 위험하고 우리 모두가 위험한 존재이다.

우리는 그 남자를 보며 이렇게 말한다. "저자들은 하나같이 똑같아! 저자들이 왜 우리를 위협하는 거야? 우리가 저자들한테 무얼 잘못했는데? 저자들은 발도 못 붙이게 모조리 막아야 돼!" 이런 말을 자꾸 하면, 실제로 이 말이 사실이라고 점점 더 확신하게 된다. 일단 믿기 시작하면 그 믿음은 점점 더 확고해진다. 이 음습한 주기는 계속 번져나가서 마침내 휴대폰 가게의 그 술 취한 남자뿐만 아니라 모든 이민자들을 우리의 적으로 만든다. 난민, 전쟁의 피해자들, 정착할 곳이 없어 떠도는 사람들 모두를 우리의 적으로 삼게 되는 것이다.

"이민자들은 우리나라에 해로운 존재들이다!" 정치 지도자들은 이렇게 말한

📍 세상은 이민자들의 손에 의해 건설되었다.

다. "이민자들은 우리의 일자리를 빼앗고, 우리가 먹을 음식을 빼앗고, 우리의 목숨을 앗아간다. 무엇보다도 이들은 우리 경제에 피해를 준다!"

우리 경제에 나쁘다고? 미국을 건설한 건 이민자들이다. 미국뿐만이 아니라 전 세계 수많은 나라를 이민자들이 건설했다. 입국 금지와 강제추방, 그리고 가족을 갈라놓는 등 전 세계가 이민자들에게 적대감을 쏟아붓지만 이들은 지금도 우리 경제의 엔진 역할을 담당하고 있다.

이민자들이 여러분이 점심시간에 먹는 샌드위치를 만든다.

이민자들이 여러분이 묵을 호텔방의 체크인을 도와준다.

이민자들이 여러분이 먹는 딸기를 딴다.

이민자들이 여러분이 쓰는 제품을 조립한다.

이민자들이 여러분의 사랑하는 자녀들을 돌봐준다.

이민자들이 여러분이 사용하는 첨단기계를 발명한다.

그리고 여러분이 읽고 있는 책을 배달하는 사람도 어쩌면 이민자일지 모른다.

이민은 진보냐 보수냐의 문제가 아니라 인간에 관한 문제이다. 나는 전 세계적으로 인적 희생이 이민자들에게서 집중적으로 일어나는 것을 너무나 많은 곳에서 목격했다.

내전에서 죽음을 피해 그리스로 도망쳐 나온 시리아 난민들이 타고 온 배, 그리고 이들이 해안에 버린 구명조끼를 한데 모아 산더미처럼 쌓아놓은 것을 보았다. 이들이 살고 있는 난민 캠프와 이들의 잃어버린 가족사진을 보았다.

나는 이들을 온라인으로 만나고 직접 만나기도 했다. 집으로 찾아가서 만나고 은신처에서도 만났다. 내가 보기에 이들이 원하는 것은 자기들의 삶을 살고 싶다는 것이다. 하지만 그날 해변에 자리한 그 작은 도시의 휴대폰 가게에서 나는 이민자들이 무섭다는 생각이 들었다. 이민자 모두가 무서웠다. 나와 같은 처지의 사람들이 무서워진 것이다. 바로 그 남자 한 명 때문에 그런 생각이 들었다.

세상일이란 게 늘 이런 식으로 돌아간다. 남자 한 명이 모두를 망치는 것이다. 우리는 온정신과 카메라, 그리고 증오를 이 남성 한 명에게 집중시켰다. 전 세계에 흩어져 있는 다른 이민자들은 안중에도 없었다. 원하는 것은 그냥 평화롭게 사는 것일 뿐인 다른 이민자들은 무시했다.

그 남자 하나만 눈에 들어왔다. 우리가 그렇게 만든 것이다.

필리핀
당당하게 니캅을 쓰는 여인

필리핀의 마라위 여행 때 알리샤를 만났다. 그곳을 찾은 목적은 ISIS를 가까이서 보기 위해서였다. 테러 지역에서 4.5킬로미터 떨어진 곳에 대학이 하나 있다는 말을 그곳에서 들었다. 위험 지역임에도 불구하고 대학은 문을 닫지 않았다고 해서 찾아가보기로 했다. 캠퍼스를 둘러보고 있는데 누가 나를 보고 이렇게 소리쳤다. "당신 비디오 잘 보고 있어요!" 그녀가 바로

알리샤였다. 나는 깜짝 놀랐다. 니캅을 쓰고 이렇게 당당한 여성은 한 번도 본 적이 없었다. 니캅은 머리와 얼굴까지 모두 가리는 전통 이슬람 여성 복장이다.

다행스럽게도 그녀가 하는 말을 방해할 만한 남성 동행자가 없었기 때문에 우리는 이야기를 나눌 수 있었다. 알리샤는 37세이고 미혼이라고 했다. 미혼처럼 보였다. 그녀는 직장이 그 대학이고, 놀랄 정도로 개방적인 생각을 갖고 있었다. 게이 친구도 있다고 했다.

그녀는 니캅을 쓰면 신에게 더 가까이 다가가는 듯한 기분이 들고, 삶을 단순하게 만들어주어서 좋다고 했다. 이런 말도 했다. "다른 사람에게 예쁘게 보이려고 화장을 하지 않아도 되니 좋잖아요." 많은 서구인들처럼 나도 니캅이 여성을 억압하는 것으로 생각한다. 알리샤는 그렇게 생각하지 않는다고 했다. "사람들이 내 권리를 위해 싸운다는 것을 압니다. 하지만 내 권리는 이걸 쓰는 것입니다. 내가 선택한 것이에요."

미국
검소과학의 결실, 1달러짜리 현미경

가난한 나라에 살며 마을에 흐르는 개울물을 식수로 쓴다고 치자. 개울물은 수백만 마리의 박테리아, 바이러스를 비롯한 온갖 괴물 같은 세균에 오염돼 있을 가능성이 높다. 오염 여부를 확실히 판별하려면 2,000달러짜리 현미경으로 들여다보아야 하는데, 그건 엄두도 못 낼 일이다. 그러면 어떻게 해야 하나? 스탠포드대의 천재 교수들인 마누 프라카쉬*Manu Prakash*와 짐 시불스키*Jim Cybulski*를 검색해 보라. 두 사람은 미생물을 실제 크기보다 2,000배 확대할 수 있는 현미경을 발명해 냈는데, 제조단가는 단돈 1달러밖에 안 된다.

'검소과학'*frugal science*이라는 새로운 분야를 개척한 이들은 저개발국가들에 값싼 과학도구를 보급하는 캠페인을 벌이고 있다. 접는 현미경이라는 뜻의 이 폴드스코프*Foldscope*는 대부분 종이로 만드는데 조립과정이 무척 재미있다. 어릴 때 해본 종이 장난감 접기와 비슷하다.

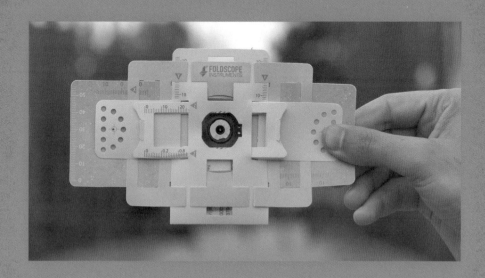

일단 조립해서 포켓 사이즈의 종이 현미경이 만들어지면, 이것으로 우유에 들어 있는 박테리아나 곡물에 들어 있는 기생충을 비롯해 완전히 새로운 세상을 구경할 수 있다.

폴드스코프는 플라스틱 코팅을 한 고강도 종이 재질로 만들기 때문에 부서지지 않는 장점이 있다. 두드리거나 그 위에 물을 엎질러도 작동하고, 건물에서 집어던져도 끄떡없다. 제작비가 1달러로 너무 싸기 때문에 마누 교수와 짐 교수는 50만 개를 제작해 전 세계에 보급했다. 마누 교수는 내게 이렇게 말했다. "오늘 아침에 일어나 보니 내 핸드폰에 인도의 어떤 마을에서 어린이들이 이 현미경을 들여다보는 사진이 들어와 있었어요. 요즘은 이런 일이 매일 일어납니다."

가난한 오지에서 일하는 의사들은 이 폴드스코프를 이용해 광견병이나 말라리아 같은 질병으로부터 사람들을 지켜주고 있다. 짐 교수는 그런 게 바로 폴드스코프에게 맡겨진 가장 중요한 임무라고 말했다. "전 세계 모든 사람들이 과학을 접하고, 그 혜택을 누릴 수 있도록 하는 게 중요합니다. 이제는 누구라도 소우주를 탐구할 수 있게 되었습니다."

세이셸 제도
세상에서 제일 큰 엉덩이 야자!

프래슬린은 아름다운 세이셸 제도에서 두 번째로 큰 섬이다. 18세기에 해적들은 노획물을 숨겨두는 은닉처로 이 섬을 이용했다. 그로부터 3세기가 지난 지금 이 섬에는 다른 종류의 귀중품이 있다. 바다 코코넛으로 불리는 큰열매야자를 말하는데, 사람들이 쉽게 부르는 이름은 '버트 넛'*butt nut*이다. 크기가 사람 엉덩이 만하다고 붙인 이름이다. 이 섬이 원산지이고 사람 머리보다도 더 큰데 생김새는 사람 엉덩이 비슷하다. 버트 넛은 직경 50센티미터까지 자라기 때문에 식물계에서는 가장 큰 씨앗으로 통한다. 무게도 최고 50킬로그램까지 나간다. 버트 넛이 자라는 곳은 지구상에서 프래슬린섬과 큐리어스섬뿐이다. 둘 다 세이셸 제도에 있는 섬이다. 맛이 어떨지 궁금하지만 너무 희귀한 식물이라 열매를 먹는 게 법으로 금지돼 있다.

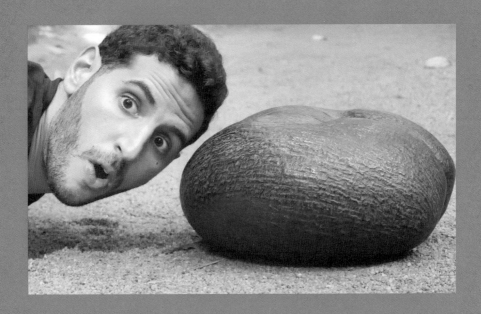

일본
생선 한 마리에 2만 달러

나는 먹는 걸 좋아한다. 나스 데일리를 진행하면서 많은 현지 음식을 맛보았다. 에티오피아의 양고기 스튜에서부터 필리핀이 맥도날드에 대항해 만든 토종 패스트푸드점 졸리비*Jollibee*의 메뉴에 이르기까지 다양하다. 그래서 일본에 가자마자 나는 곧바로 스시집으로 달려가 일주일 내내 스시만 먹었다. 하지만 어느 정도 지나자 맛있는 스시를 먹는 것만으로는 성이 차지 않았다. 왜 그렇게 맛있는지 알고 싶어졌다.

그래서 686일째 되던 날 일본 내 최대 어시장인 츠키지 수산시장을 찾았다. 1935년에 문을 연 츠키지 시장은 스시의 천국이다. 식당, 주방용품점, 소매점, 그리고 포장해서 사갈 수 있

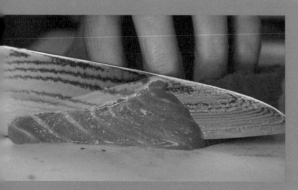

는 식품매대 등이 모여 있는 복합시장이다. 그 중에서도 정말 꼭 가보아야 할 곳은 일반인들의 출입이 제한된 '장내 시장'*inner market*으로 매일 새벽 900여 명에 이르는 경매인과 도매상이 모여 싱싱한 수산물을 사고파는 곳이다.

이들은 완벽한 색, 이상적인 지방 함량, 최상의 신선도를 유지한 생선을 확보하기 위해 평생 일해 온 사람들이다. 맘에 딱 드는 물건이 눈에 띄면 몇 만 달러도 아낌없이 투자해 구매한다. 생선 한 마리 값이 자동차 한 대 값과 맞먹는다고 생각해 보라. 자신이 좋아하는 일에 몰두하는 이들 남녀 경매인들을 보며 경외심을 느꼈다. 진한 감동과 깨달음을 안고 시장을 걸어나왔다. 배가 너무 고팠다.

중국
전족 마을

발에 너무 꼭 끼는 신발을 신는다고 가정해 보자. 한 번 신어보고는 아파서 얼굴을 찡그리며 금방 벗어 버릴 것이다. 발에 꼭 끼는 신발을 좋아할 사람은 없다. 하지만 중국 윈난성雲南省의 한 작은 시골마을에서 만난 여인들은 달리 어쩔 도리가 없었다. 이들은 어렸을 적에 당시 풍속에 따라 고문당하듯이 작은 신발을 신어야 했다. 이러한 풍속은 발을 얽어맨다는 뜻의 전족纏足이라고 불렸는데, 중국에서 10세기에 걸쳐 시행되었으며 1912년에 와서야 불법으로 금지되었다.

여성을 처벌하는 수단으로 이런 풍습이 시행된 것은 아니다. 당시는 작은 발을 여성의 교양과 아름다움, 신분, 성적인 감수성까지 의미하는 것으로 받아들였다. 하지만 여성이 감수해야 할 고통은 너무 컸다. 어린아이 때부터 발을 천으로 꼭꼭 동여맸다. 그렇게 하면 시간이 지나

며 발가락이 뭉개지고 발등이 활처럼 굽으며 기형이 되었다. 나중에는 금련金蓮이라고 부르는 길이가 세치밖에 안 되는 비단신발을 신겼다.

이제 생존하고 있는 전족 여성의 수는 얼마 되지 않는다. 500명 남짓 되는 전족 여성이 중국 전역의 마을에 흩어져 살고 있는데, 관광객과 기자들이 이들을 보기 위해 찾아온다. 내가 만난 95세의 전족 할머니는 신발을 벗고 맨발을 보여주었는데 심하게 기형이 되어 있었다. 이상하게도 그녀는 통역을 통해 자신이 위험하고 부당한 관습에서 살아남았다는 사실을 자랑스러워했다. 나는 우울한 마음으로 그 마을을 떠났다. 한편으로는 고약한 전통도 결국은 사라진다는 사실에 감사했다.

PART 6

인도주의에
대하여

사진 케빈 카터 / Sygma / Sygma via Getty Images

아프리카에 대한 오해

아프리카, DAY 964

아마도 이 사진은 지금까지 인류가 본 사진 중에서 가장 가슴 아픈 장면일 것이다. 1993년이었다. 사진작가 케빈 카터Kevin Carter는 지금의 남수단 아요드에 가 있었다. 당시 이 나라는 내전 중이었고, 그는 수단생명선작전Operation Lifeline Sudan의 초청을 받아 다른 사진기자들과 함께 이 지역에 만연한 기근을 취재하고 있었다. 이곳의 다섯 살 미만 어린이 거의 절반이 영양결핍 상태이고, 매일 10명에서 13명의 성인이 아사하고 있던 때였다.

그는 마을 외곽 잡목숲 공터를 지나갈 때 아이의 울음소리를 들었다. 굶주림으로 빼빼 마른 걸음마를 할 정도의 어린아이였다. 아이는 마치 뱃속의 태아처럼 땅바닥에 웅크리고 앉아 있었다. 머리가 바닥에 닿을 정도였다. 굶주린 사람은 질병을 옮길 위험이 있기 때문에 함부로 손대지 말라는 말을 구호요원들로부터 들은 바가 있어서 카터는 아이에게 다가가지 않고 사진을 찍었다. 그때 독수리가 한 마리 날아들어 아이 뒤편에 앉았고, 독수리는 먹잇감을 노려보듯이 어린아이를 주시했다. 카터는 그 장면을 사진에 담았다.

뉴욕타임스는 그 사진을 곧바로 보도했다. 보도가 나가고 며칠이 채 안 되어서 사진은 전 세계적으로 큰 반응을 불러 모았다. 많은 신문과 잡지에 실리고, 구호기관들의 모금용 포스터에도 사진이 실렸다. 카터는 이 사진으로 퓰리처상을 수상했으며, 지금도 이 사진은 이 세상에 존재하는 고통, 그리고 타인의 고통에 대한 우리의 무관심을 고발하는 상징적인 역할을 한다.

나는 열세 살 때 그 사진을 처음 보았는데 아프리카 전체가 다 그런 줄 알았다. 그때의 기억이 지금도 생생하다. 빈곤과 위험, 죽음으로 가득한 곳이라고 생각했다. 솔직히 말하면 그때의 생각을 어른이 되어서도 그대로 갖고 있었다.

틀린 생각이라고 나만 특별히 탓할 필요는 없다. 잊힌 대륙 아프리카에 대해 사람들이 갖고 있는 일반적인 생각이 그렇기 때문이다. 지금도 아프리카는 부족 간 전쟁이 끊이지 않고 기아와 독재, 테러의 땅으로 그려지고 있다.

사람들이 아프리카가 보여주는 놀라운 통계수치를 쉽게 간과한다. 아프리카는 면적이 3,040만 평방킬로미터로 지구상 두 번째로 큰 대륙이다. 10억 인구가 1,500여 개의 언어를 구사하며 살고 있는 인류문명의 발상지이다.

아프리카에 대해 아는 게 별로 없다는 사실을 나 스스로 잘 알았다. 서너 번 가보고 나자 아프리카의 발전상에 대해서는 왜 소개된 것이 이토록 적을까 하고 의아한 생각이 들었다. 에티오피아를 예로 들어 보자. 에티오피아는 인구 1억 명

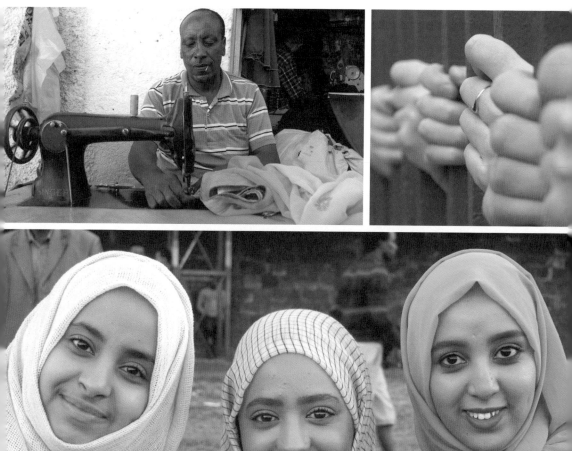

📍 발전하는 에티오피아:경제발전과 정치범 석방에 이어 양성평등에도 진전을 이루고 있다.

으로 아프리카 대륙에서 나이지리아에 이어 두 번째로 인구가 많다. 에티오피아는 인구의 24퍼센트가 빈곤선 이하의 삶을 사는 가난한 나라이다. 신문이나 저녁 방송뉴스에서도 이런 내용을 내보낸다.

그런데 2018년 이 나라의 빈곤율이 20년 전과 비교해 거의 절반으로 줄어들었다는 사실을 아는 사람은 많지 않다. 그리고 정부에서 공공 인프라와 산업공단에 대한 투자를 강화한 덕분에 에티오피아 경제는 매년 10퍼센트씩 성장하고 있다는 사실도 사람들이 잘 모른다. 현재 에티오피아는 경제적으로 지구상에서 가장 빠르게 성장하는 나라 가운데 하나이다.

국가 리더십에서도 변화가 일어나고 있다. 우리가 에티오피아를 찾아가고 나서 2년 가까이 지난 2018년 2월 총리가 권좌에서 물러났는데, 이 나라 현대 역사에서 스스로 물러난 첫 번째 지도자가 되었다. 그는 개혁을 약속한 후임자에게 권력을 넘겨주었고, 이후 많은 변화가 일어났다. 정부의 부패는 급격히 줄어들고 정치범이 석방되었으며, 해외로 떠난 반체제 인사들이 돌아왔다. 이웃 나라 에리트레아와의 20년 분쟁도 마침내 끝이 났다. 새 총리는 내각의 50퍼센트를 여성으로 채웠고, 의회는 에티오피아 역사상 최초로 여성을 대통령으로 선출했다. 언론은 왜 이런 뉴스를 먼저 다루지 않는 것일까?

사우디아라비아에서 개혁이 꽃을 피우기 시작하고, 특히 여성에게 운전면허를 허락해 주기로 했다는 소식이 전해지자 전 세계가 환호했다. 그런데 아프리카 국가에서 양성평등으로 나아가는 조치들이 취해졌을 때는 왜 환호성이 들리지 않는 것일까? 불과 6개월 만에 나라 전체가 더 나은 방향으로 극적인 혁신을 이루고 있는데 아무도 그것에 대해 언급하지 않는다.

그리고 에티오피아 사람들을 주목해 보자. 나는 이들의 선한 심성과 진지한 열망을 결코 잊지 못할 것이다. 황량하게 고갈된 호숫가에 자리한 가난한 농가 마을들에서도 집으로 나를 초대해 음식을 대접해 주며 자기들도 나와 같은 삶, 우리가 누리는 삶을 함께 누리고 싶다는 말을 몇 번이나 되풀이했다. 이들은 예전 학교 교과서나 내셔널지오그래픽에 나오는 것처럼 풀잎으로 만든 치마를 입지도 않았고, 얼굴에 물감을 바른 원주민 전사도 아니다. 이들도 그저 보다 나은 삶을 갈망하는 평범한 생활인들이었다.

"나중에 커서 무슨 일을 하고 싶어요?" 하라르에 있는 외진 마을의 어린 소년에게 이렇게 물었다. 그는 한참 머뭇거리더니 이렇게 대답했다. "하버드대에 들어가고 싶어요."

꿈을 실현하기 위해 노력을 쏟는 나라는 에티오피아뿐만이 아니다. 73일째 되는 날 나이지리아의 라고스로 가서 젊은 기업가들을 만났는데, 이들은 전국에서 가장 우수한 인재들을 채용해 컴퓨터 프로그래머와 엔지니어로 키우고 있었다. 이들은 나이지리아를 글로벌 테크놀로지 분야에서 세계적인 리더로 만들겠다는 꿈을 갖고 있었다. 이들의 계획이 너무도 인상적이어서 페이스북 창업자인 마크 저커버그는 이미 2,400만 달러를 이들에게 투자해서 앞으로 10년 안에 10만 명의 기술인력을 키우도록 돕고 있다.

물론 아프리카가 직면하고 있는 문제들이 사라진 것은 아니다. 그런 문제들도 직접 확인할 수 있었다. 604일째 되는 날 남쪽에 있는 소국 스와질란드를 찾

아갔는데, 너무도 아름다운 자연경관과 독특한 문화적 역사를 보고 놀랐다. 15명의 아내와 23명의 자녀를 둔 왕도 있었다. 4명 중 1명이 HIV 감염자이고, 10명 가운데 7명이 빈곤상태에 놓여 있다는 사실을 알고는 너무도 가슴이 아팠다. 이 나라의 평균 기대수명은 49세밖에 되지 않아 전 세계에서 사람들이 가장 단명하는 나라에 속했다.

마다가스카르는 반세기 동안 지속된 폭압적인 독재체제와 잦은 군사 쿠데타로 국민들이 많은 희생을 치른 나라이다. 스와질란드는 인구의 80퍼센트 가까이가 빈곤선 이하의 생활을 하고 있다. 처음에는 너무도 아름다운 자연경관에 고무되었지만, 이 나라를 떠날 때는 가슴 아픈 수치들 때문에 머리가 복잡했다.

하지만 이런 우울한 수치들은 빠르게 개선되고 있고, 에티오피아 같은 나라들은 횃불을 높이 들어 이웃 나라들에게 나아갈 길을 제시해 주고 있다는 사실을 반드시 기억할 필요가 있다.

Note 케빈 카터의 사진에 등장하는 아이는 굶주림을 이기고 살아남았으나 그로부터 14년 뒤 말라리아에 걸려 목숨을 잃었다. 카터는 이 사진을 찍은 바로 그해 스스로 목숨을 끊었다. 남긴 글에서 그는 이렇게 썼다. "나는 살인과 시체들, 분노, 고통에 대한 너무도 생생한 기억에 시달렸다."

NAS MOMENT

⋛ 사람이 개구리로부터 배워야 할 교훈 ⋛

개구리를 끓는 물에 넣는다고 가정해 보자. 물이 담긴 냄비를 난로 위에 얹고 열을 가한다. 그리고 물이 끓을 때 개구리를 냄비에 넣는다. 똑똑한 개구리는 물이 뜨거워서 금방 냄비 밖으로 뛰어나온다. 실제로 그렇다. 그 다음은 플랜 B를 가동해야 한다. 물을 먼저 끓이지 말고 미지근할 때 개구리를 냄비에 집어넣는다. 그러면 개구리는 미지근한 물에 기분 좋게 목욕하는 것으로 생각할지 모른다. 그리고 물을 서서히 가열한다. 물이 서서히 데워지기 때문에 개구리는 온도의 변화를 감지하지 못한다. 얼마 안 가 거품이 일기 시작하지만 개구리는 큰 불만이 없다. 거품목욕을 한다고 생각할지도 모른다. 하지만 섭씨 100도가 되면 물이 끓고 개구리는 죽는다. 실험은 그렇게 끝난다.

개구리는 끓는 물에서 이렇게 죽는다. 이것을 자연현상에 대비해 보면 어떨까? 개구리와 인간 모두 위험한 사태가 오면 몸을 피한다. 개구리는 끓는 물에 들어가면 뜨겁기 때문에 뛰쳐나온다. 인간은 허리케인이 오면 위험을 감지하고 대피한다. 총격전이 벌어지거나 철길을 보면 몸을 피하고, 추수감사절 이튿날 쇼핑몰에 가지 않는 것도 비슷한 이치이다. 이 이야기의 요점은 이렇다. 인간도 개구리와 마찬가지로 사소한 일은 잘 눈치채지 못한다. 어떤 사람의 행동에서 보이는 사소한 변화나 부엌 싱크대에서 물이 조금 새는 것, 선거운동 중에 일어나는 민감한 추세변화, 미세한 경기하락 등에 둔감하다. 심지어 지구온도가 1.8도 올라가도 별로 신경을 쓰지 않는다.

수치상으로 보면 별 일 아닌 것처럼 보이겠지만, 빙하 국가에서는 세상의 종말이 오는 것과 마찬가지이다. 작은 변화들은 계속 쌓인다. 이런 변화는 우리 주변에서 얼마든지 볼 수 있다. 예를 들어 매달 내는 집세도 그렇다. 집세가 두어 달 만에 10달러, 15달러씩 계속 오르더라도 별 것 아닌 것처럼 보인다. 하지만 몇 년 동안 이런 추세가 지속되면 집세 고지서를 받아들고 이렇게 투덜거릴 것이다. "손바닥만한 방에 무슨 세가 이래 비싸? 왜 이렇게 오른 거야?!"

숫자로 표시되는 분야만 문제되는 것이 아니라 인간관계도 마찬가지이다. 폭력적인 관계도 사소한 데서 시작된다. 욕설 한마디, 심한 말싸움 한 번, 그리고 밀치거나 손바닥으로 한 번 친 것 같은 아주 사소한 무력행사가 발단이 되는 것이다. "오늘 직장에서 일이 너무 힘들고 저기 압이 되어서 저럴 거야." 아내는 멍든 눈두덩에 얼음찜질을 하며 이렇게 스스로를 위로할 것이다. "장모님과 말다툼을 하더니 기분이 나빠서 저럴 거야." 남편은 손톱으로 할퀸 턱에 반창고를 붙이며 이렇게 위안을 삼을 것이다. 그런 식으로 3년이 지나면 여러분이 모르는 사이에 아주 나쁜 일이 일어난다. 여러분 스스로는 '그런 일이 일어나고 있는지 눈치채지 못한 일'이 일어나는 것이다.

끓는 물의 개구리 실험이 준 교훈을 다시 생각해 보자. 우리 주위에서 일어나는 대부분의 변화는 서서히, 그러나 확실하게 진행된다. 너무 늦기 전에 부정적인 변화의 낌새를 알아채고 그것을 바로잡는 일은 우리의 몫이다. 한 가지 고백할 게 있다. 개구리 실험은 거짓말이다. 그저 오래된 근거 없는 이야기일 뿐이다. 실제로 개구리는 물이 서서히 뜨거워지면 그 점진적인 변화를 알아챈다. 개구리는 주위의 변화에 아주 민감하며, 물이 많이 뜨거워지면 냄비에서 뛰어나온다. 개구리는 그렇게 멍청한 동물이 아니다.

개구리도 사소한 변화를 눈치채고 조치를 취하는데, 사람은 왜 그렇게 하지 못하는가? 이게 바로 내가 던지고 싶은 질문이다.

언론에서 다루지 않는
진짜 멕시코

멕시코, DAY 526

"어떤 고정관념도 인간에 대한 애정 앞에서는 무력하다." 작가 애나 퀸들런 Anna Quindlen은 이렇게 썼다. "인간은 한 명씩 떼어놓고 볼 때 가장 정확하게 이해할 수 있다."

나도 이 말에 전적으로 동감한다. 27년 넘게 살아오면서 그동안 도저히 참기 힘들 정도로 사람들에 의해 딱지가 붙여지고, 정형화된 인물로 그려졌기 때문이다. 미친 아랍놈, 무신론자 팔레스타인, 테러리스트, 인터넷밖에 모르는 테크너드Tech nerd, 하버드 엘리트주의자, 관심종자 등등 그동안 셀 수 없는 꼬리표가 붙었다.

526일째 나스 데일리 시청자들은 내가 고정관념을 천하에 몹쓸 것으로 생각한다는 사실을 잘 알고 있었다. 그래서 내가 멕시코시티 도착 첫날 페이스북 비디오에서 누구나 알고 있을 국경 남쪽의 분위기를 잔뜩 늘어놓는 것을 보고 의아하다고 생각했을 것이다.

나는 '엘 하라베 타파티오'El Jarabe Tapatío를 연주하는 마리아치 밴드 앞에서 대형 멕시코 국기를 흔들었다. 알린은 내 옆에서 작은 투우 수소 인형을 손에 들고 몸을 흔들었다. 타코를 먹는 사람, 테킬라를 마시는 남성도 등장했다.

수건으로 눈을 가린 멕시코 전통 셔츠 차림의 백인 여성이 사탕이 가득 든 피

📍 멕시칼리 사막

냐타 인형을 막대기로 쳐서 넘어뜨린다.

'비바 라 멕시코!'

아무 생각 없이 그곳으로 간 건 아니었다. 나는 그런 고정관념이 얼마나 어리석은 것인지 사람들에게 보여주기 위해 멕시코로 갔다. 저녁뉴스에서 보는 멕시코는 마약밀매와 국경 월경, 기관단총을 든 노상강도 같은 이미지로 채워져 있다. 하지만 그런 이미지는 종이로 만든 파피에 마세 당나귀처럼 천박하고 공허하다. 사탕 한 알 들어 있지 않은 종이 당나귀에 불과하다. 나는 그와 정반대되는 멕시코, 문명의 요람인 아름다운 나라를 보여주고 싶었다. 그게 바로 멕시코를 찾아간 진짜 이유였다.

이튿날부터 뉴스에 잘 나오지 않는 진짜 멕시코를 탐험하기 시작했다. 그러기 위해 먼저 언론이 멕시코에 대해 이야기할 때면 으레 등장하는 고정관념부터 가까이에서 들여다보았다.

[고정관념] 멕시코는 글로벌 문화에 기여한 게 없다

틀렸다. 멕시코는 우리의 삶에 크고 작은 기여를 수없이 해왔다. 단지 우리가 그런 사실을 모르고 있을 뿐이다. 식탁 접시에 오르는 시저 샐러드에서부터 먹는 피임약에 이르기까지 멕시코인들의 기여가 없었다면 우리는 인간적인 삶을 제대로 누리지 못했을 것이다.

멕시코인들의 발명품은 수없이 많다. 거실에 있는 컬러 텔레비전, 술통에 든

📍 비바 라 멕시코!

테킬라 쿠에르보, 그리고 프렌차이즈 맛집 치포틀레Chipotle에서 후딱 먹어치우는 과카몰리 버거 등에는 모두 멕시코 국기를 상징하는 적·백·녹색의 휘장이 선명하게 새겨져 있다.

여러분의 냉장고에 들어 있는 '스위스' 초콜릿바도 원산지는 스위스나 벨기에가 아니라 고대 마야문명이다. 3,000년 전 유카탄반도의 숲속에서 마야인들이 처음으로 '신의 음식'이라는 초콜릿을 휘저어 만들었다. '메이드 인 멕시코'인 것이다.

고정관념 멕시코인들은 미국으로 불법입국하고 싶어 한다. 멕시코에는 일자리가 없기 때문이다

굳이 정치문제까지 끌어들이지는 않겠다. 최근 몇 년 사이 미국 남부 국경지대에 멕시코인을 비롯한 중남미 유색인종들의 유입을 막기 위해 장벽을 설치하는 문제를 놓고 많은 논란이 있었다.

국경지대의 불법이주는 심각한 문제이다. 그건 부인할 수 없는 사실이다. 남녀, 어린이들이 매일 목숨을 걸고 불법으로 국경을 넘으려고 하는 데는 셀 수 없이 많은 이유가 있다. 하지만 그들이 사는 곳에 일자리가 없어서 그렇다는 말은 명백히 틀렸다.

531일째, 나는 멕시코 바하칼리포르니아주의 주도인 메히칼리로 갔다. 바하칼리포르니아주에서 티후아나에 이어 두 번째로 큰 도시이다. 그곳에 설치된 악명 높은 국경장벽을 보고, 멕시코 쪽 사람들의 실상이 어떤지도 내 눈으로 직접 보고 싶었다. 드론을 띄웠더니 생생한 현장을 담아 왔다. 멕시코 쪽은 촘촘하게 자리한 거리가 마치 번잡한 사우스 센트럴 로스앤젤레스를 연상케 했다. 반면에 미국 쪽은 몇 에이커씩 널찍한 농지가 들어서 있었다. 집 한 채, 자동차 한 대 눈에 띄지 않았다. 공중에서 보니 장벽 한 쪽은 풀 색깔도 반대쪽보다 더 푸르렀다.

이어서 대부분의 불법 월경자들이 장벽을 넘어가려고 시도하는 사막지대로 갔다. 드넓은 사막과 숨이 턱턱 막히는 더위는 이곳에서 미국 영토로 넘어 들어가는 게 얼마나 어려운 일인지 실감나게 했다. 사막 한쪽에 세워놓은 무덤 표식이 눈에 띄었는데, 국경을 넘지 못하고 죽은 사람의 이름을 새겨놓은 단출한 흰색 십자가였다. 그 표식이 이곳의 현실을 오싹할 정도로 실감나게 해주었다.

메히칼리에 있는 농장 지역 몇 군데를 가보았는데, 미국 신문들이 제대로 전해 주지 않는 실상을 확인할 수 있었다. 이곳에서 볼 수 있는 기회에 관한 이야기이다. 여러 가지 이유로 미국으로 가지 않은 멕시코인들이 살고 있었다. 국경을 넘으려다가 붙잡혀서 되돌아온 사람들도 있고, 미국으로 갈 생각을 아예 하지 않은 사람들도 있었다. 어쨌건 이들은 뜻밖에도 미국 대신 이곳에서 일자리를 찾았다. 국경 남쪽에도 일할 기회가 있었던 것이다. 현지인과 이민자들이 함께 섞여 있는데, 모두 정부의 지원과 이곳을 흐르는 깨끗한 물 덕분에 종일 열심히 일했다.

하루를 이들과 함께 보냈는데, 이들의 기업가정신을 보고 놀랐다. 한 쪽에서

📍 열심히 일하는 멕시코 국경지역 주민들

는 다 자란 농작물을 수확하고, 다른 한 쪽에서는 야자나무를 심는 사람들도 보였다. 자기 사업을 시작하려고 멕시코로 이주한 미국인들도 만났다. 돈도 벌고 멕시코의 태양 아래서 인생을 즐기고 싶어 왔다고 했다. 일거리가 있어서 감사할 따름이라고 말하는 현지인도 만났다.

대추를 여러 자루째 담고 있는 멕시코 농부는 피곤해 보이는 미소를 지으며 이렇게 말했다. "이곳은 내 금광입니다."

[고정관념] **멕시코인들은 애국심이 없다**

2017년 9월 19일이었는데, 그날 원래 무슨 촬영을 하려고 했는지 기억이 나지 않는다. 기억나는 것이라고는 그날 오후 1시 14분에 모든 계획이 바뀌었다는 사실뿐이다.

그날 밤 비디오는 이렇게 시작되었다. "하이, 오늘 진도 7.1의 지진이 멕시코시티를 강타했습니다. 이 도시 역사상 가장 강력한 지진입니다. 내 친구들과 여자친구, 그리고 나는 모두 안전합니다. 하지만 나는 지금 첫 비행기를 타고 멕시코시티로 갑니다. 왜냐하면 그곳의 많은 사람이 정말 위험에 처해 있기 때문입니다. 건물 전체가 무너져 내리고, 어린 학생들을 포함해 150명이 사망했습니다. 그리고 많은 이들이 무너진 건물더미에 깔려 있습니다. 정말 큰 재난이 일어났습니다."

비디오를 다시 보니, 내가 놀라울 정도로 떨고 있다. 두 눈이 충혈되고, 소리를 질러서인지 지쳐서 그런지 목도 쉬었다. 이후로도 피해자 수는 엄청나게 늘었다. 지진은 푸에블라시 남쪽 56킬로미터 지점에서 발생해 그 일대에 강력한 파장을 미쳤다. 모두 370명이 숨지고 6,000여명의 부상자가 발생했다. 사망자의 3분의 2가 멕시코시티에서 발생했다.

이튿날 나는 하루 종일 멕시코시티 시내를 돌아다니며 지진으로 파괴된 피해현장과 무너진 건물더미에 깔리거나 실종된 사람들을 찾는 수색장면을 카메라에 담았다. 굴착기들이 생존자를 찾아 돌무더기를 파헤치고, 부서진 자동차들

📍 멕시코시티를 강타한 지진, 2017년 9월

이 도로에 늘어서 있었다.

구조요원들의 외침과 사이렌 소리가 허공을 가르고, 구조작업을 지켜보던 행인들이 무너지는 빌딩을 보고 놀라 외치는 비명소리가 간간이 들렸다. 늘 그렇듯이 고통을 당하는 사람들을 지켜보는 것보다 더 힘든 일은 없다.

"내 동생이 저 안에 파묻혀 있는 거 같아요." 마스크를 낀 어떤 남자가 먼지가 자욱하게 피어오르는 철근과 콘크리트더미를 손으로 가리키며 거의 울먹이는 소리로 내게 말했다. 충격을 많이 받은 것 같았다.

그날 멕시코시티에는 특별한 그 무엇이 흐르고 있었다. 어떤 강력한 지진보다도 더 강한 그 무엇은 바로 인간애였다. 첫 번째 충격적인 진동이 있고 나서 불과 몇 시간 안에 도시는 파괴의 현장에서 희망의 안식처로 바뀌었다. 인도에 천막들이 설치되어 집을 잃은 사람들에게 피난처를 제공해 주었다. 행인들이 길거리에 일렬로 늘어서서 무너진 건물 잔해더미를 파헤치는 구조요원들에게 필요한 물품과 마실 물을 양동이에 담아 전달해 주었다. 여성 한 명이 구조작업이 진행 중인 곳 옆에 자동차를 세우더니 구조작업에 참여한 사람들을 먹이기 위해 치킨, 쌀밥, 콩 등 먹을 것을 테이블 위에 차렸다. 마치 이동식 간이식당 같았다. 많은 현지인들이 도움이 필요한 사람들을 공짜로 태워 주려고 차를 가지고 나와 시내를 돌아다녔다.

그날 저녁 페이스북에 비디오를 올리자 수천 명의 뷰어들이 응원 메시지를 보내왔다. 거리에서 목격한 것과 같은 분위기였다. 멕시코인들이 보낸 코멘트가 특히 더 감동적이었다.

"여러분은 지금 우리가 어떤 사람들인지 보고 계십니다." 어느 멕시코인은 이렇게 썼다. "우리는 함께 하면 더 강합니다. 나는 우리 국민이 너무 자랑스럽습니다!"

멕시코에 도착할 때는 솔직히 이 나라에 대해 아는 게 하나도 없었다. 큰 기대를 하고 간 것도 아니다. 신문에서 읽은 것은 위험한 절망의 땅이었다. 그런데 직접 가보고 나서 나 스스로가 성장했다. 사실이다.

두 주 만에 멕시코를 떠날 때 나는 그곳에서 목격한 일들로 인해 변해 있었다. 나를 변화시킨 것은 분노의 정치를 극복하고 우뚝 일어선 국경지대의 농부일 수도 있다. 그 농부는 자신이 하는 일에 대단한 자부심을 갖고 있었다. 자신들이 사는 도시가 끔찍한 위기를 당하자 며칠 동안 도시를 구하기 위해 집단적인 힘을 발휘한 시민들이 나를 변화시켰을 수도 있다.

이런 장면들은 이 나라에 대해 갖고 있던 나의 선입견을 완전히 부숴 버렸다. 멕시코는 조잡하기 짝이 없는 피냐타 인형으로 연상되는 나라가 아니었다. 그러면서 나는 멕시코가 가진 아름다움에 눈을 뜨게 되었다.

비바 라 멕시코!

인종청소 피해자들, 정의 대신 용서를 택하다

르완다, DAY 398

"이 비디오 한 편을 다 볼 시간이면 일곱 명이 또 목숨을 잃었을 것입니다. 일곱 명입니다. 지금부터 겨우 23년 전 이곳 르완다의 사정이 그랬습니다. 불과 100일 동안 1백만 명 넘는 사람이 사라졌습니다. 세계는 지켜만 보았습니다. 르완다는 그렇게 죽었습니다."

나는 이런 말로 그때까지 완전히 내 관심권 밖에 있었던 나라에 대한 여행을 시작했다. 사실 2017년 5월 르완다에 처음 도착할 당시 나는 아무 것도 모르는 이곳에 대해 상당히 친근한 자세를 가졌다. "오, 마이 갓." 도착해서 올린 첫 번째 비디오에서 나는 이렇게 소리쳤다. 르완다는 아프리카 중부의 대호수 지역 Great Lakes region에 있는 아열대 국가이다. "하나도 모르는 나라에 와서 시차극복도 안된 상태로 방금 눈을 떴습니다. 웰컴 투 르완다!"

이 특별히 작은 나라에 와서 나는 사람들을 통해 이 나라에 대해 배우겠다는 생각을 했다. 르완다에 대해 알려면 이 나라에서 일어난 가장 비극적인 역사에 대해 알아야만 했다. 그것은 바로 1994년에 일어난 투치족 대학살이다.

1990년에 내전이 일어났다. 경쟁관계에 있는 두 부족인 후투족과 투치족 사이의 싸움이었다. 두 부족은 30여 년 전 르완다가 벨기에로부터 독립한 이래 줄곧 갈등관계에 있었다. 내전은 다수 부족인 후투족이 장악한 정부와 투치족 난민이 다수를 차지한 르완다애국전선Rwandan Patriotic Front 사이에 벌어졌다. 수십 년 전 르완다에서 쫓겨난 투치족 난민들은 국내로 돌아와 정부를 상대로 무장 저항을 시작했다.

내전 초기 주로 게릴라전이 진행되다 양측 사이에 임시 평화협정이 체결되었다. 그러다 1994년 4월 6일, 후투족 대통령이 탄 비행기가 격추되어 대통령과 함께 탄 이웃나라 브룬디 대통령까지 사망하는 일이 벌어졌다. 누가 암살을 지시하고 실행에 옮겼는지 밝혀지지 않았지만, 후투족은 투치족의 소행이라고 단정하고 즉각 보복에 나섰다.

이튿날부터 시작해 99일간에 걸쳐 대량학살이 자행되었는데, 그 기간 동안 약 1백만 명의 르완다인이 사망했다. 투치족 전체 인구의 거의 80퍼센트가 사라지는 끔찍한 인종청소가 자행된 것이다. 인종청소는 잔인하고 신속하게 진행됐다. 민병대와 군인, 경찰이 조직적으로 투치족의 핵심 지도자와 그들의 추종

📍 키갈리의 프리스틴 거리, 르완다(왼쪽)

르완다 인종청소의 상흔

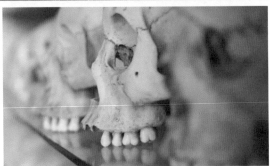

자들을 살해했다. 바리케이트와 검문소가 설치되고 신분증이 발급됐다.

처형단이 돌아다니며 나이와 성별을 가리지 않고 학살을 감행했다. 남녀, 어린이들이 모두 무참히 살해되었다. 종족이 다르다는 이유로 남편이 아내를 죽였다. 정부군은 후투족 민간인들에게 이웃의 투치족을 강간하고 사지를 절단해 죽이도록 시켰다. 마을도 불태웠다. 무슨 무기든 닥치는 대로 휘둘렀다. 풀을 베는 데 쓰는 긴 칼 마체테와 몽둥이가 피의 학살에 사용됐다.

도살극이 진행되는 동안 세계는 공포에 질린 채 방관했다.

미국과 유엔도 두 손 놓고 지켜보기만 했다. 이들에 대한 국제사회의 비난이 거셌다. 7월 4일, 르완다애국전선이 수도 키갈리를 점령하고 정부를 장악하면서 학살극은 마침내 막을 내렸다. 2백만 명의 르완다인이 보복이 두려워 이웃 나라로 도망쳤다. 대부분 후투족들이었다.

오늘날 르완다는 두 번의 공휴일을 지정해 이 3개월에 걸친 유혈극을 기념한다. 하루는 1994년에 일어난 학살극을 추모하는 기념일이고, 또 다른 하루는 이후 되찾은 해방을 자축하는 날이다.

암울했던 역사가 보여준 비인간성과 이후 일어난 희망적인 인간애를 감동적으로 보여준 것은 바로 르완다 사람들이다. 키갈리 도착 사흘째 되던 날, 나는 어니스틴이라는 이름의 여성을 만났다. 그녀가 들려준 종족말살의 기억은 끔찍했다. 길에서 만났더라면 누구도 주목하지 않을 그야말로 평범한 여성이었다. 보통 키에 짧게 깎은 머리, 유쾌한 미소에 두터운 검정 뿔테안경을 끼고 있어서 대학교수 같은 분위기를 풍겼다. 하지만 조금만 자세히 보면 목에 5인치 길이의 흉터가 나 있는 것을 알 수 있다. 그 상처가 그녀가 겪은 사연을 말해 준다.

어니스틴은 1994년 후투족 군인들이 그녀가 살던 마을을 덮친 그날의 이야기를 들려주었다. 그녀는 가족과 함께 마을 교회에 숨어 필사적으로 기도에 매달렸다. 온 나라를 쑥대밭으로 만든 대학살극의 피해자가 되지 않도록 해달라고 간절히 기도했다. 하지만 안타깝게도 기도는 소용이 없었고, 그녀가 보는 앞에서 가족 6명이 모두 살해되었다. 어니스틴도 마체테로 목을 베이는 잔혹한 공격을 받았다. 그리고 양손을 뒤로 묶인 채 강물에 내던져졌다.

군인들이 마을을 떠난 다음 그녀는 강가로 기어나와 가까스로 목숨을 건졌다. 기적 같은 일이 일어난 것이다. 정말 기적이었다. 하지만 그 다음 그녀가 들려준 이야기는 한 마디로 말을 잊게 했다. 학살극이 끝난 뒤 그녀는 다시 삶을 추스르기 위해 노력했다. 가족을 살해하고 자기를 죽이려고 한 군인들과 화해한 것이다.

그녀는 그 군인들 가운데 한 명을 내게 소개했다. 패트릭이라는 사람인데, 그 끔찍했던 날, 그녀가 살던 마을을 파괴하고 교회에 찾아왔던 무리 중 한 명이었다. 내전이 끝나고 나서 그는 르완다에 설치된 국제형사재판소에서 자신의 유죄를 인정하고 징역형을 살았다. 감옥에서 풀려난 뒤 개인적인 구원을 찾아 자기가 저지른 범죄의 피해자들을 찾아 용서를 구했다. 자신이 겪은 트라우마에도 불구하고 어니스틴은 패트릭을 용서해 주었다. 자신의 결혼식에 그를 초청까지 했다.

1,000일 동안 세계를 돌아다니며 나 스스로 겸허함을 느끼고, 내가 목격한 일에서 영감을 얻은 순간은 몇 번 되지 않는다. 이번이 바로 그런 순간이었다. 카메라 뷰 파인더를 통해 어니스틴과 패트릭을 보면서 나는 용서가 정의보다 더 강하다는 사실을 실감했다. 패트릭은 어니스틴의 어깨 뒤로 한쪽 팔을 두른 채 긴 소파에 나란히 앉아 오랜 친구처럼 웃으며 이야기를 나누었다.

중동에서 자란 나는 '정의'라는 말에 익숙하다. 이스라엘과 팔레스타인 사람들 모두 늘 정의를 부르짖는다. 70년 전에 저질러진 학살에 정의를 실현해 달라고 하고, 서로 잘못을 저지른 이들에게 정의를 실현해 달라고 요구한다. 이런 요구는 해를 거듭할수록 더 강해지고 있고, 팔레스타인 측에서 그런 요구가 특히 더 거세다. 정의가 실현되느냐 여부에 국가의 미래가 전적으로 달린 것처럼 행동한다.

이런 단순화 된 정의의 개념은 전쟁 중인 나라들에만 있는 것도 아니다. 할리우드에서도 정의는 큰 소재이다. 정의를 낭만적으로 그린 영화가 얼마나 많은지 아는가. 모두들 정의를 추구하고, 정의를 위해 싸우고, 정의를 실현한다!

문제는 정의는 실현되는 게 아니라는 점이다. 르완다에서 배운 교훈이 있다면 그것은 바로 과거를 보상받는 일에 매달리기보다 미래를 위해 일하는 게 때로는 더 중요하다는 사실이다. 어니스틴은 자기 가족을 죽인 자에게 정의를 실현하는 대신 용서를 베풀었다. 그것이 훨씬 더 강한 일이다.

그런 식으로 자비를 행사한 사람이 그녀 혼자만 있는 게 아니다. 르완다에서 인종청소가 자행된 이후 여러 해 동안 수백만 명의 생존자들이 국가통합과 화해를 추구하는 과정에서 가족을 죽인 자들을 용서했다. 르완다는 보다 나은 미래를 건설하기 위해 과거의 상처를 치유하는 노력을 하고 있다. 25년이 빠르게 지나갔고, '아프리카의 심장'이라고 불리는 르완다에서는 그런 치유 노력이 효과를 나타내고 있다. 이 나라에 머무는 동안 나는 그런 놀라운 성장의 증거를 수없이 보았다.

놀랍도록 깨끗한 키갈리 거리를 비디오에 담았다. 너무 깨끗하고 안전해서 그 위에 드러누워 잠을 자도 될 정도였다. 여권 신장의 현장도 화면에 담았다.

📍 가족을 살해한 사람을 용서하다

양성평등과 여성의 지위향상을 국가정책으로 추진하는 르완다 여성부 장관의 노력도 여권 신장에 한몫했다. 키갈리에서 개최된 연례 아프리카혁신정상회의 Transform Africa summit에도 참석해 젊은이들의 무한한 인재풀을 보고 감탄했다. 많은 젊은이들이 르완다 국기 아래 하나로 뭉쳐서 이 나라를 더 밝은 미래로 이끌기 위한 첨단기술 기업 창업에 여념이 없었다.

2018년 10월, 폴 카가메 르완다 대통령은 휴먼스 오브 뉴욕Humans of New

York 프로젝트를 시작한 사진작가 브랜트 스탠튼과 만나 이렇게 말했다. 나는 카가메 대통령의 웅변과 그의 깊은 인간성에 큰 감동을 받았다.

"너무도 끔찍한 범죄가 저질러졌을 때는 어떻게 정의를 실현합니까?" 카가메 대통령은 이렇게 물었다. "100일 만에 1백만 명을 죽이려면 그만큼 많은 수의 가해자가 있었다는 말입니다. 온 나라를 다 감옥에 보낼 수는 없지 않습니까. 그러니 앞으로 나가는 길은 용서밖에 없었습니다. 살아남은 사람들에게 용서하고 잊어달라고 부탁했습니다."

그는 이렇게 말을 이었다. "정의 실현보다 르완다의 미래가 더 중요했습니다. 살아남은 사람들에게 너무 큰 짐을 지웠습니다. 하지만 가해자들에게 무슨 부탁을 할 수 있을지 모르겠습니다. 미안하다고 말한다고 죽은 사람이 살아 돌아오지는 않습니다. 오직 용서만이 이 나라를 치유할 수 있습니다. 짐은 살아남은 자들에게만 지울 수 있습니다. 무언가 베풀 수 있는 사람은 그들뿐이기 때문입니다."

나는 르완다에서 7일을 머물렀다. 떠나면서 내게 남겨진 것은 르완다인들 스스로 만든 항구적인 희망의 메시지였다. 나는 지금도 그 메시지를 지니고 산다. "르완다인들은 자기 가족의 목숨을 앗아간 사람들을 용서했습니다." 나는 시청자들을 향해 이렇게 말했다. "그들이 용서할 수 있다면 우리는 누구라도 용서할 수 있습니다."

남아프리카공화국
고철 로봇을 만드는 공학도

음포 마쿠투는 열 살 때 남아프리카공화국의 시골에 살았는데, 그때부터 집 주위에서 빈 깡통과 전기부품을 보이는 대로 주위와 장난감 자동차를 만든다고 뚱땅거렸다. 아버지는 아이가 그러는 걸 좋아하지 않았다. 한번은 아버지의 스테레오 시스템까지 분해해 아버지가 크게 화를 낸 적도 있었다. 그래도 아이는 멈추지 않았다.

처음 음포를 만났을 때 그는 남아공 최대 도시 소웨토의 어느 길가 벤치에 앉아 우스꽝스

럽게 보이는 길이 1.5미터의 로봇을 조작하고 있었다. 순전히 고철을 모아 만든 것이었다. 당시 그는 스무 살의 기계공학도였다. 행인들에게 단순한 기술을 선보이는 길거리 버스킹 중이었다. 버려진 마분지와 빈 콜라 캔, 철사 옷걸이, 기계 드릴, 낡은 엘리베이터 배터리를 두드려 맞춰 만든 기계를 선보였다. 행인들이 지나가다 보고 푼돈이라도 던져주고 가기를 기대했다.

음포는 건설공사장의 미니 크레인처럼 보이는 로봇을 자신이 직접 만든 전기레버 일곱 개를 가지고 작동시켰다. 썩 잘 움직이는 것 같지는 않았다. 로봇 크레인은 몇 번 불규칙하게 뒤뚱거리다 물건을 집기는 했다. 하지만 고철로 만든 로봇이 아니던가!

음포의 꿈은 언젠가 로봇공학의 큰 판에 진출하는 것이다. 자기 사업체를 갖고 다른 사람들에게 일자리도 만들어 주고 싶어 한다. 그가 만약 캘리포니아에 있었더라면 그의 재능과 성실함을 높이 사서 구글이나 애플 같은 데서 벌써 데리고 갔을 것이다. 하지만 지금 음포는 남아공의 도시 길거리에서 실습에 전념하며 세상으로부터 인정받을 날을 기다리고 있다.

필리핀
안젤라의 위대한 전환

이안 킹은 부와 야망을 타고났고 아쉬울 게 하나 없는 남자였다. 출중한 외모에 슈퍼모델 뺨치는 아내가 있고, 쾌활한 성격도 타고났다. 거기다 필리핀 안에서 경주용 차 운전자로 어느 정도 명성도 누리고 있었다. 하지만 그에게는 비밀이 하나 있었다. 이안이 아니라 여성인 앤지 *Angie*로 살고 싶었던 것이다. 그것은 어린아이였을 때부터 그의 가슴에 자리하고 있던 꿈이었다. 그의 아버지가 돌아가실 때까지 그랬다.

"더 이상 그렇게 살 수는 없었어요." 그는 나에게 이렇게 말했다. "불행하게 살기에는 인생이 너무 짧지 않아요?" 수없는 불면의 밤을 뒤척이고 심호흡을 가다듬은 다음 그는 안젤리나 미드 킹*Angelina Mead King*으로 성별을 바꾸었다. 그리고 다시는 뒤돌아보지 않았다. 여성이 된 그녀는 개인 인스타그램을 통해 친구와 친지들에게 그 소식을 알렸다. 인스타그램 계정도 '국왕 만세'*Hail to the King*에서 '여왕 만세'*Hail to the Queen*로 바꾸었다.

그런데 실수로 인스타그램의 비공개 개인 포스트가 공개되고 말았다. 욕설과 분노, 거부반응이 쏟아질 것이라는 최악의 상황을 각오했다. 그런데 반대로 팔로어들 거의 모두가 격려와 응원, 사랑의 메시지를 보내 왔다. 그녀의 말에 따르면 99퍼센트가 그랬다. 그녀의 감동적인 이야기는 자신의 성 정체성과 싸우는 많은 이들에게 희망이 되었다.

37세인 그녀는 아내 조이와 행복한 결혼생활을 하고 있고, 경주용 차를 디자인해서 만들고, 직접 운전하는 일을 계속하고 있다. 그리고 몸에 17개의 문신을 새겼고 부업으로 호텔 경영도 한다. 헬리콥터 조종도 배웠다. 만약 그녀가 이름을 또 바꾼다면 '원더 우먼'*Wonder Woman*으로 하라고 권하고 싶다.

싱가포르
부자가 되는 가장 확실한 길,
한 푼도 안 쓴다!

대니얼 테이를 처음 만난 것은 영화 '크레이지 리치 아시안'*Crazy Rich Asians*이 전 세계 영화관에서 개봉되기 시작할 때였다. 하지만 싱가포르에서 만난 전직 금융 플래너인 39세의 대니얼은 돈에 대해 전혀 다른 생각을 들려주었다. 그는 새로운 라이프스타일을 추구하는 '프리건'*freegan*이다. 프리건 웹사이트에 보면 자신들을 '전통적인 경제생활을 줄이고, 자원소비를 최소한으로 줄이는 생활'을 실행하는 사람들이라고 소개한다. 다시 말해 대니얼은 돈이 많지만 그 돈을 쓰지 않는 사람이다.

예를 들어 그는 먹을 것을 돈 주고 사지 않고 공짜로 얻는다. 식당에 가서 다른 손님이 먹고 남긴 것을 보면 얼른 먹어치운다. 길거리 노점상이 팔다 남은 과일이나 채소를 보면 끌어모아 가지고 온다. 이웃이 버리는 상하기 직전의 음식물을 보면 얼른 받아 온다.

다른 많은 프리건들과 마찬가지로 대니얼은 쓸 만한 물건을 찾아 쓰레기더미를 뒤지는 전문가이다. 그가 야밤에 쓰레기 통을 뒤져서 찾아낸 물건 가운데는 시계, 백팩, 옷, 샴푸, 우산, 스피커, 플레이스테이션에 냉장고까지 다양하다. "누군가의 쓰레기통이 다른 사람에게는 보물단지가 됩니다!" 그는 수시로 이런 말을 한다. 여기 15만 달러를 저축해 놓은 사람이 있는데, 그는 이 돈을 영원히 지키는 가장 확실한 방법은 한 푼도 쓰지 않는 것이라고 생각한다.

대박!*Ka-ching!*

미국
하우스리스들이 일군 마을

보통 '홈리스'*homeless*로 소개되지만, 이들은 하우스리스*houseless*라는 표현을 더 좋아한다. 2007년 하와이의 저소득층 주민들이 호놀룰루에서 북서쪽으로 4.8킬로미터 떨어진 주립 와이아나에 소형선박항*Waianae Small Boat Harbor* 인근 숲속에 캠프를 설치하기 시작했다.

형편은 어려울지 모르지만 마음까지 가난하지는 않은 사람들이었다. 이들은 얼마 안 가 임시숙소를 푸우호누아 와이아나라는 이름의 작은 텐트 마을로 변모시켰다. 인구 270명의 마을이었다.

이들은 두 가지 목표를 세웠다. 첫째, 홈리스들은 모두 가난하고, 위험한 마약 중독자라는 잘못된 편견을 불식시키는 것이었다. 둘째, 살림살이가 나아지도록 주민들끼리 서로 돕고 지켜주자는 것이었다. 주민들이 지켜야 할 규칙도 정했다. 저녁 8시 이후에는 시끄러운 소리를 내지 않는다. 남의 물건을 훔치지 않고, 마약을 하지 않는다. 개는 반드시 목줄을 맨다.

"우리는 무관용 원칙을 정해놓았습니다." 주민 대표는 이렇게 말했다. "이 규칙을 어기면 바로 쫓겨납니다." 마을에서는 또한 주민들에게 매달 8시간 커뮤니티를 위해 의무적으로 봉사할 것을 요구한다. 현재 주민의 60퍼센트는 자기 직업을 가지고 있다. 이러한 봉사활동을 통해 캠프 안에 어린이용 소공원과 아웃도어 체육관, 소규모 채소농장, 소규모 애완동물 공원 같은 시설을 추기로 지을 수 있었다.

이와 함께 주민 모두 영어 수화를 의무적으로 배우도록 했다. 마을에 듣지 못하는 아이가 한 명 있는데, 그 아이가 소외감을 느끼지 않도록 하기 위한 조치이다. 내가 푸우호누아 와이아나에 마을을 찾았을 때는 주민들이 축제 분위기에 싸여 있었다. 이들의 노력을 소개하는 이야기가 사방으로 퍼져나가 기부금이 들어오기 시작했는데, 거의 150만 달러에 육박했다는 것이었다. 자기들이 살 땅을 구입할 수 있는 액수였다. 토지 구매계약을 체결하고 나면 그 땅에다 무엇을 할 것인가? 당연히 자기들이 살 집을 지을 것이다.

뉴질랜드
코로 숨을 나누는 마오리 인사법

지구 제일 바닥 쪽에 있는 뉴질랜드로 처음 내려가면서 나는 백인들만 사는 나라일 것이라고 생각했다. 왜냐하면 과거 영국 식민지였고, 그곳 주민들이 인종적으로는 유럽인들이기 때문이다. 하지만 북섬에 있는 타우포 시내로 운전해 들어가 운좋게 이곳의 원주민 마오리족을 만날 수 있었다. 이들의 선조는 유럽인들이 오기 400여 년 전 폴리네시아로부터 카누를 타고 뉴질랜드 해안에 도착했다.

현재 마오리족은 전체 인구의 겨우 15퍼센트를 차지하지만 이들은 지금도 뉴질랜드를 아오테아로아*Aotearoa*라고 부른다. 마오리어로 '길고 흰 구름의 땅'이라는 뜻이다. 그리고 자신들의 독특한 문화를 철저히 고수함으로써 마오리족의 정체성을 지키려고 한다. 이들이 쓰는 연

장과 무기는 선조들의 형상을 따라 만들었다. 그리고 몸에 문신을 하는데 가족 구성원, 영양분, 안전같이 자신들이 소중히 여기는 대상을 그린다. 이들에게 마오리는 피부색으로 구분하는 게 아니라, 조상으로부터 물려받은 유산과 언어, 족보에 의해 규정된다.

　나도 고국 이스라엘에서 주변인이라는 느낌을 갖고 살았기 때문에 이 놀라운 사람들과 금방 유대감을 느꼈다. 마오리 사람들이 수세기에 걸쳐 자신의 문화를 충실히 지키는 것을 보고 느낀 바가 컸다. 타우포에서 처음 만난 마오리 어른이 나를 맞아준 장면을 잊을 수가 없다. 그는 관습에 따라 나에게 다가오더니 두 눈을 감고 자신의 코를 내 코에 가져다대고 지그시 눌렀다. 마오리 문화에서는 숨을 함께 나누어야 상대방을 제대로 안다고 생각하기 때문이다. 그렇게 해야 진짜 마오리속이 된다.

PART 7

한발 앞서 가는
나라들

늘 한발
앞서 가는 나라

싱가포르, DAY 865

"나는 싱가포르가 싫습니다."

말레이반도 남단에 자리한 이 자그마한 섬나라를 다시 찾아가는 두 주일 반의 여행을 이 세 마디로 시작했다. 오해는 하지 마시라. 나는 원래 작고 반짝이는 것을 좋아한다. 그런데 왜 싱가포르를 싫어하느냐고? 질투가 나서 해본 말이다.

싱가포르는 1819년 영국 동인도회사의 무역거점으로 개발되어 영국령 인도제국의 보석 같은 존재가 되었다. 영국령 인도제국은 영국이 네덜란드 상인들과 경쟁하기 위해 식민지로 삼은 인도 아대륙 영토를 모두 일컫는다. 싱가포르는 1963년 영국의 지배에서 벗어나 말레이시아연방에 포함되었다. 그리고 2년 뒤 말레이시아연방에서 축출되어 주권 독립국가가 되었다. 이후 반세기 만에 현대적인 주요 국가의 모델로 일어선 것이다.

싱가포르에 가보지 않은 사람들은 사진만 봐도 무언가 특별하고 멋진 일이 그곳에서 벌어지고 있다는 생각이 들 것이다. 휘황찬란한 타워와 스카이 브릿지들이 스카이라인을 이루고 있어 마치 미래 세계에 온 것 같은 착각이 들게 만든다. 빼곡한 도시 정경은 자연의 풍취가 그대로 살아 숨쉬는 공원과 흠잡을 데 없는 고속도로, 눈부신 항구들로 아름다움을 더한다. 밤이 되면 모든 색의 불빛이 다 켜지기 때문에 디즈니랜드도 질투를 느낄 정도이다. 그리고 어딜 가나 쇼핑몰이 있다.

하지만 나에게 싱가포르가 특별한 의미로 다가온 것은 이 메트로폴리탄이 아시아의 강력한 멜팅폿이 되었기 때문이다.

싱가포르는 중국, 말레이시아, 인도라는 엄청나게 다양한 세 문화가 서로 개성을 유지하면서 작은 섬에 함께 모여 있는 지구상에서 유일한 곳이다. 그러면서 최첨단 하이테크, 흠잡을 데 없이 완벽한 굉장한 천국을 건설해 놓았다.

내가 하는 말을 그대로 믿지는 말고 여러분이 직접 구글 검색을 해보기 바란다. 예를 들어 위키피디아는 싱가포르를 교육, 오락, 금융, 건강, 혁신, 제조, 기술, 관광, 무역, 운송의 글로벌 허브라고 소개한다. 또한 세계에서 '가장 기술 친화적인 국가', '가장 스마트한 도시', '가장 안전한 나라'라는 찬사를 붙이고 있다.

싱가포르는 내가 가본 곳 중에서 공항에서 귀찮게 시달리지 않고 곧바로 환영받는 기분이 들도록 해주는 몇 안 되는 나라 가운데 하나이다. 싱가포르에서

📍 싱가포르의 낮과 밤

는 문화, 인종, 유산이 특정인을 공격하는 데 쓰이지 않고, 그 자체로 존중 받는다. 아랍 무슬림인 나는 이런 점이 매우 신선하게 받아들여졌다.

싱가포르에서는 규정이 조금 엄격하게 적용되는 게 맞는가? 그렇다. 껌 판매가 아직 불법이고, 술 취해 돌아다니거나 문란한 행동, 가짜 신분증 사용, 쓰레기를 무단으로 버리는 행위, 용변 보고 변기 물 내리지 않는 것, 공무원에게 무례하게 구는 것도 불법행위로 처벌받는다. 1994년에 약간 국제문제가 된 고약한 사건이 있었다. 18세의 미국인 청소년이 남의 자동차를 부수고 도로표지판을 훼손한 죄로 '태형 6대' 형에 처해진 것이다. 아야!

그렇지만 싱가포르가 받는 평가 성적표는 너무 우수해서 나스 데일리 865일째에 두 번째로 이 나라에 와서 완벽을 추구하는 현장들을 추적해 보기로 했다.

첫 번째 현장은 공항을 벗어나기 전에 나타났다. 여러 동의 5층 건물과 13평방킬로미터에 이르는 육중한 규모의 창이공항은 연간 6,200만 명의 여객이 드나드는 국제 허브공항이라기보다 거대한 놀이터에 더 가깝다. 체크인을 마친 뒤 여유시간이 좀 있는가? 그러면 끝없이 늘어선 공항 편의시설들 사이로 어슬렁거리며 다녀 보라.

풀 서비스 수영장과 영화관, 박물관, 해바라기 정원과 나비 정원, 대형 오렌지색 클라이밍 케이지와 대형 미끄럼틀을 갖춘 액티비티 센터, 미용실, 자동세척 화장실, 호텔급 침대를 갖춘 안락한 수면 라운지, 전 세계 음식과 양키 스타일 크리스피 크림까지 파는 식당가, 셀 수 없이 많은 USB 도킹 스테이션 등 없는 게 없다.

📍 없는 게 없는 창이공항: 수영장, 클라이밍, 나비, 꽃

알린과 나는 일단 호텔에 여장을 푼 다음 싱가포르의 성공 비결 탐험에 나섰다. 우리가 묵은 곳은 전형적인 중간 가격대의 호텔이었는데, 다른 나라에 가져다 놓으면 무조건 5성급 고급호텔일 정도로 호화스러웠다. 먼저 남부 해안에 있는 작은 리조트 섬을 찾아가 보았다. 무성한 푸른 숲에 점점이 피어 있는 화초, 부드럽게 펼쳐진 하얀 백사장, 한적한 공원 등 로맨스 분위기가 넘치는 섬이었다. 오후 반나절 나들이에 딱 좋은 장소였다.

이 달콤한 안식처가 대부분 매립지라는 사실을 이야기했던가? 사실이다. 작은 섬 세마카우는 싱가포르 당국이 쓰레기를 버리는 곳이다. 당국은 본 섬의 쓰레기를 모아서 소각한 다음 재를 모아 노랑색 대형 트럭에 싣고 이 섬으로 온다. 쓰레기를 소각할 때는 오염물질이 배출되지 않도록 철저히 필터링한다. 트럭으로 싣고 온 재는 기발한 방식으로 치밀하게 제작된 수조에 넣어 처리한다.

쓰레기는 냄새가 나지 않고, 환경에는 전혀 피해를 주지 않으며, 야생동물은 자유롭게 배회하고, 산호는 번성하고 있다. 매립지의 위생상태가 얼마나 양호한지 쓰레기장에서 30미터쯤 떨어진 곳에 양어장이 있는데 그곳에서 자라는 지느러미 생선들은 100퍼센트 안심하고 먹어도 된다. 결혼을 앞둔 젊은이들이 세마카우로 웨딩사진을 찍으러 올 정도로 섬의 풍광이 좋다.

873일째에 나는 겉으로 멀쩡하게 보이는 물건을 담은 상자들 사이에 앉아 비디오를 시작했다. 셀러리는 약간 흐물흐물하고, 바나나는 멍이 약간 들고, 고추도 광택이 약간 죽었다. 하지만 넉넉하지 않은 사람에게는 얼마든지 먹을 수 있는 식품이고, 잘하면 잔치라도 벌일 수 있을 정도이다.

"믿거나 말거나 이것들은 모두 쓰레기통으로 갑니다." 나는 이렇게 말을 이었다. "이 과일과 야채들이 먹을 수 없기 때문이 아니라, 팔아도 될 만큼 보기가 좋지 않다는 이유에서입니다."

서글프지만 사실이다. 음식물 낭비는 전 세계적으로 큰 사회문제이다. 미국에서도 전체 음식물의 40퍼센트가 흠이 조금 있거나 빛이 약간 바랬다는 이유로 팔리지 않고 버려진다. 비즈니스 측면에서 보면 필요한 사람에게 기부하기보다 그냥 버리는 게 더 쉬운 방법이다.

하지만 싱가포르에서는 음식물 기부센터들이 매일 버려지는 80만 톤의 음식물을 모아서 기부하기 위해 쉬지 않고 일한다. 푸드 뱅크 싱가포르Food Bank Singapore는 독자적으로 200여개의 자선단체들과 손잡고 흐물흐물한 멜론이나 토마토를 상인으로부터 받아와 겉보기는 상관하지 않는 사람들에게 나눠주는 일을 한다. 나는 이 소중한 일을 하는 자선단체 SG 푸드 레스큐SG Food Rescue에서 하루를 함께 일하며 1.5톤의 음식물을 모았다.

싱가포르에서 재활용 캠페인은 음식에만 머물지 않는다. 정부 기관들은 물 문제에도 매달리고 있다. 예를 들어, 누가 나보고 어느 날 시원한 오줌을 한 병 마신 것이라고 한다면, 나는 그 사람에게 미친 소리 하지 말라고 할 것이다. 하지만 내가 마신 그 물은 실제로 화장실 변기에서 내려온 것일 수가 있다.

물을 뱉어내기 전에 내 말을 한번 들어보기 바란다. 태평양에 떠 있는 나라인데 그럴 리가 있느냐고 이상하게 들릴지 모르지만 싱가포르는 항상 담수 부족에 시달려 왔다. 말레이시아에서 수도관을 통해 들어오는 물은 전체 공급량

📍 데이트 명소가 된 쓰레기 매립지

의 30퍼센트에 불과하고, 나머지 30퍼센트는 자체 수원지에서 공급된다. 하지만 워낙 작은 국토에서 수원지를 추가로 건설하기는 쉽지 않다. 활용할 수 있는 토지가 생기면 고층건물을 짓기에 바쁘다.

그래서 2003년에 싱가포르는 하수와 버리는 물을 식수용 담수로 바꾸는 세계적인 추세에 동참했다. 지금은 뉴워터NEWater라고 부르는 이 새로운 식수를 매일 2,000만 갤런씩 제조해 낸다.

싱가포르에 있는 정수공장 네 곳 가운데 하나를 찾아가 제조 공정을 내 눈으로 직접 보았다. 널찍한 창고 안에 물탱크와 터빈, 그리고 연한 청색 파이프들이 촘촘히 들어차 있고, 그 안에서 유니폼 조끼와 흰색 안전모를 쓴 작업자들이 더러운 물이 우리가 사서 마시는 물병에 든 물처럼 맑고 깨끗한 물이 될 때까지 물 분자 하나 놓치지 않고 위생처리를 하고 있었다.

물은 안전판정이 내려질 때까지 15만 번 테스트를 거친다. 결코 쉬운 작업이 아니다. 이것은 싱가포르가 일을 제대로 처리하기 위해 얼마나 철저한 조치를 취하고 있는지 보여주는 또 하나의 사례이다.

싱가포르에 머무는 나머지 일정 동안 나는 이 나라가 크건 작건 불문하고 지속적으로 최고 자리를 고수하는 일들에 대해 알아보았다. 예를 들어 싱가포르 여권은 일본에 이어 세계에서 두 번째로 강한 힘을 발휘하는데, 비자 없이 입국할 수 있는 나라가 189개국에 이른다. 싱가포르가 다른 나라 영토를 침략하거나 빼앗을 의사를 보인 적이 없기 때문이다. 이 나라가 바라는 것은 단지 글로벌 이웃들과 친구가 되는 것이다. 그리고 이런 자세가 자국민들의 삶을 더 풍요롭게 만들어 주고 있다.

이 나라의 도로는 내가 가본 곳 중에서 제일 막힘이 없다. 첫째는 엄격히 시행되고 있는 정부의 자동차 대수 제한정책과 대중교통 시스템이 잘 갖춰진 덕분이다. 싱가포르 사람들은 주차 에티켓을 철저히 지키는데, 주차할 때 흰색 페인트선을 넘지 않으려고 주의한다. 그리고 좁은 주차공간을 조금이라도 더 확보하려고 항상 후진해서 들어간다.

싱가포르를 보는 '너무 부유한 아시아국가'라는 고정관념과 달리 이 나라도 지구상의 다른 나라들과 마찬가지로 소득불평등, 고물가 문제를 해결하기 위해 골머리를 앓고 있다. 평균적인 싱가포르인들은 생활하는 데 부족함이 없을 정도의 소득수준을 유지한다. 하지만 고층빌딩 공사장에서 일하는 외국노동자들은 시급 1.9달러를 받는다. 노년층 가운데 42퍼센트는 노후대책이 되어 있지 않다.

싱가포르가 다른 나라와 다른 점은 반세기도 더 전에 국가발전계획을 세워 지금까지 한 번도 페이스를 늦춘 적이 없다는 사실이다.

텍사스주 오스틴만한 크기의 나라에 서로 다른 다양한 문화적 배경을 가진 560만 명의 주민이 다닥다닥 붙어살고 있다. 그러면서도 이들은 증오 대신 서

📍 싱가포르의 주차장

로의 차이점을 존중하면서 조화롭게 사는 길을 택했다. 그리고 이곳의 부모들은 자녀들의 손에 총기와 같은 무기가 아니라 교육이라는 무기를 쥐어주는 데 더 관심이 있다. 이곳 사람들은 이제 규율과 규제에 집착하는 대신 관용과 수용의 규칙을 첫째 우선순위로 지키려고 하고 있다.

이 나라는 과거의 잘못에서 교훈을 배우려고 노력하며, 다른 나라들은 이런 싱가포르를 롤 모델로 삼고 배우고 싶어 한다. 바로 이런 점 때문에 싱가포르 여권이 그렇게 힘이 있고, 이곳 항구가 세계에서 두 번째로 붐비며, 이곳의 물이 제일 깨끗하고, 이곳의 공항이 최고 평가를 받고, 이곳의 매립지가 가장 아름답고, 이곳 사람들이 제일 친절한 것이다.

리센룽Lee Hsien Loon 싱가포르 총리는 나스 데일리가 이곳을 찾는다는 소식을 듣고 만면에 웃음을 지으며 기꺼이 우리 카메라 앞에 서겠다고 했다. 그는 싱가포르는 지금까지 해온 일을 절대로 멈추지 않을 것이라고 했다. "지난 53년 동안 열심히 노력해서 지금의 싱가포르를 건설했습니다." 그는 자랑스럽게 말했다. "우리는 앞으로도 이런 노력을 계속해 나갈 것입니다."

NAS MOMENT

플라스틱 스트로의 역설, 선택적 공감에 대하여

맥도날드에서 음료수를 한 컵 샀는데 스트로를 주지 않았다.

"실례합니다." 나는 점원에게 물었다. "스트로는 같이 주지 않나요?"

"미안합니다, 손님. 저희는 플라스틱 스트로를 사용하지 않습니다."라고 점원은 대답했다.

"왜 그렇지요?" 다시 물어보았다.

"맥도날드는 환경을 보호하기 위해 플라스틱 스트로 사용을 금지했습니다." 그녀는 자랑스러운 투로 말했다. 나는 그 말에 깊은 인상을 받았다. 나는 친환경 마인드를 가진 사람들을 좋아하는데, 맥도날드 같은 거대 기업에서 이런 정책을 시행한다는 말을 들으니 기분이 특히 더 좋았다.

그런데 내가 받은 음료수 컵에는 플라스틱 뚜껑이 덮여 있었다. 매장 안 테이블을 둘러보니 어떤 남자가 플라스틱 포크로 샐러드를 먹고 있고, 옆의 여성은 플라스틱 막대로 커피를 젓고 있었다. 젊은 사내 몇 명은 빅맥 쿼터 파운더를 먹고 있었다. 축산으로 생산한 쇠고기로 만드는 햄버거인데, 축산할 때 나오는 온실가스는 전 세계 온실가스 배출량의 15퍼센트를 차지한다. 무려 15퍼센트이다.

이런 의문이 들 수밖에 없다. 맥도날드는 왜 해변을 어지럽히고, 바다거북의 목구멍을 막고, 자연분해되지 않는 플라스틱 스트로를 줄이는 데는 그렇게 신경을 많이 쓰면서 지구환경을 해치는 다른 많은 행위는 모른 체하는가? 그것은 바로 일종의 '선택적 공감'*selective empathy* 때문이라고 할 수 있다.

인간이면 모두가 안고 있는 문제이기도 하다. 우리는 어떤 일에는 관심을 갖고, 다른 어떤 일에는 그렇지 않은 식으로 대상을 선별해서 공감한다. 다시 말하면 이런 식이다. 집안에서 나오는 쓰레기를 버릴 때 재활용품은 일일이 골라낸다. 그리고 재활용품을 바깥에 내다 놓으면서 피우던 담배꽁초는 태연스레 이웃집 잔디밭에 던져 버린다. 왜 이렇게 앞뒤가 맞지 않는 행동을 할까?

맥도날드가 플라스틱 스트로가 바다거북의 목구멍을 막는 일이 없도록 하는 일에 동참하는 것은 멋진 일이다. 하지만 그런 기업이 연간 4억 5,000만 킬로그램에 달하는 소고기를 눈 하나 깜빡하지 않고 판매하고 있다. 550만 마리의 소를 죽이는 일이다. 바로 선택적인 공감을 실천하고 있는 것이다.

제일 고약한 일은 자신의 이런 변덕스런 행동을 자각하지 못하는 것이다. 중국인이 개고기를 먹는다고 분노를 표하는 사람이 집에서 태연히 양갈비를 구워먹는다. 강아지에게는 동정심을 갖지만 양에 대해서는 그렇지 않은 것이다. 전 세계적으로 도축장에서 매일 수백만 마리의 양을 살육하는 사람들이 집에 돌아가면 애완견을 쓰다듬는 것이나 다름없다.

플라스틱 스트로 없이 앉아서 맥도날드 음료수를 홀짝이고 있자니 이런 생각이 들었다. 내 주위에는 햄버거 고기와 여러 플라스틱 제품이 잔뜩 있었다. '우리는 정말 플라스틱에 신경을 쓰는가? 동물은? 인간에 대해서는? 그게 아니라 플라스틱 일부 제품, 동물 일부, 일부 인간에 대해서만 신경을 쓰는 것은 아닐까?' 껄끄러운 질문이지만 곰곰이 생각해 볼 필요가 있는 주제이다.

우리가 사는 환경에서 플라스틱 스트로를 줄이는 것은 좋은 일이다. 하지만 그보다 큰 문제에도 신경을 쓴다면 더 좋지 않겠는가.

마침내 찾은 자유,
환희와 숙제

짐바브웨, DAY 600

2017년 11월 29일, 기분이 엄청 좋은 날이었다. 나스 데일리가 정확히 600일째를 맞았고, 우리 비디오는 4억 5,000만 뷰를 돌파했다. 일 년 반 전 문득 생각해낸 그 꿈같은 일이 쾌속으로 질주하고 있었다. 매일 비디오 한 편을 만들어 하루도 빠짐없이 포스팅한 것이다. 자축할 만하다는 기분이었다.

이미 벌어지고 있는 다른 축하행렬에 합류했다. 1,600만 명이 벌이는 축하파티였다. 그 파티는 나와 나스 데일리, 그리고 소셜미디어 세계와는 아무 상관없이 벌어지고 있었다. 불과 며칠 전 짐바브웨 국민들이 이 나라를 37년 넘게 철권통치해 온 억압적인 독재자를 몰아낸 것을 자축하는 기념파티였다.

아프리카 대륙 남쪽에 육지로 둘러싸여 있는 짐바브웨는 웅장한 야생 생태계와 절경으로 유명하다. 잠베지강과 림포포강의 우아한 물줄기가 영토의 위와

아래쪽을 감싸고 흐르고 있다. 이 나라는 다른 아프리카 국가들이 겪은 승리와 비극의 역사를 모두 안고 있다. 1,000년 동안 여러 왕국과 국가에 복속되어 있었고, 금, 상아, 구리 등 풍부한 천연자원 때문에 오랫동안 유럽과 아랍 상인들이 군침을 흘린 지역이다. 아프리카 대륙에 있는 많은 나라들처럼 외부 세력이 이곳을 탐험하고 약탈하고, 식민지로 만들었다.

그러다 1965년 백인 소수 정부가 영국으로부터 독립을 선언하고 국명을 로디지아로 바꾸고 난 이후 15년에 걸쳐 국제적 고립과 반군과의 게릴라전 등 대혼란으로 빠져들었다. 이런 혼란 속에서 1980년 짐바브웨라는 새 국명으로 재탄생하고 로버트 무가베가 집권했다. 무가베는 집권 37년 동안 이 나라를 경제적으로 끝없는 나락으로 몰아넣었으며 국민들 사이에 계급투쟁을 부추기고 인권탄압을 자행했다.

무가베의 폭정은 내가 탄 비행기가 짐바브웨에 도착하기 12일 전인 2017년 11월 15일 막을 내렸다. 전국적인 반정부 시위와 군부 쿠데타로 무가베의 독재

📍 2017년 11월. 독재자 무가베의 퇴진을 자축하기 위해 거리로 나온 짐바브웨 국민들

는 끝이 나고, 이 아름다운 나라의 국민들은 기쁨의 환호 속으로 빠져들었다. 수도 하라레에 도착했을 때 짐바브웨 시민들은 길거리에서 환호하며 춤추고 있었다.

"웰컴 투 짐바브웨!" 주민들이 자랑스럽게 국기를 흔들며 주위를 에워싼 가운데 나는 이렇게 방송을 시작했다. "아마도 여러분은 이 나라를 보면 불과 며칠 전 물러난 늙은 독재자 로버트 무가베를 떠올릴 것입니다. 이 모든 일이 총성 한 번 울리지 않고, 희생자 한 명 없이, 그리고 수많은 평화 시위대에 의해 이루어졌습니다!"

유명한 노래가사처럼, '나는 역사에 대해 별로 아는 게 없지만'I don't know much about history, 희망의 언어에는 어느 정도 숙달되어 있었다. 짐바브웨에 도착해서 본 것은 지극히 낙관적인 사람들이었다. 그들은 분노하지 않았고 불안해하지도 않았다. 오직 자부심으로 가득 찬 얼굴들이었다.

많은 짐바브웨인들이 환호하며 내 옆에서 길거리를 함께 걸었다. 그들에게 기분이 어떠냐고 물어보았다.

"오늘 너무 기분이 좋아요!" 한 명이 이렇게 대답했다.

"이제 자유를 느낍니다!" 또 한 명이 이렇게 소리쳤다.

"새 시대가 왔어요. 이제 새 출발입니다!" 세 번째 사람이 이렇게 외쳤다.

그야말로 '국민의 힘'을 보여준 것이었다. 그날 밤 페이스북에 비디오를 올리며 나는 '세상에서 제일 행복한 나라'라고 제목을 달았다. 그곳 사람들은 정말 그런 기분이었다.

하지만 37년은 긴 세월인데, 짐바브웨가 40년 가까운 독재의 후유증을 딛고 어떻게 안정을 되찾아갈지 무척 궁금했다. 며칠 동안 나는 이 문제를 놓고 골똘히 생각했다. 짐바브웨가 안정을 되찾을 비결을 알아내는 데는 그렇게 많은 시간이 걸리지 않았다. 그 비결은 바로 독창성이었다.

예를 들어 이들이 쓰는 택시 공유 시스템을 보자. 우리 모두 우버Uber, 리프트Lyft, 비아Via와 같은 공유 앱을 알고 있다. 모두 귀하신 몸 대접을 받는 소프트웨어 엔지니어들이 샌프란시스코의 안락한 사무실에 앉아서 개발한 프로그램들이다. 같은 '기술'이 짐바브웨에도 있는 것으로 드러났다. 경제가 무너지고 실업률이 치솟자 사람들은 첨단기술을 이용하지 않고도 교통수단과 인력을 공유하는 시스템을 만들어냈다. 무시카−시카라고 부르는 이 제도는 우버와 같은 원리로 움직이는데 앱만 없을 뿐이다. 짐바브웨 원주민 소나족 말로 '빨리 빨리!'라는 뜻이다.

자기 차를 가진 사람들이 인적 네트워크를 구성해 거리를 순찰하듯이 열심히 돌아다니며 손님을 태워 목적지까지 데려다 준다. 운임은 일반 택시보다 훨씬 싸다. 우버 풀 택시처럼 손님을 태우고 가는 도중에 방향이 같으면 사람을 더 태우기도 한다. 운임은? 한 번 타는데 50센트이다. 샌프란시스코에 기반을 둔 리프트는 처음에 이름이 짐라이드Zimride였다. 창업자가 짐바브웨에서 무시카−시카를 보고 아이디어를 얻어 사업을 시작했기 때문이다. 리프트는 현재 수십억 달러 규모의 기업이 되었다.

무시카−시카는 다소 주먹구구식으로 움직이기 때문에 언론과 경찰을 비롯한 일부에서는 이를 위험한 존재로 간주하는 게 사실이다. 하지만 좀 더 자세히 들여다보면 주로 상위 1퍼센트를 구성하는 엘리트 그룹에서 이런 비판을 하고 있음을 알 수 있다. 내가 보기에는 짐바브웨 국민들이 무시카–시카를 좋아하고, 이를 이용하는 사람을 도처에서 볼 수 있다.

이 사업이 내일 당장 문을 닫는다고 하더라도 나는 무시카–시카 같은 풀뿌리 운동에서 이 나라의 희망을 본다. 이들은 수십 년의 압제에서 벗어나 스스로의 힘으로 다시 일어나 일자리를 만드는 사람들이다. 그렇게 해서 서로 도우며 각자의 삶이 더 나아지도록 만드는 것이다. 이들을 보며 혁신이란 때때로 전혀 기대하지 않은 곳에서 이루어진다는 교훈을 되새기게 된다.

짐바브웨인들은 환전 시스템에서도 이와 비슷한 창의력을 발휘하고 있다.

📍 무시카-시카

하라레에 있을 때 현금이 떨어진 적이 있다. 정부가 경제를 워낙 엉망으로 만들어놓았기 때문에 은행은 악몽 같은 존재가 되었고, ATM 기계는 작동되는 게 한 곳도 없었다. 이런 혼돈상황에서 짐바브웨 사람들은 현금지갑을 모바일 폰 안에 집어넣는 아이디어를 고안해 냈다. 바로 에코캐시EcoCash 시스템인데 전국적으로 결재와 이체를 전자화폐로 하는 것이다. 2011년 짐바브웨에서 시작된 에코캐시는 각자가 가진 모바일 기기를 통해 예금, 출금, 이체, 결재를 다 할 수 있다. 모바일 폰에 가지고 있는 금액이 입출금에 맞춰 늘었다 줄었다 하기 때문에 현금은 더 이상 중요한 지불수단이 아니게 되었다.

대학 졸업하고 첫 직장이 벤모Venmo였기 때문에 나는 이 문제에 관심이 많았다. 당시 벤모는 미국 내 모바일 송금결재 분야에서 선두 자리에 있었다. 대단히 뛰어난 앱이기는 하지만 거리 노점상에게 이 앱을 이용해 지불하기는 거

📍 에코캐시

의 불가능했다. 하지만 짐바브웨에서 에코캐시는 어떤 곳에서나 받아주었다. 식사요금과 숙박요금, 길거리 주차요금 지불, 그리고 고속도로변 과일 노점상에게도 지불할 수 있다. 버튼 한번만 누르면 노숙자에게 적선도 할 수 있다.

무시카-시카와 에코캐시 같은 시스템이 경제가 완전히 무너지고 정부 기능이 멈춘 이 저개발 국가를 구해낼 수 있을까? 물론 그런 것은 아니다. 슈퍼파워 몇 나라가 세계경제를 좌지우지한다. 이런 조건에서 경제가 완전히 망가지긴 했지만 다시 일어서기 위해 열심히 새로운 길을 모색하는 나라들로부터도 배울 게 있다는 점이 놀랍다.

603일째 되는 날 짐바브웨를 떠나 스와질란드, 요하네스버그 등을 둘러보기 위해 나섰다. 점심때가 막 지난 시간에 하라레 공항에 도착했다. 하늘까지 검푸른 빛을 띠고 있어 분위기 전체가 너무도 황량했다. 인적도 드물었다.

"여러분, 지금 막 세상에서 제일 한적하고 제일 으스스한 공항에 도착했습니다." 나는 카메라에 대고 이렇게 속삭이듯 말했다. "세관 검색대 앞에 서 있는 사람은 나 혼자밖에 없고, 여권 검사, 보안 검색대, 그리고 출국장 입구에도 나 혼자뿐입니다. 오늘 짐바브웨에서 출발하는 비행기는 모두 6편이 있는데, 내가 탈 비행기에는 나 외에 30명이 예약해 놓고 있었습니다. 도대체 이곳에 무슨 일이 있는 것입니까?"

농담이 아니었다. 정말 으스스한 분위기를 느꼈다. 명색이 수도에 있는 국제 공항인데, 이런 초현실적인 정적만 흐르고 있다니 도저히 이해가 되지 않았다. 짐바브웨에 사흘간 머물면서 이 나라 국민들의 새로 찾은 자유와 활기를 소개했다. 하지만 황량한 공항 풍경을 보고 나서야 이 나라가 직면하고 있는 문제의 심각성이 실감나기 시작했다.

공항 분위기를 보고 나서 곰곰이 생각해 보았다. 앞으로 붐비는 공항에서 발이 묶이게 되면, 긴 줄과 검색요원들이 내는 시끄러운 소리, 입국장 앞에 어깨를 맞대고 촘촘히 늘어선 사람들을 보면 짜증부터 내지 말고 잠시 멈추고 감사하는 마음을 가져야 되겠다고 생각했다. 그런 소란스러움은 그 나라가 건강한 경제를 유지하고 있고, 정부 기능이 제대로 작동하고 있다는 증거이기 때문이다. 짐바브웨는 아직 그런 과실을 누리지 못하고 있다.

이들의 무시카–시카가 국력 회복을 향해 나아가는 확 트인 고속도로가 되기를 기원한다.

가짜의 나라,
풍수의 힘을 이용하다

중국, DAY 891

이번에는 듣기 싫은 이야기를 좀 해야겠다.

중국을 생각하면 겁부터 난다. 솔직히 말하면 1,000일 동안 세계여행을 하면서 중국은 너무 무서워서 가고 싶지 않은 몇 안 되는 나라 가운데 하나였다. 사실 중국은 최근 몇 년 동안 여러 차례에 걸쳐 무도한 행동을 했다. 그랬기 때문에 나는 중국이라면 겁부터 내지 않을 수 없게 되었다.

그렇게 된 배경은 이렇다. 뉴스만 때때로 챙겨 읽어도 왜 많은 사람들이 중국에 대해 분개하는지 쉽게 알 수 있을 것이다. 중국은 감추는 게 많고 폐쇄적이며 음침한 나라이다. 그리고 국제적인 규범은 제대로 지키지 않으면서 국제무대에서 큰손 역할을 하고 있다.

먼저, 이 나라는 지적재산권을 거의 존중하지 않는다. 비교적 짧은 기간 그

📍 공중에서 내려다본 항저우 다운타운

곳에 머물렀는데도 가짜 제품들로 가득 찬 전자제품 가게를 수없이 보았다. 싸구려 복제품을 진열대마다 쌓아놓고 할인판매 하는데도, 그게 잘못된 일이라고 생각하는 사람은 아무도 없는 것 같았다. 애플Apple 제품을 그대로 베껴 만든 모바일 폰, 데스크탑 등을 케이스에 애플 로고만 뺀 채 버젓이 파는 것이다.

전자제품만 그런 게 아니다. 테슬라Tesla 모델을 그대로 베낀 자동차가 굴러

다니고, 에어 조던을 그대로 베껴 만든 운동화도 팔고 있다. 심지어 파리 도시 전체를 모방해서 만들어 놓은 곳도 있다. 진짜다. 얼마나 모방을 잘하는지 짝퉁 파리까지 만들어 놓았다. '몽 듀!'Mon dieu '오 마이 갓!'

인터넷도 문제가 많다. 중국의 인터넷은 서방 사람들이 이용하는 것보다 훨씬 더 자유롭지 못하고, 검열은 훨씬 더 많이 받는다. 페이스북Facebook, 왓츠앱 WhatsApp, 구글Google 같은 애플리케이션은 중국 안에서 모두 차단당하고 있었다. 그것 때문에 나는 그곳에서 보내는 시간이 엄청 힘들었다. 중국 정부는 또한 언론이 정해놓은 헤드라인 뉴스를 자기들 멋대로 정부 선전 뉴스로 바꿔 버리는 것으로 유명하다.

그리고 소수민족에 대한 차별도 있다. 서역西域이라 부르는 중국 서부에 사는 무슬림에 대한 처우는 좋게 말해 매우 충격적이다. 중국의 인권 경시에 대해서는 우리도 읽어서 잘 알고 있다. 하지만 무슬림 탄압은 그 정도가 특히 심각하다. 뉴욕타임스는 신장 위구르 자치구의 호텐和田에서만 수백 명의 위구르 무슬림이 당국에 의해 집단수용돼 중국 공산당을 추종하도록 만드는 고강도 '세뇌 교육 프로그램'을 받고 있다고 보도했다. 호텐시는 가보지 않기로 했다. 안 갈 이유는 많았다.

중국에 대해 좋지 않은 인상을 갖게 만든 이유가 한 가지 더 있는데, 그건 바로 바로 개 때문이다. 내 눈으로 직접 본 적은 없지만, 중국에서는 아직 개고기를 먹는다고 한다. 지금도 수많은 동물애호가들을 화나게 만드는 대목이다. 현지인 몇 명에게 물어보았더니 대부분 헛소문이고, 실제로 개고기를 먹는 사람은 전체 인구 중 극히 일부분에 그친다고 했다. 사실이라면 보통 여행객이 가면 불편함을 겪을 사유가 될 수 있었다.

사정이 이러했기 때문에 베이징행 비행기 안에서도 중국에 대한 인상이 썩 좋지는 않았다. 하지만 일단 도착하고 나서부터는 그동안 방문한 다른 나라들과 마찬가지로 성실하게 비디오를 제작하겠다고 다짐했다. 그리고 보고 들은 것을 진실하고 정직하게 보도했다. 다행스럽게도 중국을 떠날 때는 이곳 사람들에 대해 어느 정도 존중심도 갖게 되었다.

960만 평방킬로미터에 달하는 거대한 영토에 14억 인구를 가진 중국에는 볼거리가 많다. 휘황찬란한 항구에서부터 시골마을에 이르기까지 그냥 보기 아까울 정도로 아름다운 절경들이 많다. 그리고 수많은 왕조와 황제가 나타났다 사라지고, 숱한 전쟁으로 점철된 4,000여 년의 흥미진진한 역사를 가지고 있다. 하지만 중국과 관련해 내 뇌리에 가장 강렬하고 오래 남을 부분은 아마도 이 나라의 발전해 나가는 모습일 것이다.

892일째에 나는 저장성浙江省의 수도인 항저우杭州로 갔다. 상하이와 닝보寧波 사이에 자리한 잔잔한 만에 위치한 번화한 도시이다. 이곳이 무역항으로 번성 하던 시절부터 유명한 항저우 차와 실크는 특히 아랍상인들에게 인기 물품이었 다. '우리 조상들이 여기까지 왔다니!' 오늘날 항저우는 저장성 전체의 경제, 정 치, 문화를 뛰게 하는 심장 역할을 맡고 있으며, 전 세계적으로 가장 빠르게 성 장하는 도시들 가운데 하나이다. 내가 이곳을 찾은 것도 바로 이런 배경 때문이 었다.

항저우에는 밤에 도착했는데, 환하게 불을 밝힌 세 개의 건물 때문에 번번이 발길을 멈추게 되었다. 인터콘티넨탈은 강가에 위치한 5성급 호텔이다. 태양을 본떠 완전한 구형체로 설계하고 건물 외관에 도금을 입힌 20층 넘는 건물이 조 명으로 밝게 빛나고 있었다. '스타워즈' 다스 베이더의 데스 스타Death Star가 어 둡고 사악한 분위기만 아니면 이 건물처럼 생겼을 것이라고 생각하면 될 것 같 았다. 그곳이 바로 인터콘티넨탈 호텔이다.

그곳에서 길 하나 건너면 바로 항저우대극장杭州大劇院이 나오는데, 인터콘 티넨탈 못지않은 걸작 건축물이다. 9만 3,000평방미터 부지에 자리한 대극장은 오페라하우스, 콘서트홀, 노천무대를 갖추고 있다. 사람들의 시선을 사로잡는 것은 바로 건물의 외관인데, 초승달 모양의 곡선 건물 외부를 투명감을 내는 풀 블루pool-blue의 맑은 청색 유리가 덮고 있다.

완만하게 흐르는 첸탕강 너머 불과 600미터 떨어진 곳에 항저우시민중심

📍 항저우의 야경

市民中心이 자리하고 있다. 우아한 곡선을 한 6개 동의 고층건물이 원형 모양으로 둘러서 있는데, 각 동은 100미터 상공에 건설해 놓은 스카이 브릿지로 서로 연결된다. 사람 여섯 명이 양팔을 서로 서로 어깨에 두른 채 옹기종기 모여 서 있는 모습을 연상한다면 제대로 본 것이다. 그렇게 보이도록 설계한 것이 맞다.

자, 이제 바로 해와 달, 인간이라는 전체적인 그림이 완성되었다. 그게 어쨌다고? 숨은 뜻이 있는데, 그것은 바로 건물들이 서로 소통한다는 것이다. 중국인들은 에너지의 힘을 믿는다. 좋은 에너지, 즉 좋은 기운은 성공을 가져다주고, 나쁜 기운은 실패를 초래한다고 믿는다. 항저우에 있는 세 개의 건물은 좋은 기운을 증폭시키고, 나쁜 기운은 소멸시키기 위한 구도로 건설하고, 배치도 그런 뜻에 맞게 해놓았다. 건축가와 도시설계자들은 태양 건물과 달 건물을 강과 마주보도록 배치해서 강의 좋은 기운을 빨아들이도록 한 다음, 그 기운이 서로 어깨동무하고 서 있는 여섯 명의 거한들에게 보내지도록 해놓았다. 이렇게 한 바퀴 돌아 나온 좋은 기운은 도시 전체를 휘감도록 내보내진다. 좋은 에너지, 좋은 기운이 도시 전체에 흘러 퍼지도록 한 것이다.

다시 말해 눈에 보이지 않는 물의 기운을 끌어올려서 이를 위풍당당한 고층건물들 사이로 통과시킨 다음 도시 전역을 일주시키며 골고루 퍼트리는 것이다. 중국은 이를 위해 수십 만 달러를 쓴다. 이러한 좋은 에너지의 효력에 대해 좀 더 자세히 설명해 보자.

가짜뉴스가 아니다. 고대중국의 풍수지리인 펑수이風水를 말하는데, 숲이나 건물 같은 물체의 위치를 제대로 앉힘으로써 인간이 환경과 조화를 이루도록

📍 항저우의 풍수. 왼쪽 위에서 시계방향으로 인터콘티넨탈 호텔, 대극장, 시민중심

하고, 그를 통해 에너지, 즉 기운을 다스리는 것이다. 항저우에서는 이 펑수이가 제대로 효력을 발휘하고 있는 것이 분명하다. 도시가 매우 인상적인 발전을 거듭하게 된 것도 바로 이 펑수이 덕분이라고 믿는다. 쇼핑몰 건물은 이런 에너지가 제대로 흘러 더 많은 고객이 찾아오도록 짓는다. 트윈 타워는 두 건물 사이로 에너지가 흘러 지나가도록 타워 사이의 간격을 떼어놓는다. 좋은 기운이 더 많이 돌아다니면 우리의 삶도 그만큼 더 좋아진다는 것이다.

펑수이는 중국에만 있는 게 아니라 세계 곳곳에 있다. 싱가포르 스카이라인에도 있고, 홍콩의 도시 풍경에도 있다. 그리고 여러분의 집안에도 있다. 그렇다. 많은 이들이 집안에 가구를 배치할 때 풍수지리 원칙을 따른다. 침대, 소파, 거울, TV 같은 것도 모두 좋은 기운을 끌어들일 수 있도록 배치한다. 그렇게 해놓으면 힘든 하루를 보내고 지친 몸으로 집에 돌아왔을 때 금방 편안한 안식을 느낄 수 있게 된다. 풍수지리를 모르면 여러분은 이런 것을 보고 마술이라고 생각할 것이다.

897일째에 나는 중국을 떠나 홍콩을 거쳐 캐나다로 갔다.

중국에 갈 때 가졌던 유보적인 입장은 여전히 남아 있었지만, 그런 입장은 발전된 미래를 추구하는 중국인들의 자세를 보고 다소 누그러졌다. 어떤 방식으로든 좋은 기운이 흐르도록 하는 게 중요하다는 사실을 중국에 와서 알게 되었다. 친구, 거실, 건물, 정부 등 우리의 삶에 들어와 있는 모든 것에 좋은 기운이 필요하다. 중국인들은 그런 것을 알고 있었다.

팔레스타인
팔레스타인의 미래를 건설하는 사람

    열네 살에 체포된 적이 있다면 그 사람은 행복한 삶을 누리기 힘들 것이다. 그런데 이 사람은 이후 일곱 번을 더 체포당했다. 하지만 바샤르 마스리씨는 좌절하지 않았다. 분쟁지역 요르단강 서안지구에 있는 팔레스타인의 나블루스에서 태어나고 자란 그는 1967년 이스라엘이 자신의 고향마을을 점령한 데 대해 저항하는 것을 자신의 의무라고 생각했다. "돌멩이를 던졌지

만 멀리 던지지는 못했습니다." 그는 이렇게 말했다. 하지만 그렇게 저항한 죄로 이스라엘은 그를 여덟 번이나 감옥에 보냈다.

하지만 이야기는 거기서 끝나지 않았다. 그는 미국으로 유학해 버지니아공대를 졸업하고 엔지니어링 학사학위를 받았다. 그러면서도 그는 고향에서 벌어지는 저항을 결코 잊지 않았다. 그래서 팔레스타인으로 돌아와 부동산과 농업 분야에서 30여 가지 사업을 벌여서 수십억 달러를 벌어들였다. 이후 그는 팔레스타인과 이스라엘이라는 2국 체제를 뒷받침하는 라와비 건설에 뛰어들었다.

라와비는 요르단강 서안의 언덕에 우뚝 솟은 경이로운 첨단 도시이다. 팔레스타인 역사상 최대의 건설사업인 이곳은 총 6,000세대, 4만 명이 입주할 수 있는 규모이고, 주민 1만 명에게 일자리를 제공한다. 바샤르씨는 이제 더 이상 돌멩이는 던지지 않는다. 대신 사랑하는 조국의 미래를 건설하는 일에 돌멩이를 사용하고 있다.

키프로스
기적이 만든 우정

44년 전 키프로스는 내전에 휩싸여 남부군과 북부군이 레파에서 서로 충돌했다. 당시 군인 중에 그리스계 키프로스인 이야니스 마라테프티스(사진 오른쪽)씨와 터키계 키프로스인 파티 아큰스씨가 있었다. 19살이었던 이야니스는 전쟁이 하루 빨리 끝나 주기만 바랐다.

그날은 그가 그리스군에 복무하는 마지막 날이었다. 하지만 그날 운이 좋지 않았다. 그는 파티씨가 쏜 총에 머리를 맞았다. 파티씨는 어린 군인이 자기가 쏜 총에 맞고 헬멧과 무전기가 바닥에 나뒹구는 것을 보았다. 그는 자기가 쏜 총에 맞은 그 군인이 분명히 죽었을 것이라고 생각했다.

하지만 총상을 입은 이야니스씨는 기적적으로 살아남아 결혼하고 가정을 꾸렸다. 34년 뒤 그의 이야기는 키프로스 전쟁을 다룬 어느 책자에 소개되었다. 이 책은 터키어로 번역되어 파티씨의 손에까지 들어가게 되었다. 자기가 쏜 총에 맞아 죽은 줄로만 알았던 사람이 아직 살아 있다는 사실을 안 그는 큰 충격을 받았다.

그는 이야니스씨에게 연락해 용서를 구했고, 두 사람은 만나기로 했다. 감동적인 순간이었다. 전쟁 때 두 사람은 서로 총부리를 겨누었지만 이번에는 서로 꺼안았다. 이제 두 사람은 친한 친구로 지내고 있으며, 군사분계선을 넘어 오가며 두 가족이 함께 시간을 보내기도 한다. 함께 웃으며 과일선물도 주고받는다. 두 사람은 아직도 마음은 군인이지만 이제는 서로 총부리를 겨누는 대신 평화를 위해 함께 싸운다.

중국
실패한 모조품, 가짜 파리

알린과 나는 최고로 로맨틱한 데이트를 했다. 알린은 빨간 롱드레스를 입고, 나는 나스 데일리 공식 티셔츠를 입었다. 그리고 우리는 사랑의 도시 파리에서 신나게 놀았다! 샹젤리제 거리에서 춤추고, 에펠탑 앞에서 셀카 포즈를 잡았다. 그리고 동화 속에 나오는 것 같은 작은 카페에 들어가 무 슈 베지터블moo shu vegetables을 주문했다. 사실 우리는 프랑스 수도 근처에도 가지 않았고, 티엔두청天都城에 있는 가짜 파리에 간 것이다.

2007년에 개발업자들은 항저우 외곽에 위치한 이 놀랍도록 닮은 가짜 도시 건설에 착수했다. 상하이에서 탄환열차로 불과 60분이면 올 수 있는 거리였다. 중국 전역을 휩쓴 부동산 붐을 탄 건설 계획이었다. 멋진 아이디어였다! 1:3의 비율로 축소해 만든 에펠탑을 비롯해 멋진 아파드 긴물에서부터 운지 있는 상점가, 가짜 뤽상부르공원 연못에 이르기까지 모두 완벽한 모조품이었다. 그런데 한 가지 문제가 생겼다. 아무도 보러 오는 사람이 없는 것이다. 지금은 사실상 유령 도시나 다름없다. 아파트는 비고, 상점은 문을 닫았다. 가로수가 늘어선 아름다운 도로에는 관광객도 눈에 띄지 않는다.

오래된 영화 속 이런 명대사가 있다. '우리는 파리에서의 추억이 있어요.'We'll always have Paris. 티엔두청 프로젝트를 추진한 두뇌집단은 이 대사의 의미를 완벽히 이해하고 있다. 앞으로 언젠가는 중국이 가장 흠모하는 유럽 도시 파리가 그에 합당한 관광객을 맞이하게 되기를 기대한다. 그게 안 되면 센 강변을 걸으며 하는 말. '쎄라비'c'est la vie. '어쩔 수 없지. 인생이란 그런 거야.'

인도
갠지스, 세상에서 가장 신성한 강물

　두 번째 인도 여행 때 바라나시로 갔다. 바라나시는 힌두교에서 가장 신성시하는 도시로 인도 북부 우타르프라데시 주에 있다. 낯선 곳에 온 외국인 방문자인 나는 그곳의 신비스러운 분위기에 매혹되었다. 무슬림인 나로서는 도저히 이해되지 않는 일이 많았다. 바라나시는 전설의 강 갠지스 기슭에 자리하고 있는데, 인도 힌두교도들은 갠지스의 암녹색 강물을 신성한 물로 생각한다.

　수백만 명의 힌두교도들이 죄업을 씻어내기 위해 갠지스를 찾는다. 강이 지닌 영적인 힘이 자신들을 정화시켜 준다고 믿는 것이다. 그리고 갠지스 가까이에서 죽어 화장한 재를 강물에

뿌리면 모크샤의 경지에 도달하게 된다고 생각한다. 모크샤는 영원한 깨달음을 말하는데, 윤회의 사슬을 벗고 해탈의 상태로 들어가는 것이다.

바라나시에 이틀간 머물면서 나는 수백 명의 힌두교도들이 정성스런 의식을 통해 강의 신에게 기도를 올리는 것을 보았다. 나도 갠지스 강물에 몸을 담갔다. 밤중에 시신을 화장하는 것도 보았는데, 화장터 바닥에서 솟아오르는 노란 불길이 깜깜한 밤하늘을 환하게 물들였다. 힌두 수행자들도 보았는데, 이들은 화장한 사람의 재를 몸에 바르고, 사람의 시체를 먹기도 하며, 죽은 사람의 뼈를 몸에 두르고 다닌다.

신성한 강가에 앉아 있는데, 사람의 시체가 가까이 떠내려 왔다. 할 말을 잊고 말았다. 세상에 퍼져 있는 엄청나게 많은 종교와 믿음, 전통을 생각하니 순간적으로 나의 삶과 내가 하는 여행 모두가 하찮고 무의미하다는 생각이 들었다. 바라나시는 내가 가본 곳 중에서 가장 원시적이고 인간적이며 혼돈으로 가득한 장소 가운데 하나였다. 그러면서 가장 평화로운 곳이기도 했다.

이스라엘
아랍어와 히브리어를 합친 합성 글자체

2012년에 리론 라비 터키니쉬는 자신의 글 읽는 습관에서 깜짝 놀랄 사실을 발견했다. 고향인 이스라엘의 하이파 거리 안내판에는 히브리어와 아랍어가 함께 쓰여 있는데, 아랍어 글씨는 아예 읽지 않는다는 사실을 알아낸 것이다. 그녀는 그런 사실이 마음에 들지 않았다. "하이파에서는 두 문화가 평행선처럼 나란히 공존합니다. 함께 가지만 절대로 서로의 영역을 침범하지 않는 것이지요." 그녀는 이렇게 말했다. "나는 이 두 평행선이 서로 만나게 하고 싶었습니다. 그래서 새로운 활자체를 만들기로 했어요. 나는 활자를 가지고 일을 하거든요."

자신의 서체를 만들기 위해 34세의 리론씨는 19세기 프랑스의 안과의사 루이 에밀 자발이 해놓은 연구결과를 찾아보았다. 그는 사람의 눈은 라틴 문자를 쓸 때 글자의 윗부분 반쪽만 본다는 사실을 알아냈다. 이런 원리는 아랍어 문자에도 똑같이 적용되었다. 리론씨는 여러 번의 시행착오 끝에 이런 원리가 히브리어 문자 아래 부문 반쪽에도 마찬가지로 적용된다는 사실을 알아냈다. 그래서 한 자에 15시간씩 걸리는 힘든 작업을 통해 문자 하나를 반으로 나눈 다음 반쪽씩 다시 이어 붙였다. 그렇게 해서 아랍어 사용자와 히브리어 사용자 모두 쉽게 읽을 수

있는 새로운 알파벳 638자를 만들어냈다. 그녀는 이 새로운 알파벳을 아라브리트*Aravrit*라고 부른다.

리론씨는 이렇게 말했다. "아라브리트는 유대인과 아랍계 이스라엘 주민들, 이스라엘 주민과 팔레스타인 주민 등 우리 모두에게 상대방을 무시하지 말라는 메시지를 전합니다. 우리는 이제 공존의 필요성을 인정합니다. 우리 마음에 진정한 변화가 만들어지고 있습니다. 우리 사회에도 이런 변화가 일어나기를 바랍니다."

PART 8

아름다운
지구 행성

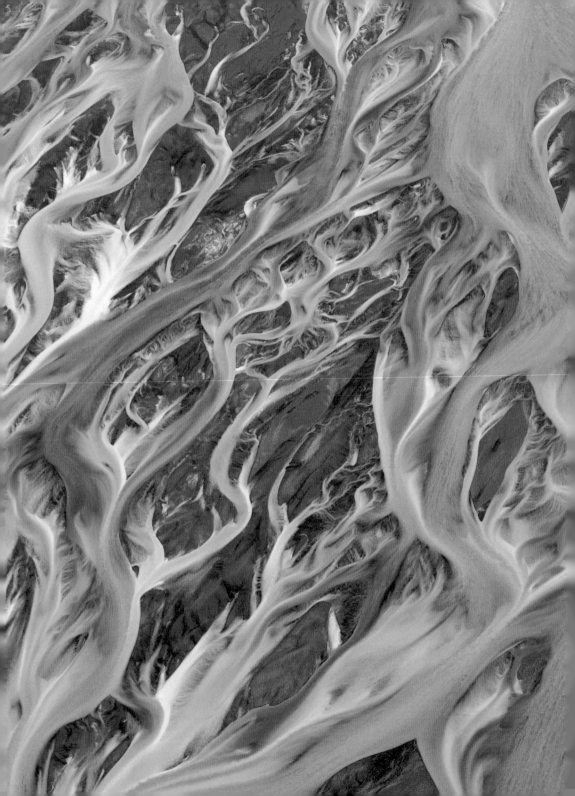

지구에 숨은
아홉 번째 행성

아이슬란드, DAY 792

어렸을 적에 나는 태양계에 여덟 개의 행성이 있다고 배웠다. 그러니 최근에 아홉 번째 행성이 있다는 사실을 알았으니 내가 얼마나 놀랐겠는가. 놀랄 일은 그뿐만이 아니다. 그 아홉 번째 행성은 바로 우리가 사는 이 지구에 숨어 있는데, 바로 아이슬란드 행성Planet Iceland이다. 792일째에 나는 비교적 온화한 덴마크를 출발해 북대서양 상공을 날아 북서쪽으로 날아갔다. 목적지는 활화산이 많고, 여기저기 간헐천이 솟구쳐 오르고, 곳곳이 빙하로 덮여 있는 섬나라 아이슬란드였다. 지리적으로 고립무원의 땅이고 끔찍한 추위로 잘 알려진, 동화 속에 등장할 것 같은 북유럽 국가이다.

아이슬란드 행성에서 하루만 지내보면 이곳이 내가 가본 다른 어떤 곳과도 다르다는 사실을 보여주는 특이점들을 열거할 수 있다. 우선 이곳에는 군대가 없다. 한 번도 남과 싸워 본 적이 없는 나라에 군대가 왜 필요하겠는가. 그리고 남녀평등이 이루어진 나라이고, 대기질은 최고 수준이며, 훌륭한 의료보장제도, 높은 수준의 임금과 낮은 범죄율 등을 꼽을 수 있다. 이 나라에 없는 것을 꼽으라면 모기가 없고, 맥도날드가 없으며, 무엇보다 증오심도 없다.

그리고 아이슬란드는 이곳 날씨처럼 멋진 고유 언어를 가지고 있는데, 말하는 것을 들으면 마치 음악소리 같다. 무엇보다도 제일 좋은 점은 뉴스에 등장하는 일이 거의 없다는 점이다. 지구촌 곳곳에서 들리는 요란한 신음소리로부터 벗어나고 싶은 사람들에게는 매우 이상적인 장소라는 뜻이다.

그렇다고 이 나라가 북극권 가장자리에서 아무 생각 없이 눈이나 치우는 별 볼일 없는 오지라는 말은 아니다. 오히려 그 반대로, 산악지대와 계곡, 빙하로 이루어진 이 아름다운 10만 평방킬로미터의 나라는 스마트하고, 건강하고, 발전하는 나라를 건설한다는 중요한 과제에 몰두하고 있다.

한 가지 예를 소개한다. 아침에 일어나 화장실에 가서 샤워기를 틀면 물에서 썩은 계란 냄새가 난다. 하루를 시작하기에 썩 유쾌한 냄새는 아니지만, 이것은 여러분의 건강을 신경써주는 친절한 행성에 와 있다는 첫 번째 증거이다. 샤워기에서 나오는 온수는 섬의 부글부글 끓는 온천에서 뿜어져 나오는 물을 그대로 연결시킨 것이기 때문이다. 간헐천의 온천수는 지열발전소를 통해 곧바로 주민들에게 운반된다. 주민들은 보일러를 설치하는 데 비싼 돈을 들이지 않아도 된다. 온천수에 함유된 달걀 썩는 냄새를 풍기는 유황 성분은 관절염, 피부병 등 질병 치료에도 도움이 된다.

📍 아이슬란드의 자연. 빙하와 계곡, 그리고 검은 해변

🔍 아이슬란드의 지열발전소

　　반면에 냉수는 이 섬의 천연 우물이라는 전혀 다른 수원에서 흘러나온다. 많은 이들이 지구상에서 가장 신선하고 가장 깨끗한 물이라고 생각한다. 인기 다이빙 장소인 아이슬란드의 실프라 피셔Silfra fissure는 지구상에서 두 개의 지질 구조판이 갈라지는 곳에서 다이빙을 즐길 수 있는 유일한 곳이다. 이곳에서는 스노클링을 하면서 그 물을 그냥 마셔도 될 정도로 수질이 깨끗하다.

　　이게 전부가 아니다. 아이슬란드의 물은 환경을 지키는 데도 도움을 준다. 많은 나라들이 전기를 생산할 때 화석연료와 같은 공해물질을 대기 중으로 내뿜지만 아이슬란드는 모든 전기를 수력발전을 통해 얻는다. 강과 온천수, 빙하수를 활용해 전기를 만들고, 그 전기로 온실에서 채소를 재배하고, 물을 주고, 나아가 전 국토에 불을 밝힌다.

핵심은 바로 이 빙하이다. 얼음 나라 아이슬란드라는 이름에 걸맞게 빙하 얼음이 전 국토의 11퍼센트를 차지한다. 바트나요쿨Vatnajökull은 가장 큰 빙하지역으로, 전체 면적이 7,800평방킬로미터에 이르고, 빙하의 두께가 800미터에 이르는 곳도 있다. 정말 큰 얼음덩어리이다. 이곳에 도착하고 며칠 뒤에 나는 알린과 함께 작은 빙하로 하이킹을 갔는데, 정말 다른 세상에 온 것 같은 경험을 했다. 정신의 절반은 스파이크 박힌 부츠가 발밑의 빙하를 제대로 딛고 있는지 확인하는 데 가 있고, 정신의 나머지 절반은 실제로 수십만 년 된 얼음 위를 걷는다는 생각에 흥분으로 들떠 있었다. 고향 아라바 생각은 깨끗이 사라졌다.

아이슬란드에 12일을 머무르고 보니 이 나라는 그 자체로 하나의 독립된 행성이라는 생각을 굳히게 해주는 증거들이 무수했다. 예를 들어 이곳에서는 태양이 아주 독특한 방식으로 얼굴을 내민다. 여름에는 어두워지는 법이 없고, 겨울에는 온종일 밤이다. 6월에 갔기 때문에 하늘은 계속해서 상쾌하게 밝은 빛이었다. 그러니 나의 신체시계는 거의 미치기 직전이었다. 하루에 대여섯 시간밖에 못 잤기 때문에 늘 잠이 부족했다. 어서 달이 떠서 눈을 좀 쉬게 해주면 좋겠는데, 달은 한 번도 보이지 않았다.

이상한 일은 얼마든지 더 있다. 아이슬란드의 해변은 검은색이다. 말은 키가 작고 땅딸막한 게 꼭 픽사 애니메이션의 귀여운 캐릭터를 닮았다. 걸음걸이도 애니메이션 캐릭터처럼 뒤뚱거린다. 유명한 페니스 박물관도 있는데 포유동물

📍 아이슬란드 말. 픽사에 등장하는 말과 꼭 닮았다.

수백 마리의 성기가 영구 전시돼 있다.

사람들도 매우 특별한 존재들이다. 바이킹의 후예인 이들은 원기왕성하고 강철 같은 의지를 가지고 있다. 이들은 극한의 환경에서 살아갈 힘과 자신감으로 오지를 개발해 집도 짓고, 빙하수처럼 수세기 동안 오염되지 않은 독특한 문화를 일구고 있다.

모든 이들이 각자의 스토리를 갖고 있다. 젊고 예쁜 남녀 커플을 만났는데

두 사람은 매우 사랑하는 사이로 결혼을 앞두고 있었다. 그런데 뒤늦게 서로 가까운 친척이라는 사실을 알게 되었다고 했다. 주민 다수가 같은 선조의 후예들인 경우 이런 일은 자주 일어난다.

욘 그나르Jón Gnarr씨를 만났는데, 인기 코미디언이었던 그는 정치에 염증을 느낀 나머지 수도 레이캬비크 시장에 출마하기로 했다. 장난삼아 내린 결정이었고, 선거운동 전략도 웃겼다. 수영장에 무료 타월 제공, 시내 동물원에 북극곰 유치, 디즈니랜드 조성 같은 황당한 공약을 내놓았다. 내가 말하고자 하는 요점은? 그가 선거에서 덜컥 이겼다는 것이다.

이밖에도 우리 미트업에 모인 아이슬란드 사람 수백 명을 만났다. 모두들 열정이 넘치고 조국에 대한 자부심이 대단한 사람들이었다. 그런 자부심이 없으면 얼굴에 국기를 그리고, 바이킹 뿔을 머리에 두르고 다니지는 않을 것이다.

내가 그렇게 느낀 것일지도 모르고, 신선한 공기가 머리 속에 있는 잡다한 생각을 말끔히 치워 버려서인지도 모른다. 아이슬란드에 와서 열흘째 되는 날 나는 그 동토의 땅에서 본 놀라운 일들과 내가 느낀 것을 모두 담아 4분짜리 특집 비디오를 만들기로 했다.

"지금까지 내가 만든 비디오 중에서 제일 힘들었고, 제일 비싸게 먹힌 비디오입니다." 비디오를 포스팅하며 나는 시청자들에게 이렇게 말했다. "이 비디오를 여러분에게 보여드릴 수 있게 되어서 너무 뿌듯합니다. 하지만 이것은 여행 비디오가 아닙니다. 이것을 통해 모든 일이 우리와 전혀 다르게 돌아가는 특별한 세상을 잠시 엿보는 것입니다. 이 비디오를 보고 여러분은 지구 행성도 이

📍 자부심이 대단한 아이슬란드의 바이킹 후예들

이상하고 아름다운 행성처럼 에너지 절약형으로 개발되고, 이들처럼 평화롭게 지냈으면 하는 소망을 갖게 될 것입니다.”

비디오를 올리자 곧바로 많은 사람들이 좋다는 반응을 보내왔다.

“우리나라를 이렇게 좋게 평가해 주어서 너무 기분이 좋습니다.” 브린디스라는 이름의 현지인은 이렇게 보내왔다. 그는 옅은 노란빛의 행복한 얼굴로 이렇게 강조했다. “당신이 우리나라에 와주어서 너무 행복합니다.” “맥도날드가 들어가면 갈등을 일으킨다는 것은 누구나 다 아는 사실입니다.” 예루살렘에 사는 마이크라는 사람은 이렇게 보내왔다. “그게 바로 아이슬란드가 평화를 유지하는 비결입니다. 맥도날드가 없으면 전쟁도 없습니다.”no McDonald's, no war!

이 놀라운 아홉 번째 행성을 둘러본 우리 여행에 대한 소감을 가장 잘 압축해서 표현해 준 것은 인도에 사는 딥판슈라는 사람이었다. “형제여, 다음에는 나도 좀 데려가 주오.”

외딴 대륙
호주의 매력

호주, DAY 742

정말 긴 시간이 걸려 도착했다.

나스 데일리 742일째인 2018년 4월 20일 내가 탄 비행기는 호주에 도착했다. 1,000일을 여행하면서 영연방 국가이면서 동시에 하나의 대륙인 나라는 호주 한 곳뿐이었다. 무사히 도착해서 기뻤지만 그곳에 가기까지의 과정은 험난했다. 1년도 더 전에 비자신청을 했는데 거부당했다. 페이스북에 비디오를 제작해 올리는 일을 호주 정부가 정식 직업으로 인정해 주지 않았기 때문이었다.

6개월 뒤 뉴질랜드로 가는 길에 호주에 잠깐 들르겠다며 비자신청을 했는데 또 거부당했다. 입국이 아니라 그냥 단기체류라고 했는데도 그랬다. 눈치 없이

📍 브룸시의 킴벌리 해안, 호주(오른쪽)

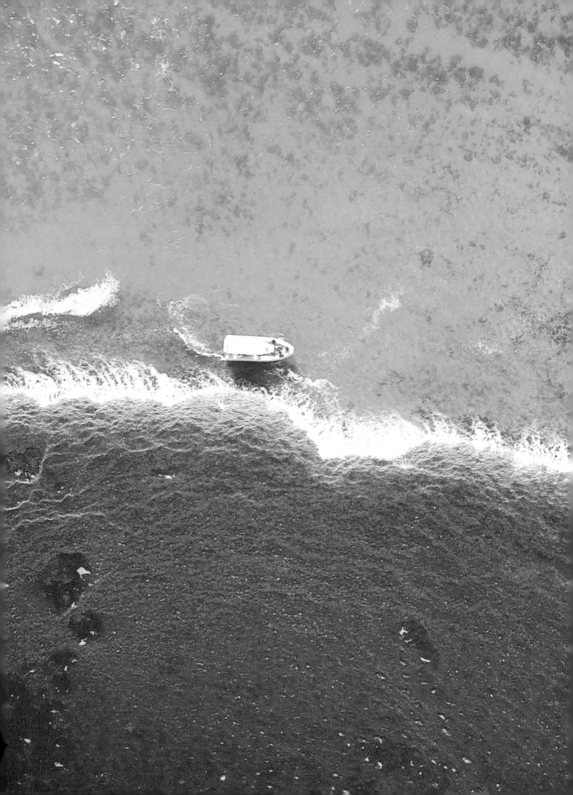

세 번째 비자신청을 또 했으나 또 거부당했고, 호주 사람들은 나를 '성가신 존재'로 취급했다.

그렇게 되자 호주라는 나라 전체가 나를 싫어하는 게 아닌가 하는 생각까지 들기 시작했다. 이럴 바에야 차라리 호주보다는 우호적일 북한 같은 데로 가는 게 더 낫지 않을까 하는 생각도 들었다. 그러던 2018년 봄에 설마 하는 마음으로 네 번째 비자신청을 했는데, 이번에는 '들어오시오!'라는 대답을 들었다.

지구의 밑바닥에 떠 있는 호주는 지리적인 고립을 보여주는 대표적인 나라이다. 호주까지 가는 데 비행기로 스무 시간이 더 걸리는 나라들도 있다. 774만 평방킬로미터의 영토에 현대적인 도시와 건조한 사막, 열대우림과 울퉁불퉁한 산맥, 광대한 지역에 걸쳐 있는 단단하고 비옥한 토지, 그리고 이 모든 게 끝없이 펼쳐진 대양에 둘러씌여 있다.

이곳은 또한 6만여 년 전 인류가 남아시아로부터 노를 저어 건너와 정착한 곳이다. 이들 호주 원주민들은 지금도 지구상에서 가장 오랜 인류 거주지 가운데 하나인 이곳에 살고 있다. 18세기에 영국 식민지가 되었고, 1901년에 호주 연방으로 발족한 이래 지금은 영연방 국가로 남아 있다. 이 나라는 국기 한쪽 구석에 자리하고 있는 소형 유니언잭이 보여주는 것처럼 대단히 영국적이다. 그러면서 자신들 고유의 호주 방식Outback cred에 자부심을 갖고 있다. 호주식 드럼 비트에 맞춰 행진하고, 여행객들에게도 스텝을 맞추라고 권한다.

호주 여행을 시작하면 기본적으로 모든 게 뒤바뀐 현실에 적응하는 게 급선무이다. 물이 흘러내려오는 배수관이 북반부와는 반대편에 있다. 자동차는 반

366

대편에서 달리고, 날씨도 완전히 뒤집혀 12월이 덥고 7월은 춥다.

호주는 내가 가본 나라들 가운데서 가장 진취적인 나라들 가운데 하나이다. 오지라는 선입견과 달리 현대에 들어와 와이파이에서 구글 맵, 자궁경부암 예방백신 개발에 이르기까지 중대한 기여를 한 치열한 연구자들의 나라가 바로 호주이다. 그리고 호주 정부의 복지 시스템은 전 세계가 부러워한다.

하지만 그 가운데서도 내가 가장 감동을 받은 것은 바로 호주 사람들이다. 예를 하나 들어보자. 태즈메이니아에서 리언 하트숀이라는 34세의 치즈 제조업자를 만났는데, 그는 치즈 만드는 일에 싫증이 나서 양유로 보드카 만드는 기술을 배웠다고 했다. 그는 성공한 양조업자가 되었다.

📍 리언 하트숀, 양젖으로 보드카를 생산한다

캠벨 리메스라는 14세 소년도 만났는데, 그는 인생에서 가장 의미 있는 일은 남을 돕는 것이라고 생각했다. 그래서 그는 어머니가 쓰는 재봉틀로 다양한 색상의 테디 베어 인형을 만들어 전 세계로 보내기 시작했다. 치료 받을 때 끌어 안고 있을 물건이 필요한 암환자들이 주요 대상이었다. 처음 만나던 날 소년은 1만 4,000번째 인형을 방금 실어 보냈다고 했다. 인형은 이베이에서 수천 달러씩 팔리는데, 소년은 이 돈을 자선기관에 기부한다.

멜버른으로 호주 탐험을 계속했다. 식물원과 세계적인 수준의 크리켓 구장으로 유명한 멜버른은 문화적 안식처이다. 나는 이곳에서 호주 속어 특강을 들었는데, 예를 들어, 샌드위치는 상아sanga, 데피니틀리definitely는 데포defo 브렉퍼스트breakfast는 브레키brekkie, 오스트레일리아는 스트라야Straya라고 한다. 쉬운 것처럼 보이지만 누가 이렇게 말하는 걸 알아들으려면 적응시간이 좀 필요하다. "I'm defo gonna grab a sausage sanga, Straya-style, for brekkie."나는 아침식사로 꼭 호주식 소시지 샌드위치를 먹을 거야.

그리고 멜버른은 베지마이트 잼을 처음이자 마지막으로 먹어 본 곳이기도 하다. 내 생각에는 호주판 고문도구라고 하는 게 제격이다. 베지마이트는 호주에서 매년 2,200만 병이 팔린다고 하는데, 도저히 그 이유를 모르겠다. 원래는 토스트나 크럼핏, 비스킷에 발라먹는 양념으로 만든 건데, 된장을 병에 담아놓은 정도로 생각하면 될 것이다. 맛 없는 것으로 세계적인 명성을 얻었다.

베지마이트를 보고 제일 주의할 점은 짙은 갈색에 끈적이는 질감 때문에 사람들이 누텔라 잼 맛이 나겠지 하고 착각하기 쉽다는 것이다. 일단 이 특별한

📍 브룸 해안의 신기한 조류

📍 브룸으로 향하는 길

내용물의 맛을 보면 전생에 무슨 죄를 지어 이런 것을 먹게 되나 하는 생각을 떨칠 수가 없을 것이다. 내용물은 이스트 추출물과 보리 몰트 추출물, 야채와 짭짤한 맛을 내는 첨가물을 섞어 만들었다.

베지마이트 충격에서 회복되자 나는 호주 여행에서 제일 중요한 부분인 브룸 방문을 시작했다. 호주 북서쪽 킴벌리 해안에 자리한 그림같이 반짝이는 아름다운 도시이다. 호주 원주민을 만난 곳도 바로 이곳인데, 원주민은 계속 줄어들어 지금은 전체 인구의 3.3퍼센트에 불과하다.

대부분의 토착민들과 마찬가지로 호주 원주민도 식민지화 때 큰 타격을 입었다. 18,19세기 당시 호주 영토에서 영국 국기가 하나씩 올라갈 때마다 원주민들은 소중한 땅을 잃었으며 권리도 함께 잃었다. 이들의 수는 계속 줄어들었고, 백인 식민지배자들은 길을 가다 원주민이 앞에서 방해되면 총으로 쏴 죽여도 좋다는 권한까지 부여받았다.

하지만 지치지 않고 계속해 온 시위와 입법 투쟁, 정부 조치 등을 통해 200여 년에 걸쳐 투쟁해 온 결과 원주민들은 자신들이 처음 정착해서 차지한 토지에 대한 정당한 권리를 되찾아 나갔다. 뉴질랜드의 마오리족이나 미국의 아메리칸 인디언처럼 이들 역시 숫자도 적고, 그들이 가진 정치적 영향력도 미약하다. 하지만 문화적 유산에 대한 이들의 자부심은 세계적으로 최고 수준이다.

브룸은 아주 외진 곳에 있다. 끝없이 펼쳐진 붉은모래 길을 따라 가면 덤불을 지나 수평선이 보이는 곳까지 이어진다. 다른 소도시와 마찬가지로 마을 중심가에는 도미노 피자점이 있고, 해변 가까이 1백년 된 야외 영화관이 있다.

📍 호주 원주민, 바위에 새겨진 과거의 족적

브룸의 아름다운 자연경관을 한 번이라도 보고 나면 왜 원주민들이 이곳을 지키기 위해 그렇게 악착같이 싸웠는지 이해할 수 있다. 이곳은 파도가 9미터까지 치솟아 전 세계적으로 파도 높이가 제일 높은 곳 가운데 하나이다. 조류가 밀려들면 섬에 서 있는 듯한 기분이 들게 해주다가 물이 빠지면 바닥이 사막으로 변해 1억 3,000만 년 된 공룡 발자국이 드러난다. 바닷물의 움직임은 마술을 보는 것 같다. 썰물 때 바다 한가운데서 갑자기 폭포가 나타나는데, 산호초에서 바닷물이 빠져나가면서 생기는 현상이다. 다른 어떤 곳에서도 보지 못한 자연현상이다.

이곳의 바다는 진주 양식으로 유명한데, 그곳에 하루 머무는 동안 농부들이 목걸이 한 개 만들 정도의 진주조개를 수확하는 것을 직접 목격했다. 목걸이는 뉴욕 5번가Fifth Avenue에서 개당 1만 5,000달러에 팔리는데, 진주의 품질은 완벽한 수준이다.

브룸의 장엄한 바다풍경 못지않게 그 위로 보이는 하늘 역시 장관이다. 1년에 300일은 청명한 하늘이 계속되어 내가 본 석양 가운데 가장 로맨틱한 일몰 풍경을 보여준다. 그리고 이 지역에는 빛 공해가 없기 때문에 밤하늘은 육안으로 보이는 곳 끝까지 별과 은하수로 뒤덮인다.

하지만 내 기억에 가장 깊이 남은 것은 그 밝은 별빛 아래 사는 원주민들이다. 그들의 선조는 수만 년 전 호주 대륙에 첫발을 내디뎠다. 운좋게 자신들의 가족사에 대한 이야기를 들려줄 원주민을 만난다면, 그들이 쓰던 언어와 아직도 바위에 남아 있는 선조들의 족적에 대해 들을 수 있을 것이다. 나는 운좋게 원주민으로부터 그런 이야기를 들었다.

잠시 하던 일을 멈추고 그들의 이야기에 대해 생각해 보자. 여기 작은 오지 마을이 있다. 그곳은 폭포와 진주, 공룡 발자국, 아름다운 석양 등으로 너무도 아름다운 자연의 축복을 받았을 뿐만 아니라, 지구상에서 가장 오래된 인류의 문명이 생생하게 남아 있는 곳 가운데 하나이다. 그렇다. 나는 어쩌다 이곳까지 오게 되었지만, 이곳에서 3주를 보내고 나서 보니 이 먼 곳까지 오는 수고를 할 가치가 충분히 있는 곳이었다.

NAS MOMENT

⋟ 나는 형편없는 무슬림인가? ⋞

지난 몇 년 간 나는 형편없는 무슬림이라는 비난을 많이 받았다. 어떤 나라에서 방송하든, 누구와 함께 있든, 언제 어떤 일을 하든, 내 페이스북 페이지에 들어와 손가락질하는 사람이 여럿 있었다. 내게 코란이라도 집어던질 기세였다.

전 세계 게이들의 수도라는 샌프란시스코의 카스트로에 가서 그곳 성소수자LGBTQ 커뮤니티와 어울려 마음껏 놀았을 때도 형편없는 무슬림이라는 욕을 먹었다. 루마니아에서 우크라이나로 가는 길에 프라하에 하루 스톱오버하면서 맥주를 몇 종류 맛보았는데, 그때도 못된 무슬림이라는 말을 들었다. 프라하 맥주는 그동안 사먹은 맥주 중에서 제일 값싼 맥주였다! 세네갈의 매춘에 대해 소개하면서 정부에서 매춘을 인정하는 데 대해 놀랍다고 했는데도 나쁜 무슬림이라는 비난을 받았다. 내 여자친구에 대해 헐뜯는 말을 하는 것은 말할 것도 없다.

내가 신앙심이 강한 무슬림이 아닌 것은 맞지만 그렇다고 형편없는 무슬림도 아니다. 나는 이슬람 교리 가운데 어떤 점은 받아들이고, 어떤 점은 거부한다. 하지만 몇 가지 단점에도 불구하고 이슬람은 멋진 종교라고 나는 생각한다. 그리고 나는 내가 믿는 종교를 다른 사람에게 강요하지 않는다. 나는 종교의 자유에 반대하지 않으며, 개인이 자신의 종교적인 신념을 갖는 것에도 반대하지 않는다. 그래서 다른 사람도 나의 종교적인 입장을 존중해 주면 좋겠다. 그리고 나는 절대로 다른 사람의 종교를 비난하지 않는다.

훌륭한 무슬림이란 자신의 신앙을 충실히 지키며, 또한 그 신앙을 자신에게 국한시키는 사람이라고 생각한다. 훌륭한 기독교인, 훌륭한 유대인, 훌륭한 힌두교도, 그리고 무신론자도 마찬가지이다. 우리는 일대일로 신에게 기도한다. 그런데 왜 다른 사람이 가장 사적인 이 대화에 간섭하려 드는가? 많은 종교인들이 더 나은 세상을 만들고 싶다는 열망을 갖고 있다. 그렇다면 당신의 생각에 동의하지 않는 다른 사람의 손목을 비틀려고 하지 말고, 스스로 모범을 보이도록 하라.

나의 개인적인 신념은 '나는 나의 길을 가고, 타인은 타인의 길을 가도록 해주는 것'이다. 그게 종교적인 신념이건 세속적인 신념이건 다를 게 없다. 나는 이런 신념을 가지고 문제없이 잘 살아 왔다. 하루 일과를 마치면 나는 항상 다음과 같은 예언자 모하메드의 말씀을 되새긴다. "말과 손으로 남에게 해를 끼치지 않는 사람이 제일 훌륭하다." 꼭 기억해 둘 만한 말씀이다.

직접 가보면
새로운 게 보인다

파푸아뉴기니, DAY 856

어렸을 적에 나는 세계지도를 보고 크게 실망했다.

"지구 탐험이 다 끝났잖아요!" 아버지에게 이렇게 칭얼대며 말했다. "이거 봐요! 나라마다 이름이 벌써 다 있잖아요. 바다 한가운데 있는 작은 섬들까지 모두 이름이 있어요. 새로 탐험할 곳이 하나도 남아 있지 않아요!"

순진한 어린아이의 눈에 비친 세상이긴 했지만, 나스 데일리 856일째 파푸아뉴기니에 도착했을 때 나의 그 순진한 생각이 틀렸다는 게 다시 입증되었다. 파푸아뉴기니는 지구상에서 사람의 발길이 가장 닿지 않은 곳 가운데 하나이다.

거대한 뉴기니섬의 동쪽 절반을 차지한 파푸아뉴기니는 남반구에 고요히 떠 있는 원시의 섬이다. 뉴기니섬은 그린란드에 이어 세계에서 두 번째로 큰 섬이다. 남쪽으로 호주, 서쪽으로 인도네시아가 자리하고 있으며 동쪽으로는 8,600만

평방킬로미터에 달하는 태평양이 펼쳐져 있다.

8백만 명에 이르는 주민은 수백 개의 종족, 부족, 인종 그룹으로 이루어져 있어 높은 인종 다양성을 자랑한다. 지형학적으로는 울퉁불퉁한 산과 울창한 우림, 수시로 활동하는 화산들, 길이 2,600킬로미터에 달하는 아름다운 해변을 가진 신비의 나라이다. 그리고 지리적으로 문화적으로 너무 외진 곳에 있어서 제대로 탐험하기 힘든 곳으로 남아 있다. 많은 과학자들이 아직 발견되지 않은 동식물이 이곳에 많이 남아 있을 것으로 믿고 있다.

특정한 틀에 넣어서 분류하기에 가장 힘든 대상이 바로 파푸아뉴기니 사람들이다. 대부분 산속 깊숙한 곳에 사는데, 서로 멀리 떨어져 있기 때문에 통일된 생활양식이라는 걸 찾아보기 어렵다. 특정한 풍습이 사라지는 시기도 부족마다 다르다 보니 소개를 화폐로 사용하는 것을 전국적으로 금지시킨 것도 1993년에 와서야 가능했다.

그 다음에는 언어 문제가 있다. 도저히 종잡을 수 없을 정도인데, 전국적으로 8백만 개가 넘는 언어가 사용되고 있어 지구상에서 언어 다양성이 가장 높은 곳 가운데 하나이다. 각 언어는 수천 년 동안 파푸아뉴기니에 살고 있는 토착 부족과 마을 공동체에 그 뿌리를 두고 있다.

놀라지 않을 수가 없었다. 나는 아랍어, 히브리어, 영어 등 세 가지 언어를 배우며 자랐다. 그것도 꽤 많이 하는 것이라고 생각했다. 그런데 파푸아뉴기니에서는 내가 하는 정도는 보통 수준이고, 현지인들 대부분이 3개에서 5개의 언어를 구사했다.

이렇게 다양한 언어가 사용되고 있기 때문에 이곳 사람들은 누구나 알아듣기 쉽고 쓰기 쉽도록 단순화시킨 톡 피신Tok Pisin이라는 언어를 새로 하나 만들었다. 서구인들에게 피진 영어Pidgin English로 알려진 이 새로운 언어는 말레이어, 포르투갈어, 독일어, 영어, 오래 사용된 약칭 등을 섞어 만든 크레올 스튜 같은 언어이다.

톡 피신은 18세기 식민 지배자들과 선교사들에 의해 토착민들에게 소개되었다. 언어는 외부에서 억지로 강요하는 게 아니라, 해당 문화 내부에서 자연스레 만들어져야 한다는 점을 감안한다면 결코 바람직한 결과는 아니었다. 하지만 여러 세기를 거치면서 파푸아뉴기니 사람들은 톡 피신을 자신들의 언어로 토착화시켰고, 지금은 이 나라에서 가장 광범위하게 사용되는 언어로 자리잡았다.

톡 피신의 원리는 아주 간단하다. 철자는 26자가 아니라 22자이고, 길고 어려운 단어는 없다. 그리고 어려운 문법이나 복잡한 문장도 없다. 초등학생 수준이면 누구나 좋아할 꿈의 언어이다.

커피coffee 대신 코피kofi라고 쓰고, 라이브러리library 대신 북 하우스buk haus라고 쓴다. 유니버시티University는 빅 스쿨big school, 정글jungle은 빅 부스bik bus, 이트eat는 카이카임kaikaim, 디너dinner는 나이트 카이카임nait kaikaim으로 쓴다. 사전을 뒤지다 화가 나서 집어던져 버리고 싶을 정도의 어려운 동사활용 같은 것은 아예 없다. '아이 엠'I am, '쉬 이즈'she is, '위 아'we are 대신 간단하게 '미'mi, '유'yu, '우리 모두'라는 뜻으로 '올'ol을 쓴다.

파푸아뉴기니에서는 톡 피신 덕분에 안내 표지판도 세계 다른 지역에 비해 한결 간단하다. 출입금지 안내도 'Please Do Not Enter This Area'를 'Yu No Ken Kam Insait'라고 쉽게 쓴다. 금연안내문 'No Smoking Is Permitted on These Premises'는 'No Ken Simuk!'라는 단 세 마디로 줄여 버렸다.

거의 비슷하게 쓰는 경우도 있기는 하다. 보기 좋다는 뜻의 'You look nice.'는 'Yu luk nais.'라고 같은 발음에 철자만 달리 쓴다.

톡 피신을 소재로 한 비디오를 페이스북에 올릴 때 가볍게 흥미 위주로 구성을 짰다. 하지만 속으로는 감동을 받았다. 나도 지구를 두어 바퀴 돈 다음이었고, 돌아다니며 보니 우리가 사는 세계가 직면한 문제들 대다수가 소통 부족에서 비롯된다는 사실을 깨닫게 되었다. 아프리카 국가들끼리 벌이는 전쟁이건, 중동에서 벌어지는 유혈분쟁이건, 혹은 세계 곳곳에서 도움의 손길을 기다리고 있는 빈곤 문제이건, 문제의 근본은 서로 상대방의 말에 제대로 귀를 기울여 주지 못한다는 데 있었다. 따라서 모두가 알아들을 수 있는 언어를 만들려고 애쓰는 나라는 매우 괜찮은 나라이다.

그래서 나는 파푸아뉴기니에 머무는 동안 대부분의 시간을 완전히 연구 모드로 보냈다. 한 주일을 머물면서 그들이 행하는 관습과 의식을 깊숙이 파고들었다. 이 놀라운 곳에서 마주치는 사람들은 늘 나에게 새로운 가르침을 주었다.

전통 축제인 '싱싱'sing-sing에 참가해 보았는데, 마을사람들은 몸에 화려한 물감을 바르고, 조개껍질, 깃털, 동물가죽 등으로 요란한 치장을 한다. 새와 산의 혼령을 상징하는 옷차림이다. 나는 동부 고산지대에 사는 아사로 부족의 '진흙사람'인 '머드맨'Mudmen들과 함께 축제에 참가했는데, 이들은 온몸에 진흙을 바

📍 파푸아뉴기니의 결혼식 축제

르고, 무서운 형상을 한 악마의 탈을 만들어 쓴다. 200년 전 복수심에 불타는 분노한 정령들의 모습으로 분장해서 적을 무찔렀다는 선조들의 모습을 재현하는 것이다.

베텔 넛이라는 열매도 먹어 보았는데, 남아시아와 열대 태평양에서 사람들이 즐겨 먹는 일종의 야자열매이다. 파푸아뉴기니에서는 후추씨와 라임을 갈아 넣어 가미한다. 베텔은 중독성이 있고, 다소 위험한 요소도 있어 세계보건기구 WHO에서 발암물질로 분류한다. 그래도 이곳 사람들은 베텔을 엄청나게 좋아하는데, 먹은 사람은 입 전체가 벌겋게 변해 숨길 수가 없다.

돼지새끼를 껴안고 놀기도 했는데, 돼지고기를 먹지 않을 뿐만 아니라 돼지를 만지지도 않는 무슬림이라는 사실을 감안하면 안전지대를 한참 벗어나는 짓을 한 것이다. 하시만 파푸아뉴기니에서는 돼지가 신성한 사치품에 속한다. 뇌물로 돼지를 건네기도 하고, 화해용으로 쓰고, 투자용으로 사기도 하며, 그리고 세상에! 축제 때는 음식으로 쓴다.

돼지 한 마리당 가격은 평균 1,300달러 정도로 비싸다. 아이폰 한 대 값이다. 돼지는 이처럼 현지인들의 삶에 매우 중요한 역할을 하는 존재이기 때문에 그 중 한 놈과 친해질 필요가 있었던 것이다. 그렇게 해봐서 기분이 좋았다. 하지만 당분간은 되풀이하고 싶지 않은 경험이기도 하다.

현지 문화를 제대로 체험해 보라고 그곳의 새 친구들이 현지 식으로 내 결혼식을 주선해 주었다. 나와 알린의 결혼식을 파푸아뉴기니 전통혼례로 치르도록 해준 것이다. 물론 실제로 혼인한 것은 아니고 흉내만 낸 것이지만(1년 전 인도에서 한 가짜 혼례식과 비슷하다) 우리는 최선을 다해 혼인 준비를 했다. 두 사람 다 얼굴에 노랑, 검정, 흰색 등 부족 고유의 강렬한 색칠을 했다.

풀과 조개껍질 등 완전히 자연 재료로 만든 전통 결혼식 의상을 입고 야생 재료로 만든 모자를 머리에 얹었다. 알린의 모자는 깃털이 사방으로 뻗어나 있고, 내 머리에는 소형 꽃수레를 씌워놓은 것 같았다. 관습에 따라 나는 신부에게 혼인예물로 반지 대신 새끼돼지를 한 마리 안겨주었다.

솔직히 알린과 나는 그런 차림이 어색했다. 하지만 모두들

"멋있어요!"Yu luk nais!를 외치는 바람에 감수할 수밖에 없었다. 결혼식 체험에서 얻은 진짜 소득도 바로 그런 점이었다. 지구상에서 가장 외진 곳에 사는 흥겨운 마을사람들은 조금의 주저함도 없이 우리를 자기 부족의 일원으로 받아주었다.

하루 종일 춤추고 노래했다. 마을사람들은 수천 마일 떨어진 곳에서 찾아온 두 명의 이방인과 자신들의 문화를 함께 나누는 것을 진심으로 좋아했다. 결혼식은 가짜였지만 잔치를 통해 보여준 그들의 따뜻한 마음은 진짜였다. 우리가 사는 세계가 너무도 좁다는 사실을 다시 한 번 보여준 축제였다.

파푸아뉴기니는 혼자 여행할 수 있는 곳이 아니다. 나라 곳곳을 돌아다니는 것은 어렵고 복잡한 일이다. 관광객을 위한 시설도 많지 않다. 하지만 나는 국제적십자위원회의 도움을 받아 아직 외부 세계에 알려지지 않은 이 나라의 심장부를 볼 수 있었다. 국제적십자위원회는 이곳에서 아직도 진행 중인 부족 간 전쟁의 후유증을 완화하고, 의료시설 재건과 학교에 식수 제공, 어려운 사람들

의 건강과 안전을 돌봐주는 일을 한다. 그 사람들과 함께 시간을 보낸 것은 영광이었다. 저녁 뉴스시간에 많이 소개되지는 않지만 이들은 파푸아뉴기니에서 중요한 일을 하고 있다.

나는 '놀라워!'amazing!라는 감탄사를 많이 쓴다고 놀림을 자주 받는다. 실제로 그렇다. 파푸아뉴기니에 7일을 머무는 동안 나는 계속 놀랐다. 이 놀라운 사람들을 처음 본 순간 곧바로 사랑에 빠졌다. 지금까지 여행하며 한 번도 없었던 일이다. 그들도 나를 뒤돌아보았다.

한번은 파푸아뉴기니 사람들 몇 명이 있는데서 좋아하는 게 무엇인지 말해보라고 했더니 이렇게 대답했다.

"딸기를 좋아해요!"

"물을 좋아해요!"

"우리 마을을 좋아해요!"

"우리나라 파푸아뉴기니를 좋아해요!"

50대로 보이는 농부는 이렇게 말했다. "당신이 우리나라를 찾아와 주어서 좋아요. 이곳은 내가 사는 곳, 내 나라입니다."

이제는 세계지도를 봐도 여러 해 전 아버지에게 털어놓았던 그런 불만은 없다. 작은 섬에까지 이름이 붙어 있는 것은 문제가 아니다. 그곳에 직접 가보면, 장담하건데 이 세상이 얼마나 아름답고 다양한지 놀라게 될 것이기 때문이다.

지구 전사들

어렸을 적에 나는 사해를 왜 사해라고 부르는지 그 이유를 몰랐다. 첫째, 그것은 실제로 바다가 아니라 호수이다. 둘째, 물을 담은 호수가 어떻게 죽을 수가 있는가? 당시에는 그 호수가 병들었다는 사실도 몰랐다.

어처구니없이 높은 염분 농도 때문에 생긴 문제라는 것을 나중에 알게 되었다. 염분 농도가 너무 높아 어류를 비롯한 바다생물이 살 수 없게 되었고, 그래서 사해라는 이름이 붙은 것

이다. 하지만 이곳을 보기 위해 매년 수많은 사람이 찾아온다. 네게브사막의 황금빛 모래밭 한쪽에 자리한 사해는 이스라엘, 팔레스타인, 요르단과 국경을 접하고 있다. 어릴 적에 우리 가족은 이곳으로 휴가를 자주 왔다. 그때 사해의 진흙펄에서 재미있게 놀던 기억이 새롭다.

하지만 아무리 좋은 것도 언젠가는 끝난다. 사해도 지금 죽어가고 있다. 그리고 그 파장은 매우 심각하다. 공장들이 폐수를 흘려보내고, 사해로 흘러드는 강물은 말라가고 있다. 그리고 적정수순을 유지하던 수위는 연간 90센티미터씩 내려가고 있다. 수위가 내려가며 사해 주변의 지표면이 무너져 위험한 싱크홀이 생겨난다. 이미 수천 개가 생겨났고, 깊이가 8층 건물 만큼 되는 것들도 있다. 내가 좋아했던 사해 주변 곳곳에 이런 경고판이 세워져 있다. '위험! 앞에 싱크홀이 있음.'

사해의 건강 보고서로 마음이 우울해졌다면 이번에는 기분 좋은 뉴스이다. 오염과 쓰레기, 지구 온난화 등으로 지구가 앓고 있다면 그것을 고치려는 정반대의 노력도 마찬가지로 진행되고 있다. 인류가 환경을 죽이고 있는 것은 사실이다. 그런가 하면 환경을 지키기 위해 노력하는 사람들도 있다. 나는 이런 사람들을 지구 전사들이라고 부른다. 이들은 세계 전역에서 사형 선고 받은 지구를 재생시키고 있다.

이런 열성적인 사람들을 만나기 위해 1,000일을 돌아다녔다. 이들이 일하는 모습을 보면서 나는 과거 그 어느 때보다도 더 낙관적인 생각을 갖게 되었다. 전설적인 인류학자 마거릿 미드 *Margaret Mead* 여사가 한 유명한 말을 소개한다. "소규모의 사려 깊고 열성적인 사람들이 세상을 바꿀 수 있다는 사실을 절대로 의심하지 말라. 실제로 지금까지 세상을 바꾼 것은 그런 사람들이었다."

잔지바르
빈 병으로 만드는 벽돌집

탄자니아 해안에서 50킬로미터 떨어진 곳에 떠 있는 아프리카의 잔지바르섬은 천상의 맛을 내는 향신료와 숨이 멎을 듯이 아름다운 경관 덕분에 세계적으로 유명한 곳이다. 루 반 림스트 씨 같은 사람은 이 아름다운 자연을 지키기 위해 싸우고 있다. 산업디자인 엔지니어인 그녀는 관광객들이 잔지바르 해변과 길거리에 버린 유리병 수천 톤을 치우는 일을 하는 회사 보틀업 *Bottle-up*에서 근무한다.

그녀는 관광객이 병맥주 마시는 것을 보면 다 마실 때까지 기다렸다가 빈 병을 받아서 들고 간다. 그렇게 모은 빈 병은 함께 일하는 회사직원들이 길거리에서 주워온 수백 개의 빈 병과 함께 작은 가루로 부수어서 건축자재 벽돌로 만든다. 이 벽돌을 이용하면 한층 더 지속가능한 집을 지을 수 있다. 이렇게 집 한 채를 지으면 5만 개의 빈 병으로부터 지구를 보호할 수 있게 된다. 이들이 바로 지구 전사들이다.

에쿠아도르
종이 우유팩으로 만든 집

에쿠아플라스틱*Ecuaplastic*은 잔지바르의 친환경 기업 보틀업처럼 온화한 기후의 에콰도르에서 리사이클링 작업을 완벽하게 실천하고 있다. 이들이 친환경 운동을 하는 도구는 빈 종이 주스팩과 우유팩이다.

에쿠아플라스틱은 허리를 굽혀 물건을 집어올리는 데 이골이 난 용감무쌍한 쓰레기 수집자들이 운영한다. 이들은 매달 평균 1,100만 개의 빈 우유팩을 주워 공장으로 가져가서 깨끗이 세척하고 파쇄한 다음 눌러서 가볍고 단단한 합판으로 만든다. 이 합판은 가구, 기와, 접시받침 같은 것을 만드는 데 쓰인다. 이 지칠 줄 모르는 지구 전사들과 하루를 같이 보냈는데, 이들은 종이 우유팩 1,200만 개를 가지고 만든 집을 나에게 구경시켜 주었다. 대단한 노력의 결과물이있다. 물론 우유노 많이 소비되었을 것이다.

덴마크
운하를 지키는 카약 전사

친환경 기업가인 토바이어스 웨버–안데르센씨를 만난 것은 코펜하겐의 명물 운하 옆에서였다. 그는 이곳의 운하들이 낭만적인 매력을 계속 유지할 수 있도록 보존하는 멋진 방법을 찾아낸 사람이다. 그는 카약을 무료로 빌려주는 현지 기업 그린카약GreenKayak을 운영하는 열성적인 지구 전사이다.

카약을 무료로 빌려주는데는 한 가지 조건이 붙는다. 운하에서 카약을 젓다 물에 떠다니는 쓰레기가 보이면 수거해서 가지고 나오라는 것이다. 잠깐 카약을 저어 나가 보았는데 너무 재미있었다. 주운 쓰레기를 담을 버킷과 특별히 만든 쓰레기 수거 막대를 주는데, 한쪽 끝에 쓰레기를 집는 갈고리가 달려 있고, 다른 한쪽 끝에는 갈고리를 조절하는 손잡이가 달려 있다.

카약을 타고 나가 종이컵, 플라스틱 병뚜껑, 과자봉지 등 눈에 띄는 대로 주워 담으면 된다. 그렇게 한 시간 동안 운하를 돌아다니며 카약 렌탈료 65달러를 아끼고, 환경도 지키는 것이다. 토바이어스씨의 말에 따르면, 카약 한 대가 1년 채 안 되는 기간 안에 쓰레기 3톤을 치울 수 있다고 한다.

스리랑카
코끼리 똥으로 만드는 종이

지구 전사 투시타 라나싱헤씨는 스리랑카의 환경보호 기업인이다. 어쩌면 지구상에서 가장 고약한 직업을 갖고 있을지도 모르는데, 하는 일은 환경을 지키는 좋은 일이다. 1997년에 투시타씨는 코끼리가 민가로 내려와 어슬렁거리며 주민들과 마찰을 빚는 것을 보고 크게 걱정되었다. 약 6,000마리의 코끼리가 마을로 내려와 농작물을 훼손하고, 사람들이 이들을 포획하는 일이 자주 일어났다.

그는 사람과 코끼리가 생산적인 방법으로 평화롭게 지낼 수 있다면 참 좋을 텐데 하고 생각했다. 그래서 코끼리 똥으로 품질 좋은 종이를 만드는 사회적 기업 에코 막시무스*Eco-Maximus*를 설립했다. 말처럼 그렇게 역겨운 일은 아니었다. 코끼리는 채식동물이기 때문에 이들이 쏟아내는 어마어마한 양의 배설물이 대부분 섬유소로 이루어지는데, 이 섬유소가 종이를 만드는 좋은 재료가 된다. 종이를 만드는 과정은 매우 정교하다. 코끼리가 원재료를 제공하

면, 열흘 동안 이 똥을 깨끗이 씻고 삶아서 역한 냄새를 제거한다. 그런 다음 말리고 깨끗이 해서 색을 넣고, 눌러서 한 장한 장 종이로 만들어내는 것이다. 이렇게 만든 종이는 30여 개국에 수출한다.

모두 여덟 마리의 코끼리가 종이를 만들어내는데, 마리당 하루에 16번 정도 똥을 싼다. 투시타씨는 이 기업을 운영하는 일 외에 멸종위기에 놓인 코끼리 보존에 대해 사람들의 경각심을 일깨우는 일도 한다. 그리고 숲을 지키고, 어렵게 사는 스리랑카의 시골마을 주민들에게 일자리를 제공한다. 정말 열정적인 사람이다!

세이셸 제도
산호 입양하기

아프리카 동부 연안에서 1,450킬로미터 떨어진 인도양에 평화롭게 떠 있는 세이셸 제도는 수세기 동안 사람들의 마음을 사로잡아 온 다도해 국가이다. 비자가 필요 없는 이 아름다운 열대 해변에 발을 내디뎌 보면 왜 이곳이 신혼여행지로 그렇게 인기가 높은지 이해될 것이다. 하얀 모래사장에 둘러싸여 유리처럼 투명한 푸른 바닷물에 흔들리는 섬들은 언제 보아도 로맨스를 부른다.

하지만 바다 밑을 보면 그렇게 매혹적이지는 않다. 지구 온난화와 오염, 남획, 과도한 스노클링 등이 초래한 환경 재앙으로 섬의 연약한 산호초가 서서히 죽어가고 있다. 이빈 세기 말이 되면 산호초가 파괴되는 비율이 재생능력을 추월하게 될 것이라고 예견하는 과학자들도 있다.

그런 이유로 나는 기꺼이 35달러를 내고 자원봉사 단체 '해양보호 지구전사 세이셸협회'*Planet Warriors of the Marine Conservation Society Seychelles*가 진행하는 산호 입양 프로그램에 참여했다. 해변에 마련돼 있는 이 협회의 키오스크를 찾아가 전시관에서 살아 있는 산호를 한 포기 고르고 기부금을 내면 협회 이름으로 산호 입양증을 발행해 준다.

그런 다음 자원봉사자 한 명이 다이빙 장구를 입고 바닷물 속으로 들어가 입양한 산호를 죽어가는 다른 산호초 옆에 조심스럽게 심는다. 어린이를 입양하는 것과 달리 입양한 산호가 자라는 것을 볼 수는 없지만, 아마도 잘 자랄 것이다. 그리고 여러분은 진짜 부모처럼 자기 손으로 다음 세대에 생명을 물려주는 일에 일조했다는 데 자부심을 갖게 될 것이다.

갈라파고스 제도
주은 담배꽁초로 만든 조각

에콰도르 해안에서 960킬로미터 쯤 떨어진 환경의 보고 갈라파고스 제도에서 일주일을 보내면서 어부였던 68세의 미구이초 니코티나 아세시나씨를 만났다. 그는 젊은 시절 과도한 빚과 알콜중독으로 힘든 나날을 보내다 53세 때 읽고 쓰기를 배우면서 생의 전환점을 맞이했다.

글을 무기로 자신을 둘러싼 세상에 대해 배우면서 그는 주위의 환경을 깔끔하게 정리하는 일을 혼자서 해나가기 시작했다. 길거리에 담배꽁초가 떨어져 있으면 줍는 일이었다. 얼마 안 가이 단순한 이웃 청소 캠페인은 본격적인 일이 되었다. 미구이초씨를 만났을 때 그는 이미 70만 개의 담배꽁초를 주웠다고 했다. 거기서 멈추지 않았다. 가까운 휴지통에 버리라는 권유를 뿌리치고 그는 사람들의 경각심을 불러일으키기 위해 주은 담배꽁초를 가지고 화려한 색상의 공공 조각품을 만들었다. 그는 피카소를 닮은 지구 전사이다.

페루
호수를 살리는 묘약

페루계 일본인 마리노 모리카와씨는 지구 전사로 불리기에 매우 합당한 열정과 비전을 가진 과학자이다. 2010년에 그는 어릴 적 뛰놀았던 페루의 카스카조 습지가 오염되었다는 소식을 듣고 마음이 매우 아팠다. 전 세계 호수와 강의 40퍼센트가 겪는 운명을 피해가지 못한 것이다. 마리노씨는 다니는 연구소에 안식년 휴가를 냈다. 그리고 본격적인 연구를 시작해 100퍼센트 유기물 용액을 발명해냈다. 건강한 물에서 오염된 입자를 성공적으로 분리시켜 주는 용액이었다. 묘약의 성능에 만족한 그는 서둘러 1톤을 생산해 호수에 부었다. 바이오필터와 나노기술, 그리고 생물학 지식을 동원해 호숫물을 걸러냈다. 그랬더니 조류로 뒤덮였던 오염된 호수가 어린 시절 놀았던 청명한 파란색으로 되돌아왔다. 기생충과 박테리아, 오염물질이 사라지고, 새들이 돌아왔다. "왜 이 방법을 모두 따라하지 않나요?" 내 질문에 마리노씨는 이렇게 대답했다. "비용이 너무 많이 들고 힘든 작업이기 때문입니다. 하지만 불가능한 일은 아닙니다."

이 글을 쓰는 동안 두 눈에서 눈물이 그치질 않고 흘러내렸다. 1,000일을 여행하면서 모두 1,000편의 비디오를 만들어 올렸다. 3년 전 첫 번째 비디오를 올리며 매일 비디오를 한 편씩 올리겠다고 약속했는데, 그 약속을 지킨 것이다. 하루도 빠트리지 않았다. 정말 단 하루도 약속을 어긴 날이 없었다.

"어떻게 이 일을 해낼 수 있었는지 모르겠습니다." 1,000일째 올린 마지막 비디오에서 나는 시청자들에게 이렇게 말했다. 그리도 또 하나의 여행인 이 책 저술의 마지막 장에 도착한 지금 나는 이전보다 좀 더 솔직해지고 싶어졌다. 우선은 그 마지막 비디오를 만들 때 얼마나 힘들었는지에 대해서부터 설명하는 것이 좋겠다.

2019년 1월 5일 새벽 5시, 나는 몰타에 있었다. 몇 가지 이유로 나스 데일리의 마지막 비디오를 만들 장소로 이 특별한 나라를 택했다. 우선 너무 아름다운 곳인데다 사람들의 마음씨가 따뜻하고 친절하다. 그리고 무엇보다 중요한 것은 몰타가 내 마음 속에 특별한 장소로 남아 있다는 사실이었다.

276일째 처음 그곳을 찾아가서 보낸 며칠은 나스 데일리 전 기간을 통틀어 최고의 추억 가운데 하나가 되었다. 그곳 사람을 비롯해 몰타 정부는 우리를 놀라울 정도로 환대해 주었다. 그때 나는 생전 처음으로 우리가 한 나라를 바꾸어 놓았다는 사실을 실감했다. 개인적으로 몰타의 변화는 나도 무언가 보람 있는 일을 하고 있다는 자부심을 갖게 해주었다. 사람들의 삶에 영향을 미치는 어떤 일을 했다는 자부심이었다.

마지막 날 아침, 호텔방에서 나는 기진맥진한 상태였다. 간밤에는 말을 한마디도 하지 않은 채 카메라를 응시하며 밤을 꼬박 새다시피 했다. 온갖 상념만 오갔다. 1,000일의 시간을 어떻게 1분으로 요약할 것인가? 나의 어린 시절을 되돌아보는 것도 하나의 좋은 출발점이 될 것 같은 생각이 들었다.

나는 형제들 가운데 중간이다. 출생순서에 관한 연구에 따르면 가운데는 그렇게 좋은 자리가 아니라고 한다. 가운데 끼인 아이는 첫째에게 쏟아지는 관심을 받지 못하고, 막내가 누리는 귀여움도 받지 못한다. 그래서 중간 아이는 무시당하고, 아무도 관심을 기울여주지 않는다는 기분을 느낄 때가 많다. 그것 때문에 자존감이 떨어지는 경우가 많다고 한다.

우리 집은 그렇지 않았다고 우긴다면 거짓말일 것이다. 내가 부모의 사랑을 제대로 못 받고 있다는 생각은 단 한순간도 든 적이 없다. 그분들은 세상 최고의 부모님이시다. 하지만 늘 형의 그늘에 가려서 지냈고, 여동생을 보면 질투심이 났다. 가족들 사이에서 내 생각은 크게 중요하지 않은 것 같았다. 그러다 보니 어느 순간부터는 나에게 관심을 가져줄 것이라는 기대감을 접어 버렸다. 나한테 신경 써주는 사람이 별로 없다는 생각이 들었기 때문이다. 그때부터 나는 수시로 혼자 조용히 생각에 잠기는 일이 많아졌다.

어린 시절만 생각나는 게 아니었다. 내가 자란 마을도 생각났다. 내가 어렸을 적에는 아라바의 전체 인구가 2만 명이 채 안되었다. 그러다 보니 마을에 대한 생각 자체가 단순했다. 그곳에서 태어나 그곳에서 죽는 곳이 바로 고향마을이었다. 성공하는 데 제약이 되는 유리천장 같은 것은 없었지만 그보다 훨씬 더 단단한 콘크리트 천장이 있었다. 그 제약은 남녀 모두에게 똑같이 적용되었는데, 가

장 큰 제약은 바로 무슬림 마을이라는 점이었다. 나도 그 점을 생각하면 몸이 움츠러들었다. 지금도 작은 마을의 무슬림 아이가 세계의 주목을 받는 일은 뉴욕에 사는 백인 아이가 그렇게 되기보다 훨씬 더 어렵다.

사실이다. 나의 어린 시절, 내가 자란 마을, 나의 종교를 생각하면 이 작은 어린아이가 세상 사람들의 관심을 받는 것은 어려운 일이었다. 수십 억 명 중에서 한 명이나 그럴 수 있을까 할 정도라고 나는 생각했다.

실제로 그랬다. 지구상에 있는 수많은 이들이 힘을 가진 사람과 같은 목소리를 내지 못한다. 내 생각이 그렇다는 게 아니라 이건 사실이다. 세계 전체 인구 가운데 다수는 앞장서는 대신 남의 뒤를 따라가도록 되어 있다. 아주 어렸을 적부터 내 안에 있는 어린 소년은 줄 앞에 나서는 게 아니라, 줄에 서서 남의 말을 고분고분 들어야 하는 곳에서 태어났다는 사실을 알고 있었다.

그러던 어느 날 나는 우연히 스티브 잡스가 한 말과 마주하게 되었고, 그 말은 내게 평생 지워지지 않을 깊은 인상을 남겼다. 줄곧 내가 고민하던 생각을 그가 말로 표현해 놓은 것이었다.

아주 간단한 사실 하나만 알고 나면 여러분은 훨씬 더 폭넓은 삶을 살 수 있다. 여러분이 삶이라고 부를 수 있는 주위의 모든 것은 여러분보다 똑똑하지 못한 사람들이 만들었다. 여러분은 그것을 변화시킬 수 있고, 영향을 미칠 수 있고, 그리고 사람들이 사용할 수 있도록 여러분 스스로 무엇을 만들 수도 있다. 이런 사실을 알고 나면 여러분의 삶은 완전히 달라질 것이다.

'여러분의 삶은 완전히 달라질 것이다.'

와우! 이 말은 마치 전류처럼 내 몸을 관통했다. 중동의 작은 무슬림 마을에서 차남으로 태어난 어린이도 세상에 하나의 흔적을 남길 수 있다는 그 생각은 모든 것을 바꾸었다.

그렇게 해서, 나도 남들처럼 레이스에 뛰어들게 된 것이다.

2016년 4월 10일 나스 데일리를 시작할 때 나는 내가 할 수 있는 최대한 세상에 대해 배울 것이며, 내가 배우는 매 순간을 기록으로 담을 것이라고 약속했다.

필리핀 사람들의 문화와 뉴질랜드의 원주민, 아이슬란드의 자연, 이스라엘이 직면하고 있는 문제, 팔레스타인이 힘들게 싸우고 있는 문제들을 내 눈으로 직접 보고 체험하려고 했다.

그리고 미얀마의 일출과 칠레의 일몰, 갈라파고스의 장엄함, 캐나다인들이 보여준 동정심을 카메라에 담으려고 했다. 세이셸 제도의 해변에 드러누워 보고, 히말라야의 암벽을 기어오르고, 모로코 사막을 어슬렁거려 보았다. 몰디브섬에서 남녀차별을 연구하고, 호주의 방언을 따라해 보고, 싱가포르의 생태계를 보고 감탄했으며, 너그러운 심성을 가진 아르메니아 사람들에게 박수를 보냈다.

비디오가 쌓이면서 나의 개인적인 성향도 드러나기 시작했다. 나의 고유한 입장과 독창적인 생각이 만들어졌다. 나는 공격적이었다. 매우 공격적이었다. 내가 만드는 모든 비디오에 자신을 밀어 넣었는데, 그것은 내 손으로 스크린 스타가 되고 싶은 욕심에서가 아니라, 인류라는 물속에 스스로를 담고 싶어서 그렇게 한 것이었다. 인도 바라나시에서 갠지스강에 몸을 담글 때와 똑같은 심정이었다.

나는 자신의 모습과 나의 생각을 세상 사람들이 볼 수 있도록 화면에 밀어 넣었다. 그런데 정말 너무도 놀랍게도, 사람들이 내가 만든 비디오와 내 생각에 관심을 보였다. 그들은 나를 주시하고, 내 말에 귀를 기울였으며, 내 여행을 따라다녔다. 수백만 명이 나의 여행에 함께 따라나섰다.

나스 데일리에 대한 관심은 폭발적이었다. 작은 마을에서 화제의 중심에 서기 시작하더니 큰 도시에서도 점점 화젯거리가 되었다. 우리를 다룬 기사가 뉴스에 보도되고, 인터넷에도 실렸다. 그리고 비디오 가운데 여러 편이 전혀 예상치 않은 결과를 만들어냈다.

사람이 감옥에서 풀려나도록 돕기도 했고, 우리 비디오를 보고 우울증을 이겨냈다는 사람도 있었다. 대통령과 총리들이 우리 비디오에 출연했다. 미국에서는 구독자수가 7,000만 명에 달했다. 전 인구의 20퍼센트가 우리 비디오를 본 것이다. 1,000일째 되던 날은 전체 조회수 40억 뷰를 달성했다.

나스 데일리는 이제 글로벌 미디어 채널로 탈바꿈했다. 상상도 못해 본 놀라운 발전을 이룬 것이다. 길거리에서, 레스토랑에서, 공항에서, 나를 알아보는 사람들이 다가와 인사를 건네기 시작했다.

"잘 봤어요!"라고 인사하는 사람들이 있는가 하면, "비디오 보고 많은 걸 느꼈어요!" "당신 비디오 정말 좋아해요!"라고 인사하는 사람들도 있다.

이처럼 많은 사랑과 성원을 보여주는 것은 감사한 일이지만, 칭찬을 듣거나 이름을 날리기 위해서 이 여행을 시작한 것은 아니다. 다른 숨은 의도나 동기는

405

전혀 없었다. 그저 비디오를 만들어 올리고 싶었고, 그것을 통해 세상에 어떤 식으로든 영향을 미칠 수 있을지 한번 보고 싶었을 뿐이다. 어떤 식의 영향이든 상관없었다. 그게 정말 궁금했고, 그래서 비디오를 만드는 데 많은 공을 들였다. 모든 사람이 관심을 보여주었을 때는 정말 몸 둘 바를 몰랐다. 그것은 실로 충격적인 일이었다. 나에게 관심을 보내고 지지해 준 사람들에게 깊이 감사드린다.

2019년 1월 5일 새벽 5시, 마침내 나는 두 눈을 부비고, 몇 번 심호흡을 한 다음 카메라 앞에 앉아 마지막으로 한 번 더 빨간 버튼을 눌렀다. 스티브 잡스의 말이 다시 머릿속에서 지나갔다.

'세상은 여러분보다 더 똑똑하지 않은 사람들이 만들었다.'

이 글을 쓰며 눈물을 흘리는 이유도 바로 이것이다. 시골마을 소년이 마침내 자신보다 더 거창한 무슨 일을 이루어냈다는 생각 때문이다.

스티브 잡스는 또 이런 말도 했다. "인생이라는 것은 한쪽을 푹 누르면 반대편에서 무엇이 튀어나오게 되어 있다." 내가 나스 데일리를 하면서 얻은 가장 큰 소득도 바로 이런 것이다. 이 아름다운 지구에 사는 많은 사람들이 눌러대면, 다른 편에서 분명히 무언가가 튀어나올 것이다.

우리가 하는 말을 사람들이 듣게 되면 산을 움직일 수 있다.

우리의 마음이 사람들의 가슴에 가닿으면 세상을 바꿀 수 있다.

옮긴이 이기동

서울신문에서 초대 모스크바특파원과 국제부장, 논설위원을 지냈다. 베를린장벽 붕괴와 소련연방 해체를 비롯한 동유럽 변혁의 과정을 현장에서 취재했다. 경북 성주에서 태어나 경북고등과 경북대 철학과, 서울대대학원을 졸업하고, 관훈클럽정신영기금 지원으로 미시간대에서 저널리즘을 공부했다. 『김정은 평전─마지막 계승자』『AI의 미래─생각하는 기계』『현대자동차 푸상무 이야기』『블라디미르 푸틴 평전─뉴차르』『미국의 세기는 끝났는가』『인터뷰의 여왕 바버라 월터스 회고록─내 인생의 오디션』『마지막 여행』『루머』『미하일 고르바초프 최후의 자서전─선택』을 우리말로 옮겼으며, 저서로『기본을 지키는 미디어 글쓰기』가 있다.

나스 데일리의
1분 세계여행

초판 1쇄 인쇄 | 2020년 11월 11일
초판 1쇄 발행 | 2020년 11월 23일

지은이 | 누세이르 야신
옮긴이 | 이기동
펴낸이 | 이기동
편집주간 | 권기숙
편집기획 | 이민영
마케팅 팀장 | 유민호
디자인 | 박성진
교열 | 이민정
인쇄 | 상지사 P&B

주소 | 서울특별시 성동구 아차산로 7길 15-1 효정빌딩 4층
이메일 | previewbooks@naver.com
블로그 | http://blog.naver.com/previewbooks
전화 | 02)3409-4210
팩스 | 02)463-8554, 02)3409-4201
등록번호 | 제206-93-29887호

ISBN 978-89-97201-54-9 03980